物联网中信任管理的
理论与实践

主　编　贾遂民
副主编　马　威

科学出版社
北　京

内 容 简 介

本书介绍了当前物联网安全研究中的一项新颖且重要的技术手段：信任管理。信任管理是一种能够与当前常见的安全技术、安全方法紧密结合且行之有效的技术手段。当前物联网安全相关书籍中，很少有对物联网中的信任管理进行全面、细致地介绍。本书围绕着信任管理这一主题，详细介绍其相关背景、涉及的理论、已经取得的成果以及未来的发展前景等。物联网中的信任管理方法与当前的研究热点有诸多结合之处，本书的内容涵盖了多个物联网与计算机前沿领域，包括物联网基础、贝叶斯推断、经典机器学习模型、深度学习模型、异常检测方法、安全多方计算、区块链等。

本书可作为相关专业高年级本科生、研究生教材，也适合从事物联网或信息安全的相关研究工作的科研人员阅读。

图书在版编目(CIP)数据

物联网中信任管理的理论与实践/贾遂民主编. —北京：科学出版社，2023.7
ISBN 978-7-03-076014-2

Ⅰ. ①物… Ⅱ. ①贾… Ⅲ. ①物联网—网络安全—研究
Ⅳ. ①TP393.48

中国国家版本馆 CIP 数据核字(2023)第 130554 号

责任编辑：于海云 张丽花 / 责任校对：王 瑞
责任印制：吴兆东 / 封面设计：马晓敏

科 学 出 版 社 出版
北京东黄城根北街 16 号
邮政编码：100717
http://www.sciencep.com

北京富资园科技发展有限公司印刷
科学出版社发行 各地新华书店经销
*
2023 年 7 月第 一 版 开本：787×1092 1/16
2024 年 9 月第二次印刷 印张：13 1/4
字数：320 000
定价：89.00 元
(如有印装质量问题，我社负责调换)

前　言

　　物联网作为一种现代技术，通过多种连接方式实现了传感器、射频标签、智能设备等"物"的互联。物联网设备能够感知、监控和收集人类社会生活的各种数据，可以对这些数据进行进一步聚合、融合、处理、分析和挖掘，以提取有用的信息，从而实现智能化识别、定位、跟踪、监控和管理，最终为人们提供无所不在的服务。物联网的发展对智慧城市、智慧医疗、智能交通、工业制造和环境监测等领域都产生了显著影响。在物联网中，节点设备具有种类繁多、功能各不相同的特点，各种独立的设备相互协作以执行不同的任务。物联网节点大多部署在无人值守或缺乏持续监管的区域。由于短时间内的可扩展性和高度的多相性，传统的安全措施无法为当前的物联网基础设施提供足够的安全机制。在无人值守部署的情况下，一些物联网节点可能被攻击者从物理层面攻击或入侵，被入侵的设备可以被用作网关，进而危害整个网络；此外，由于节点计算资源限制或网络链路不稳定，节点可能无法正常完成工作。

　　近年来，信任管理技术在物联网安全领域得到了广泛应用和蓬勃发展，通过引入信任和信誉的概念，可以有效监控物联网节点的行为偏差。借助信任管理，物联网能够实现可靠的数据融合和挖掘，提供具有上下文感知能力的服务，增强用户隐私和信息安全，帮助人们实现对不确定性和风险的感知，促进用户对物联网服务和应用的接受与消费。本书对物联网中的信任管理技术和方法展开了探讨与总结。

　　本书共 7 章，主要内容如下。

　　第 1 章，绪论，介绍了物联网中面临的安全威胁、物联网中常见的安全措施，以及信任管理的背景、研究重点、研究方法以及研究前景等。

　　第 2 章，物联网中的信任聚合，探讨了物联网中信任聚合的概念以及常见的信任聚合方法，包括加权求和法、推理法和机器学习法等内容。

　　第 3 章，物联网中的信任更新，探讨了物联网中信任更新的概念和方法，包括事件驱动的信任更新和时间驱动的信任更新等内容。

　　第 4 章，物联网中的信任传播，介绍了物联网中信任传播的概念，包括集中式和分布式的信任传播等内容。

　　第 5 章，信任系统中的安全威胁，介绍了物联网信任管理中面临的主要威胁，以及相应的应对措施。

　　第 6 章，新技术在物联网信任管理中的应用，介绍了物联网信任管理与新兴技术，如 AI 和区块链与物联网信任管理之间的结合。

　　物联网中的信任管理方法与当前的研究热点有诸多结合之处，本书内容涵盖了物联网与计算机前沿领域的多个领域，包括物联网基础、贝叶斯推断、经典机器学习模型、深度学习模型、异常检测方法、安全多方计算、区块链等。书中部分图片可以扫描二维码查看彩图。

党的二十大报告指出："教育、科技、人才是全面建设社会主义现代化国家的基础性、战略性支撑。"本书对物联网中的信任管理技术和方法进行了探讨和总结，旨在推动物联网领域的发展和应用，注重培养具有创新精神、奋斗精神和奉献精神的高素质人才，为加快建设制造强国、网络强国、数字中国，推动中国特色社会主义伟大事业发展作出积极贡献。

本书由贾遂民任主编、马威任副主编，参加编写的还有何宇蠢、杨艳艳、张海宾、王利朋、崔驰、马斌、于刚、靳梦璐、李青山、高健博、贾志娟、周春天、孔珊等老师。在本书编写过程中得到了胡明生教授的大力支持和帮助，在此一并表示感谢。

由于编者水平有限，书中难免存在疏漏之处，敬请广大读者批评指正。

编　者

2023 年 1 月

目　　录

第 1 章　绪　　论

1.1　物联网的起源和发展

1.1.1　物联网的起源

物联网(Internet of Things，IoT)这一概念最早出现在 1995 年比尔·盖茨撰写的《未来之路》一书中，其中提到了物物互联，但在当时这仅作为一种对未来的设想。1998 年，美国麻省理工学院(MIT)Auto-ID 中心的 Ashton 提出了一种物联网的构想，次年由 Auto-ID 中心使用当时的无线射频识别技术(Radio Frequency Identification，RFID)及互联网技术对其进行了阐述，这被认为是现代物联网的雏形，并对物联网的定义为：在计算机互联网的基础上，利用 RFID、无线数据通信等技术，构造一个覆盖世界上万事万物的网络，以实现物品的自动识别和信息的互联共享。2005 年，ITU 发布了《ITU 互联网报告 2005：物联网》的报告，报告从物联网的概念、可用技术、市场机会、潜在挑战，发展中国家的机遇、前景和新生态七个方面展开阐述。在报告中，ITU 将物联网定义为：任何物体在任何时间任何地点的数据交换，并指出无线传感技术将是物联网技术的核心。但是受限于时代，这份报告仅描述了无线传感器和无线射频识别技术在物联网中的应用。随着这些年的发展，在《物联网　参考体系结构》(ISO/IEC 30141:2018)和《物联网　参考体系结构》(GB/T 33474—2016)中给出了物联网的精确定义：

Infrastructure of interconnected entities, people, systems and information resources together with services which processes and reacts to information from the physical world and virtual world.

通过感知设备，按照约定协议，链接物、人、系统和信息资源，实现对物理和虚拟世界的信息进行处理并做出反应的智能服务系统。

相较于早期的定义，ISO/IEC 30141:2018 和 GB/T 33474—2016 中的定义更多地强调了物联网不仅包含了物与物之间的互联，也包含了人与人、人与物之间的互联，同时明确了物联网系统不仅包含信息的互联，也包含了信息的处理。在这一定义下，物联网涵盖了信息的生成、传输和处理以及针对信息做出响应的信息全生命周期。网络一端的人、设备和传感器能够通过多种接入方式连接到因特网(Internet)，因特网另一端的人或物可以访问和控制对方，从而实现人与物的相连。物联网技术已经广泛应用于工业制造、智能电网、智慧城市、智慧医疗、物流、交通、环境监测、安防、智能家居等，有力推动了工业、军事、民用等领域信息化的发展[1]。

在物联网的概念走向普罗大众后，政府机构、企业和相关组织也展开了针对物联网的一系列工作。2008 年，IBM 提出了"智慧地球"的概念，使用物联化、互联化、智能化的方式，为行业、基础设施、流程、城市和整个社会提供一种提高生产效率和响应能力的方法。2009 年，奥巴马政府公开对"智慧地球"给予肯定，表示物联网技术是美国在 21 世纪保持和夺回竞争优势的方式。2009 年，欧盟推出了 *Internet of Things-an Action Plan for Europe*《物联网——欧洲行动计划》，提出要采取措施以确保欧洲在建构新型互联网的过程中起主导作用。2009 年，韩国通信委员会出台了《物联网基础设施构建基本规划》，旨在构建世界先进的物联网基础设施、发展物联网服务、研发物联网技术、营造物联网推广环境。

我国政府同样对物联网的研究和发展给予了重视，2009 年时任总理高度肯定了"感知中国"的战略建议[①]，表示中国应当抓住机遇，大力发展物联网技术。2013 年 2 月，国务院发布了《国务院关于推进物联网有序健康发展的指导意见》的文件，同年 11 月，国家发展改革委、工业和信息化部、科技部、教育部等部门联合发布了《物联网发展专项行动计划》，标志着我国将物联网技术研发作为国家发展战略的重要组成因素。2017 年，《信息通信行业发展规划物联网分册(2016—2020 年)》发布，其中总结了我国物联网 10 年发展的成就和存在的问题，明确了我国物联网的发展方向和发展规划。

1.1.2 物联网的发展

随着物联网技术体系的不断成长，技术指标逐渐完善，相应的市场规模也不断壮大。全球移动通信系统协会(GSMA)所发布的《中国移动经济发展报告 2020》显示，截至 2019 年，全球物联网设备总链接数达到了 120 亿，预计在 2025 年，这一数字将上升至 240 亿以上[②]。在我国，物联网技术被认定为支撑"网络强国"和"中国制造 2025"等国家战略的重要基础，在推动国家产业结构升级和优化过程中发挥了重要作用。《信息通信行业发展规划物联网分册(2016—2020 年)》显示，在"十二五"期间我国在物联网关键技术建设方面取得了显著成效，其中政策环境不断完善，相关部门制定和实施了 10 个物联网发展专项行动计划；产业体系初步建成，已形成包括芯片、元器件、设备、软件、系统集成、运营、应用服务在内的较为完整的物联网产业链；创新成果不断涌现，光纤传感器技术、红外传感器技术达到国际先进水平，主导制定多项物联网国际标准；应用示范持续深化，在智能交通、车联网、物流追溯、安全生产、医疗健康和能源管理等领域已经形成一批成熟的运营平台和商业模式。根据我国工业和信息化部的数据，我国工业物联网市场收入的年增长率约为 25%[③]。无论技术还是市场，物联网都蕴含着巨大的潜力。

随着物联网技术的飞速发展，其伴随的安全问题也日益凸显。与传统信息系统不同，

---

① 《物联网的"感知中国"之路》，http://www.cac.gov.cn/2017-06/21/c_1121182431.htm。

② GSMA, The Mobile Economy 2020, https://www.gsma.com/mobileeconomy/wp-content/uploads/2020/03/GSMA_MobileEconomy 2020_Global.pdf。

③ 中国信息通信研究院，《工业互联网产业经济发展报告(2020 年)》，http://www.caict.ac.cn/kxyj/qwfb/bps/202003/ P020200324455621419748.pdf。

物联网所面临的安全问题不但会造成信息、数据、经济的损失，还可能带来对财产、生命的损害。在物联网并不算长的发展历史中，发生过几次重要的安全事件。

安全研究员 Marie Moe 援引 2008 年密歇根大学的一项研究，从起搏器中提取敏感的个人信息是完全可行的，甚至可以通过改变起搏规律或关闭起搏器来威胁患者的生命；2011 年，安全研究员 Jay Radcliffe 在 Medtronic 胰岛素泵中发现了一个安全漏洞，攻击者可以使用这个漏洞完全控制胰岛素泵[①]。这一系列事件被认定为物联网攻击造成人身伤害的案例。

2008 年，波兰一名少年黑客用一个改装过的电视遥控器控制了波兰第三大城市罗兹的有轨电车系统，导致数列电车脱轨；2011 年，伊朗俘获美国 RQ-170 "哨兵"无人侦察机，据称就是伊朗网络专家远程控制了这架飞机的操作系统；2013 年，美国黑客萨米·卡姆卡尔发布了一段视频，展示他如何用 SkyJack 技术，使一架基本款民用无人机能够定位并控制飞在它附近的其他无人机，从而组成一个由一部智能手机操控的 "僵尸无人机战队"；2014 年，360 安全研究人员发现了特斯拉 Tesla Model S 车型汽车应用程序存在的设计漏洞，该漏洞致使攻击者可远程控制车辆，包括执行车辆开锁、鸣笛、闪灯以及在车辆行驶中开启天窗等操作；2015 年，HackPWN 安全专家演示了利用比亚迪云服务漏洞开启比亚迪汽车的车门、发动汽车、开启后备厢等操作。这一系列事件体现了智慧交通和车联网所面临的安全威胁[②]。

2010 年，"震网"病毒针对伊朗核设施展开了攻击，并造成了极大的破坏，这是第一个虚拟空间针对真实世界里的工业控制系统进行的攻击[③]；2014 年，西班牙三大主要供电服务商旗下超过 30% 的智能电表被检测发现存在严重的安全漏洞，入侵者可以利用该漏洞进行电费欺诈，甚至直接关闭电路系统[④]；2018 年 6 月，IBM 研究团队发现，Libelium、Echelon 和 Battelle 三种智慧城市主要系统中存在多达 17 个安全漏洞，包括默认密码、可绕过身份验证、数据隐码等，攻击者利用这些漏洞能够控制报警系统、窜改传感器数据；2019 年 4 月，研究人员披露可能是迄今最为严重的物联网摄像头安全漏洞，受影响的监控摄像头数量超过 200 万，包括来自 HiChip、TENVIS、SV3C、VStarcam、Wanscam、NEO Coolcam、Sricam、Eye Sight 和 HVCAM 等多个摄像头厂商的产品，这些产品都使用了名为 iLnkP2P 的对等网络(P2P)通信组件，该组件包含两个漏洞，可能会导致远程黑客能够找到并接管设备中使用的易受攻击的摄像机，同时监视其所有者。这一系列事件体现了工业物联网、智慧城市所面临的安全威胁。

2016 年 9 月 20 日，攻击者利用针对物联网设备的恶意代码 Mirai 组建了僵尸网络，并针对 KrebsOnSecurity.com 发动大规模的 DDoS 攻击，攻击峰值达到 665Gbit/s；同年，Mirai 针对法国网站主机 OVH 的攻击突破 DDoS 攻击纪录，其攻击达到 1.1Tbit/s，最大达

---

① http://yao.dxy.cn/article/505392。
② 《中国大百科全书第三版》网络版 "物联网安全"词条。
③ 中国电子信息产业发展研究院，https://www.ccidgroup.com/info/1105/28357.htm。
④ 中国信息通信研究院，http://www.caict.ac.cn/kxyj/caictgd/201903/t20190321_196523.htm。

到 1.5Tbit/s；2016 年 10 月 21 日，美国域名服务商 Dyn 遭受大规模 DDoS 攻击，其中重要的攻击源确认来自 Mirai，这次攻击导致 Amazon、Spotify、Twitter 等知名网站在一段时间内无法访问；Mirai 事件被认为是物联网安全中的里程碑事件，其攻击范围、攻击强度都超出了传统的攻击事件，而 Proofpoint 公司的一份报告指出，当前僵尸网络中已有 25%以上的被感染设备是 IoT 设备而非传统的计算机，并且这一数字仍在逐年上升。

尽管物联网面临如此严峻的安全形势，但是安全意识的建立仍有很大欠缺。2016 年，Pew 的一份研究报告表明，52%的用户同意将其个人医疗数据通过个人健康设备与医生共享，44%的用户愿意与厂商共享其生产的温湿度传感器所收集的数据。而厂商层面则认为额外的安全措施会提高无谓的生产成本。因此，展开对物联网安全的研究，树立安全意识，设计合适的安全机制，是非常有必要的。

1.2　物联网与物联网安全现状

想要研究一个问题，第一步应当深入了解和认识所研究的对象。因此在研究如何确保物联网安全之前，需要针对物联网自身以及其所面临的安全威胁进行探讨。首先是物联网的架构、特点和发展前景，然后是物联网的潜在攻击者和攻击模型，再依据攻击动机探讨物联网中安全的范围以及定义，最后是物联网所面临的安全威胁[2]。

1.2.1　物联网的架构、特点和发展前景

不同的学者和研究机构对物联网的架构有不同的描述方式，包括三层架构、四层架构、五层架构和七层架构，如图 1-1 所示。

(1) 三层架构：一种与云计算紧密相关的物联网架构，它自下而上将物联网体系划分为无线传感器网络(Wireless Sensor Network，WSN)层、云服务层和应用层。其中底层的无线传感器层负责数据的收集，由云服务层完成数据的存储、运算和分析，最后将处理完成的数据交给应用层使用。

(2) 四层架构：一种应用最为广泛的架构，包括感知层、传输层、平台层和应用层。其中感知层负责数据的获取，传输层负责使用广域网和局域网实现数据的传递，平台层类似于三层架构中的云服务层，提供了基础设施、软件等平台服务，应用层则使用处理好的数据。

(3) 五层架构：一种面向服务(Service Oriented)的物联网架构，包括节点层(物层)、物抽象层、服务管理层、服务编排层和应用层。这一架构将物联网节点进行了抽象，以服务管理的形式对整个物联网体系进行分析管理。

(4) 七层架构：由思科在 2014 年提出，分为节点层、通信层、边缘计算层、数据累积层、数据抽象层、应用层和用户层，是对三层架构和五层架构的整合以及进一步细化。

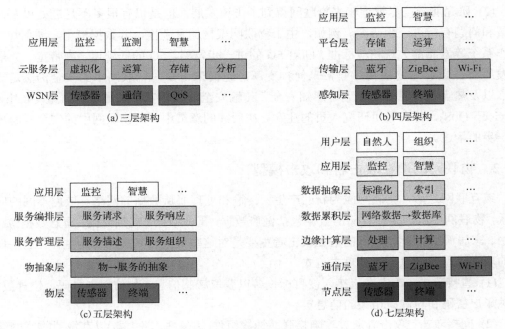

图 1-1　物联网的架构

虽然不同的物联网架构描述有不同的侧重点，但物联网的主要特点在这些架构中都有所体现。一是方向性，即数据的流向体现在从底层(节点层)流向高层(应用层)；二是模块性，体现在不同层次完成不同的任务，很少有任务交叉；三是异构性，即在节点层支持多种异构节点的接入，在数据处理层(如云服务层、平台层)进行不同类型、不同组织结构数据的处理；四是智能性，体现在对数据的利用都是将数据加工处理(如按需运算或分析组织)后再交付给应用层或用户层；五是多样性，体现在感知节点能够感知不同种类的数据，以及末端应用的多样性。

物联网拥有广阔的发展前景。例如，IBM 提出的"智慧地球"已经勾勒出了一幅万物互联、信息共享、高效决策的宏伟蓝图。而在当前，物联网的广泛应用也在实质上促进了生产力发展，改变了生活方式，成为社会进步的重要推动力。从当前的视角来看，物联网的发展前景主要体现在以下几个方面。

(1) 应用前景：虽然物联网能够和农业、工业生产、社会运作、日常生活、医疗卫生等多个方面结合应用，且当前已有很多成熟的应用范式，但在不同方向上仍具有广阔的应用前景。例如，在车联网和智能交通方面，物联网能够为车辆和交通管理部门提供更多的感知维度，获取类型更加广泛的感知数据，并且能够支持数据的统一管理、统一调度、统一处理和统一应用，让交通管理部门拥有更全面的视角，也让交通参与者能够获取更精确的辅助信息。在智慧医疗方面，物联网能够随时随地获取患者的身体数据，使得医生和医疗机构能更全面地了解患者的健康状况，从而给出更准确的医疗建议。在智慧城市方面，物联网能够即时获取和处理不同种类的异构数据，有效提高数据的全面性、实时性，提高数据分析的效率和准确率，进而为城市资源调度、城市管理提供有力支撑。

(2) 研究前景：尽管近年来物联网得到了飞速发展，但是仍有很多不足之处以及开放领域和问题有待进一步研究。例如，由于物联网架构的复杂性，其数据模型、通信协议、操作系统等方面都欠缺相应标准。随着 5G 的进一步发展，5G 的低延迟、高带宽、大规模并发等特性能够为物联网行业带来何种变革，也尚未可知。物联网中的安全仍然是一个重点以及热点的研究方向。无论感知安全、传输安全、数据安全还是服务质量(Quality of Service，QoS)，都在吸引研究人员的注意。在后续的章节中，将物联网中的安全威胁展开进一步的阐述。

1.2.2　物联网的潜在攻击者和攻击模型

继互联网之后，物联网成为新的产生、传输和处理海量数据的网络。依据不同的应用场景，物联网中所产生和存储的数据包括健康数据、工业数据、视频数据、智慧数据(城市、电网、家居)等。因此物联网的潜在攻击者主要是对这些数据感兴趣的行为主体，这些攻击者的攻击模型包括以下三种攻击范式。

(1) 直接攻击：攻击者直接入侵目标设备以获取敏感信息，如信用卡号码、位置数据、金融账户密码和与健康相关的信息等。

(2) 间接攻击：攻击者通过攻陷物联网边缘组件(如基站、路由器)以获取对物联网终端设备的访问权和控制权。

(3) 利用攻击：攻击者使用获取了完全控制权的物联网设备组织和发起其他攻击，如跳板攻击、僵尸网络攻击等。

1.2.3　物联网中的安全定义

何为物联网中的安全？在定义什么是安全的东西时，了解和安全相关的特性是很重要的。传统意义上，安全特性分为机密性(Confidentiality)、完整性(Integrity)和可用性(Availability)，即广为人知的 CIA 三元组，如图 1-2 所示。

这三类安全特性所产生的安全要求如下。

(1) 机密性要求：设计并使用一套规则来限制对物联网设备存储或处理的某些信息进行未经授权的访问，以保护关键的隐私信息。例如，未经授权访问个人健康缺陷信息可能会泄露个人健康数据或和疾病相关的隐私信息；未经授权对摄像头的访问可能会造成个人隐私的泄露。

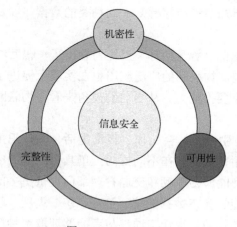

图 1-2　CIA 三元组

(2) 完整性要求：物联网设备必须确保接收到的命令和收集的信息是合法的。完整性遭到破坏可能导致严重的后果。例如，对医疗设备(如前面提到的心脏起搏器和胰岛素泵)的完整性攻击可能会导致医疗设备按照非法的指令工作，进而直接影响患者的生命。

(3) 可用性要求：物联网设备必须能够正常工作，收集并处理数据，防止服务的中断。物联网设备的不可用或服务的中断会造成数据收集的缺失，进一步影响物联网处理数据的准确性。

在 CIA 三元组的基础上，其他一些安全特性以及相应的安全要求也需要予以考虑，具体如下。

(1) 可追究性要求：系统要求用户对其行为负责的能力。

(2) 审计要求：系统对所有行动进行持续监测的能力。

(3) 信任要求：系统验证身份和建立第三方信任的能力。

(4) 不可抵赖性要求：系统确认行为发生/不发生的能力。

(5) 隐私性要求：确保系统遵守隐私政策，并使个人能够自主管理和控制自己的个人信息。

在这一系列要求的基础上，可以给出物联网中安全的定义，即满足上述所有安全要求的一个概念，安全攻击指的是对上述物联网系统中的一种或多种安全要求造成危害或破坏的行为，安全机制是指为了满足物联网系统中的一种或多种安全要求而采取的一系列措施和方法。

1.2.4 物联网的安全威胁

当探讨宏观的安全时，需要将物联网视为一个整体，但是在探讨具体的安全攻击和安全威胁时，则需要从物联网的不同层次着手分析，每个层次都有其独特的安全威胁和解决方案。在本书中以应用最广泛的四层架构为例，从感知层、传输层、平台层和应用层逐层分析各层次所面临的安全威胁。

1. 感知层的安全威胁

感知层包含了用于从物理世界中收集信息的传感器节点以及执行物联网任务的终端节点，不同种类的节点服务于不同种类的物联网应用。在感知层面临的安全威胁主要如下。

(1) 节点捕获：攻击者通过攻陷感知节点、替换感知节点或非法添加新感知节点的方法使其成为系统的一部分，从而破坏感知层的完整性。这一安全威胁会导致感知数据的泄露、谬误或需要执行的操作无法准确执行。

(2) 恶意代码注入：攻击者通过物理连接或无线连接向感知节点中注入恶意代码并执行，从而迫使感知节点完成攻击者所指派的任务。这些被恶意代码感染的节点可能会影响到整个物联网环境，例如，产生虚假的感知数据，或者窃取其他节点产生的信息等。

(3) 虚假数据注入：攻击者将虚假的感知数据通过感知节点上传到整个物联网环境中，从而破坏感知数据的可靠性和完整性。

(4) 针对感知层的拒绝服务攻击：攻击者使用恶意代码或其他方式迅速耗尽感知节点的能量(如电池)或通信资源，使感知节点无法正常获取感知数据或无法将感知数据上传到物联网系统中，旨在破坏感知层的可用性。

2. 传输层的安全威胁

传输层的关键功能是将从感知层接收到的信息发送到平台层进行处理，在传输层面临的主要安全威胁如下。

(1) 窃听：攻击者可能通过未加密的无线信道获取未授权的信息，也可能通过无线电技术、电磁技术等从已加密的数据流中分析出有价值的信息，如密钥等。

(2) 分布式拒绝服务攻击：攻击者向目标服务器发送大量无用数据包，使目标服务器无法提供正常的服务，或者攻击者使用被攻陷的感知节点组建僵尸网络，发起针对其他目标的分布式拒绝服务攻击。

(3) 数据传输攻击：物联网应用程序需要存储、交换和处理大量有价值的数据，而正在传输的数据或正在从一个位置移动到另一个位置的数据更容易受到网络攻击。在物联网应用程序中，传感器、云平台等之间存在着大量的数据传输，而这些数据传输可能是通过不同的技术或协议完成的，因此物联网应用程序容易受到数据被破坏的影响。

(4) 路由攻击：物联网中的恶意节点可能试图在数据传输期间重定向路由路径。例如，Sinkhole 攻击，攻击者向邻近节点散发虚假的路由信息，吸引节点通过它进行路由，从而实施恶意行为；又如，女巫攻击(Sybil Attack)，某个恶意节点不断地声明其有多重身份(如多个位置等)，使得它在其他节点面前具有多个不同的身份，对基于位置信息的路由算法有很大的威胁。

3. 平台层的安全威胁

平台层为物联网系统提供了强大的数据处理和存储能力，包括数据的永久性存储、数据存取队列、大数据分析、机器学习等。针对平台层的攻击可能造成更严重的数据泄露，其面临的安全威胁涵盖了传统的数据库安全和云平台安全，主要如下。

(1) 中间人攻击：如果上层应用通过代理使用平台层提供的数据存储或数据分析服务，那么就容易受到中间人攻击。攻击者通过伪装代理的身份，截获应用层和平台层之间交换的信息，从而窃取数据。

(2) 云恶意软件注入：攻击者可以通过向虚拟机中注入恶意代码或将虚拟机注入云中进行攻击。攻击者试图创建完全受控于攻击者的虚拟机实例或添加恶意服务模块，从而假装为有效服务。通过这种方式，攻击者可以非法访问服务请求，并可以捕获敏感数据。

(3) 云中的洪水攻击：与云中的拒绝服务攻击一样，通过不断向服务器发送多个请求耗尽云资源，进而影响服务质量(QoS)。这些攻击会增加云服务器的负载，从而对云系统产生重大影响。

4. 应用层的安全威胁

应用层直接向最终用户提供服务。智能家居、智慧城市、智能电网、智能交通等物联网应用就部署在这一层。该层存在其他层中不存在的特定安全问题，如数据窃取和隐私问题。这一层中面临的安全问题也是和具体应用高度相关的。

(1) 数据盗窃：应用层和平台层之间存在大量的数据传输以便物联网应用使用，而这些传输中的数据面临被盗窃的问题。数据在不安全的信道上传输，或者选用了不安全的传输协议，都有可能造成敏感数据被攻击者获取。相较于传输层的窃听，由于应用层数据的语义更加清晰，因此应用层的数据盗窃带来的危害可能更加严重。

(2) 访问控制攻击：平台层和应用层常使用访问控制机制来限制应用对数据的具体访问权限，而针对访问控制机制的攻击则尝试破坏这一限制，让没有权限的应用(恶意应用或被提权的合法应用)对未授权的数据进行访问。

(3) 服务中断攻击：类似于拒绝服务攻击，攻击者针对不同应用所存在的漏洞或缺陷，人为地使服务器或网络过于繁忙而无法响应，从而使合法用户无法使用物联网应用程序的服务。

(4) 恶意代码注入：类似于传统的 SQL 注入攻击和 XSS 攻击，攻击者使用恶意构造的脚本攻击以 Web 形式提供服务的物联网应用，这一攻击方式既可能破坏物联网应用的完整性，造成应用服务的瘫痪，也可能造成用户的信息泄露或被劫持。

物联网中的每一层都面临着与该层紧密相关的不同种类的攻击，但某些类型的攻击在攻击方式或攻击原理上类似，因此在应对方式上有所重合。

1.3 传统安全措施在物联网中的应用

物联网所面临的安全问题在前面已经简要讨论，传统的安全措施如密码学方法、身份认证技术、访问控制技术以及入侵检测技术已经在物联网安全领域得到了应用。

(1) 密码学方法：在物联网环境中已经有了广泛应用，包含端到端的加密和数据存储的加密等。例如，设计一种基于加密技术(如 RSA、SHA256 或哈希链)的传输机制，以保护感知数据的机密性和完整性免遭破坏；由于大多数物联网应用程序都使用云服务进行数据存储和检索，因此在数据存储平台上提供加密存储服务，且不应允许云解密任何密文，以进一步增强数据安全性。

(2) 身份认证技术：在物联网安全保护中得到了应用。例如，使用数字证书，强制要求当设备间需要交互时，需要进行互相的身份认证；又如，让设备基于位置信息完成自认证，从而能够适应移动环境或跨域环境中的认证。

(3) 访问控制技术：一种为了确保物联网中数据的机密性而常用的技术。例如，沿用基于角色或基于属性的传统访问控制技术，为物联网设备或物联网用户制定相应的规则；或者与身份认证技术相结合，基于设备的位置信息或收集数据的内容来动态地为其赋予权限，实施访问控制。

(4) 入侵检测技术：针对如 Mirai 病毒这种安全事件，传统的入侵检测技术也发挥了巨大作用。例如，在网络架构类似的前提下，在物联网中实施传统的分布式拒绝服务攻击检测和防御；分析数据流量，通过识别恶意代码的特征来发现被入侵或被感染的数据；在设备正式上线前进行安全测试以提高入侵者的入侵难度，从而降低被入侵的概率等。

1.4 物联网的安全特性

物联网作为一种新型的网络环境及应用，与传统的网络环境存在诸多不同之处，这也导致传统的安全措施并不能妥善解决物联网中面临的所有安全问题。因此，研究物联网安全问题时需要充分考虑其安全特性。与传统的网络环境和安全环境相比,物联网具有依赖性、多样性、海量性、局限性、无人值守、移动性和隐私性等特征。

(1) 依赖性:物联网设备之间的联动。在物联网设备中,尤其是智能家居这一应用场景下,有一种设备间重要的联动交互方式,即设备 A 满足预设的条件后,会在相应时间内通知设备 B 完成某项任务,例如,一个温度传感器探测到温度达到某个阈值后,会通知空调开启。这种交互方式是无须人工干预的,但是同时也为攻击者提供了机会,使得攻击者可以在不真正攻击目标对象的情况下实现攻击目标。例如,攻击者可以通过窜改温湿度数据来控制空调设备和打开门窗。这一特征让传统的安全措施难以应对,因为传统的安全措施往往着力于单一的设备或清晰的网络边界,而这种依赖性将网络边界模糊化了,使用传统的安全措施很难在这种特征下制定并执行安全策略。

(2) 多样性:在当今的物联网系统中,不同的应用场景带来了不同的应用需求,因此厂商会生产不同种类的物联网设备以满足这些应用需求,这一原因造成了无论在设备层面还是协议层面,物联网都具有其他网络或系统所没有的多样性。然而从安全角度来看,这种多样性会带来更多的安全隐患。例如,在设备层面,阿里巴巴公司的移动安全团队发现多个设备固件都存在漏洞,如硬编码的密钥;在协议层面,私有通信协议所存在的漏洞可能导致设备被劫持,或遭遇中间人攻击。多样性这一特征同样为安全机制的设计带来不便,因为很难设计一种对于不同操作系统、不同硬件类型、不同运算能力和不同通信协议都通用的安全机制。

(3) 海量性:随着物联网规模的增大,物联网设备的数量也在迅速增长。这些设备所产生、传输和存储的数据也在不断增加。海量的设备和海量的数据共同形成了物联网的海量性。海量性所带来的安全风险是一旦物联网设备被攻击者控制并形成僵尸网络,就会造成巨大的危害,如在前面提到的 Mirai 攻击。而对于物联网而言,大多数的设备都没有也无法在设备层面部署安全防御措施,同时大多数物联网设备都直接连接在因特网中,也很难在网络边界为这些设备部署安全防御措施。这使得传统的终端安全技术或者边界安全技术难以施展。

(4) 局限性:由于成本或应用环境的限制,很多物联网设备仅按照最低要求进行设计和制造,因此物联网设备所拥有的计算和存储资源往往要远少于传统的计算机设备,同时有些物联网设备在能源方面还有一定的限制(如电池),这是物联网的局限性。由于这些限制,物联网设备往往只能完成其所承担的应用任务,并无余力去承担安全措施所带来的性能开销,因此常见的基于密码的安全措施在这种环境中难以有用武之地。

(5)无人值守:不同于传统的网络设备或计算机设备,很多物联网传感器在部署完成后,会在很长一段时间内在不需维护的情况下负责数据采集,这就是物联网无人值守的特征,这一特征在工业、农业或军事用途的物联网环境中体现得更加显著。这一特征同样也会带来安全隐患,由于缺乏维护,攻击者更倾向于选择这样的设备作为攻击目标,也更有机会展开对这些设备的攻击,甚至物理攻击;同样由于缺乏维护,这类物联网设备即使被攻击也很难被及时发现,而且由于它的局限性,也很难为这些设备部署合适的终端安全机制。

(6) 移动性：很多物联网设备，如可穿戴设备和车联网设备，会处在经常需要移动的应用场景中，即物联网的移动性。这一特征使得物联网设备需要经常在不同网络中切换，甚至加入一个一无所知的陌生网络。网络的切换带来了更大的遭受攻击的可能性，同样也会带来将恶意代码在不同网络中加速传播的可能性。在不同的网络中工作使得传统的身份认证机制无法使用，同时无法确定的网络边界也使得传统的边界安全技术无法保护物联网设备。

(7) 隐私性：物联网广泛运用于智能家居、智慧医疗和使用可穿戴设备对健康状况进行感知等场景，使得物联网设备所捕获的数据和隐私是紧密相关的。若这些隐私数据被非法访问或获取，势必会造成极大的损失和影响。但是从应用的角度来说，获取这些数据是为生活提供便利、提升生活质量、提升效率所必需的，因此如何在便利性和隐私性之间寻求平衡，是传统的安全措施难以解决的问题。

1.5　信　任　管　理

大多数传统的安全措施专注于在确定的背景下保障实体和数据的安全，而物联网的架构恰恰模糊了这一确定性。同时，传统的网络安全体系往往建立在网络实体互相信任的基础上，而在物联网中很难确认这种默认的信任。因此信任管理这一安全措施在物联网安全领域扮演着重要角色。信任管理历史悠久，在 P2P、交易系统中已经得到了广泛应用。信任作为一种源自社会学的属性，能够以一种自然的方式为实体提供判断其他实体的依据，在计算机和网络领域中能够作为一种解决安全和隐私问题的有效手段。本节将介绍信任管理的概念、发展及其应用。

1.5.1　信任管理的概念和发展

信任是一个由来已久的社会学的概念。2008 年，*Trust and Distrust: Sociocultural Perspectives* 一书对社会学中的信任进行了总结，它将信任用一个坐标系表示，其中四个象限分别代表了信任的四种分类，包括基本信任(Basic Trust)、先验广义信任(Priori Generalized Trust)、特定上下文信任(Context-Specific Trust)以及内心对话(Inner Dialogue)。其中基本信任表示与生俱来的、无条件的信任，如孩童对父母的信任；先验广义信任表示不经意间形成或积累形成的信任，如信任一个医生能够治病；时定上下文信任则是根据客观信息为一个对象所做出的信任评估，在进行信任评估时，间接信任证据的可信性取决于间接信任证据的上下文与本次信任评估所处的上下文的相似程度；内心对话表示一个主体依据自身的历史经验为对象做出主观的信任评估。这四个象限是依据坐标系中坐标轴的方向所确定的。在这一模型中，坐标系的横轴表示信任的来源，从左至右分别代表"原发信任"和"反射信任"，前者更主观，而后者更理性和客观。坐标系的纵轴表示信任的规模，从下到上表示从个人之间的微观反射信任演进到组织之间的社会宏观信任，如图 1-3所示。

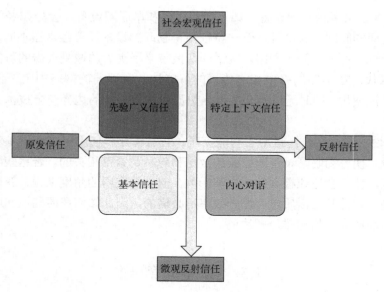

图 1-3　社会学中的信任

　　社会学中的信任概念为计算机科学中的信任概念提供了很多值得参考和借鉴的地方。1993 年，Denning 提出了基于信任的安全范式，这一安全范式将信任定义为：对人、组织或客体能在特定行为域内按照给定要求来表现的评估。这一定义明确了：首先，信任是信任者(Trustor)对受信者(Trustee)的一种主观判断，而非受信者的客观属性；其次，信任是在一个特定行为域中予以评估的，而这一行为域在不同客观条件下可变，同时评估标准在不同行为域中也可变。在基于信任的安全范式中，一个受信者是否可信意味着该客体的行为是否符合信任者的预期或判定标准。1994 年，Jøsang 深入讨论了信任的含义，他指出信任研究的关键在于如何评估信任以及如何利用信任。1994 年，Marsh 提出了第一个用于评估和计算信任的模型，这一模型将信任计算为一个在[-1,1]的数值，其上限 1 代表信任者完全信任受信者，下限-1 代表信任者完全不信任受信者。在这之前，学术界认为信任满足于一个二值模型，即信任或不信任，这一数值化的信任计算方法把信任拓展成了一种可以量化的逻辑。同年，Beth 提出了一种延续至今的信任模型，即将信任分为直接信任和推荐信任，直接信任指受信者在某一行为域内的能力，而推荐信任指相信受信者能够如实提供关于第三方的推荐信息。

　　在信任这一概念的基础上，信任管理的概念也逐渐成形。2000 年，Jøsang 给出了信任管理的定义：以基于信任的决策为目的，通过收集、整理、分析和呈现与安全相关的证据来进行信任评估的过程。这一定义阐述了信任管理的三要素：信任证据、信任评估和基于信任的决策。2005 年，Jøsang 对信任管理的定义进行了扩充，表示信任管理是为了能够使实体在包含风险的潜在交易中相互评估对方的可靠性并以此辅助决策而建立系统化方法的过程，这些系统化方法允许实体增加和正确表现其可靠性。与 2000 年的定义相比，2005 年的扩充定义强调了信任管理是一种动态的机制，其目的是创建信任管理系统。2007 年，Jøsang 探讨了信任与信誉之间的关联和区别。信誉(或声誉，Reputation)是一个与信任相类似的概念，其内涵是多个主体对客体表现的综合评价。Jøsang 认为二者相似但有本质区别：信任是基于多种因子和证据对实体得出的主观评估；而信誉是多个主体对客体表现的综合评价结果，即信任拥有更多的主观性特征，而信誉则是一个客观概念。信任者可以根据受信者的信誉来建立对受信者的信任，而信任者对受信者的信任又可以提高受信者的信誉。在很多场合，会同时应用信任和信誉，便于更全面地对受信者进行评估。

1.5.2 信任管理的应用

信任管理的概念一经提出，就在网络领域尤其是网络安全领域得到了广泛的应用，主要包括 Web、P2P、无线传感器网络、无线自组织网络、云计算等。

(1) 信任管理在 Web 中的应用：1997 年，有研究者认为信任管理比密码学方法更适用于 Web 安全；1998 年，谷歌创始人之一拉里·佩奇提出了 PageRank 算法，基于网页的外部链接对网页进行评分，体现了引用该网页的实体对该网页的信任程度。

(2) 信任管理在 P2P 中的应用：P2P 是一种分布式的、对等的以及不可靠的网络环境，与信任管理技术能够很好地进行结合。2001 年，有研究者提出了一种 P2P 中的分布式信任管理方法，它根据节点的交互历史分析其是否具有恶意行为，并将分析结果广播，最后合并计算节点的信任值；2003 年，EigenTrust 依据 P2P 中节点的上传行为为节点计算信任值，当节点之间需要进行数据交换时，使用这个信任值作为参考依据；2012 年，研究者提出了一种在移动 P2P 中计算直接信任和推荐信任的方法。

(3) 信任管理在无线传感器网络中的应用：2003 年，研究者在无线传感器网络中应用信任管理的方法来实现恶意节点发现、安全路由决策、安全数据收集等。由于无线传感器网络的节点往往部署在易被捕获的敏感区域，因此相对于传统的安全措施，信任管理具有很强的贴合性。近十几年来，信任管理成为无线传感器网络安全保障的重要技术手段之一，并给在物联网中应用信任管理带来了深远影响。

(4) 信任管理在无线自组织网络中的应用：在无线自组织网络中，节点之间同样存在分布式和对等性的特征，同时还带有移动性特征。因此无线自组织网络中往往也使用直接信任和间接信任衡量节点是否能够执行预期行为。例如，研究者多采用分组转发率、是否丢包、转发投递率作为信任评估依据，采用直接通信的数据计算直接信任，而采用其他节点的直接信任作为推荐信任。信任管理在无线自组织网络中的应用也给在物联网中应用信任管理带来了启发。

(5) 信任管理在云计算中的应用：在云计算中，建立云用户和云服务提供者(CSP)之间的信任关系至关重要，以便能够有效确保安全性以及服务质量。例如，2009 年，研究者设计了一种模型，让云计算用户可以评价 CSP 的信任程度，并依据信任程度选择合适的 CSP。

经过多年的发展，信任管理已经成了信息安全领域的热门技术之一。尽管这项技术还有很多缺陷，甚至从概念上都还有值得商榷和讨论之处，但是无法否认其已经取得的应用成绩以及广阔的应用前景。在物联网这一领域，信任管理技术也已经取得了广泛的应用，下面将对此进行简要概括。

1.6　物联网中的信任管理

1.6.1　物联网中信任管理的必要性

信任是物联网中一个重要的属性，它受到许多可度量和不可度量属性的影响。信任不仅关系到安全性，还涉及许多其他因素，信任不仅仅体现在安全方面，同时也体现在如一个实体的善良、力量、可靠性、可用性、能力或其他特性，或者服务选择、服务质量评价等方面。如果来自不同设备的聚合信息是恶意的并且不够可信，即使已经完全提供了应用层和网络层的安全措施，也很难被用户接受。信任管理在物联网中发挥着重要作用，它可以实现可靠的数据融合和挖掘，提供具有上下文感知能力的服务，增强用户隐私和信息安全。信任管理帮助用户克服对不确定性和风险的感知困难，提高用户对物联网服务和应用的接受程度。信任的概念涉及的范围比安全更大，因此建立、保障和维护信任更为复杂和困难。另一个与信任相关的重要概念是隐私，即一个实体决定是否、何时以及向谁发布或披露其自身信息的能力。一个值得信赖的数字系统应该保护用户的隐私，这是获得用户信任的途径之一。信任、安全和隐私是物联网中高度相关的关键问题。

在一个层次化的物联网架构中，物联网的信任管理涉及以下内容：收集做出信任关系决策所需的信息；评估与信任关系相关的标准；监控和重新评估现有的信任关系；确保动态变化的信任关系并使物联网系统的过程自动化。其目标如下。

(1) 信任关系与决策：信任管理提供了一种有效的方法来评估物联网实体之间的信任关系，并帮助它们做出明智的决策，以便相互沟通和协作。信任评估涉及物联网系统各个层次的所有实体，对智能化、自主化的信任管理起着基础性的作用。

(2) 数据感知信任：物联网中的数据感知和收集应该是可靠的。为了确保这一可靠性，应当关注物联网中感知层的信任属性(TA)，如传感器的敏感性、精确性、安全性、可靠性和持久性，以及数据收集的效率，即感知层受信者在物联网中的客观属性。

(3) 隐私保护：用户隐私包括用户数据和个人信息，应根据物联网的用户政策和期望进行灵活的保存。该目标一般涉及物联网系统的目标属性。

(4) 数据融合与挖掘信任：应从可靠性、数据处理、隐私保护和准确性等方面对物联网中收集的大量数据进行可信的分析。这个目标也与可信社会计算有关，以便基于社会行为和社交关系探索与分析挖掘用户需求。数据融合与挖掘信任涉及物联网网络层中数据处理器的客观属性。

(5) 数据传输和通信信任：数据应在物联网系统中安全传输。未经授权的系统实体不能在数据通信和传输中访问他人的私有数据。该目标涉及物联网系统的安全性和隐私性，物联网中的可信路由和密钥管理是实现这一目标需要解决的两个重要问题。

(6) 物联网服务质量：应确保物联网服务质量。物联网服务应该是个性化的，并在完全正确的时间和地点提供给合适的人。该目标主要针对物联网应用层的信任管理，但需要其他层的支持。物联网服务质量目标不仅涉及物联网服务(受信者)的客观属性，还涉及用户(信任者)的客观属性和主观属性以及上下文。

(7) 系统安全性和健壮性：物联网中的信任管理应该有效地对抗系统攻击，以获得物联网系统用户足够的信任。该目标涉及所有系统层，重点是系统安全性和可信性(包括可靠性和可用性)，这与受信者的目标属性有关。

(8) 通用性：对于各种物联网系统和服务，优先选择通用的、可广泛应用的信任管理技术，这是系统的目标属性。

(9) 人机信任交互：信任管理提供了良好的可用性，并以可信的方式支持人机交互，从而使用户易于接受。这一目标更加关注应用层信任者(即物联网用户)的主观属性。

(10) 身份信任：物联网系统实体的标识符应当得到良好的管理，并且是可扩展的和高效率的。该目标涉及物联网的所有层，需要跨层支持。它涉及物联网系统的客观属性(如身份隐私)和物联网实体的主观属性(如用户希望)以及可能影响身份管理政策的上下文。

信任管理必须覆盖物联网的所有层，而不仅仅是提高每层的安全性、隐私性和信任度。物联网信任管理需要各层信任管理技术之间的可靠协作。物联网全面、整体的信任管理要求上述目标都能很好地实现。

1.6.2 物联网中信任管理的研究重点和研究方法

物联网中信任管理的研究重点主要包括信任属性、信任应用、信任管理目标、信任指标、信任计算、信任攻击等[3]，其中每一部分的内容与相关研究方法详述如下。

1. 信任属性

信任属性是从节点之间的网络空间关系和社交关系中提取的一系列共同的单个属性，包括可依赖性、可靠性、能力、及时性、完整性、信心、期望、意愿、诚实等。研究者将信任属性归纳为四种性质：不对称性、主观性、部分传递性和上下文制约性。

(1) 不对称性：信任是单向且不对称的，即实体 A 信任实体 B，但实体 B 不一定信任实体 A，如图 1-4 所示。

(2) 主观性：信任取决于一个实体对另一个实体的期望。实体 E 是否信任实体 D 取决于两个因素：①实体 D 对实体 E 的查询的响应程度如何；②实体 D 的额外需求是多少。假设对实体 D 的普遍看法是实体 D 的行为更符合大众期望，但是，由于实体 A 的要求更高，因此实体 A 对实体 D 仍然可能持相反的观点，即实体 A 认为实体 D 不可信，这即是信任的主观性，如图 1-5 所示。

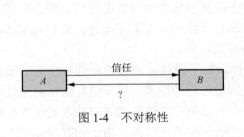

图 1-4　不对称性

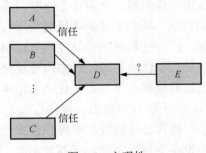

图 1-5　主观性

（3）部分传递性：信任可能传递或可能不传递。如果实体 A 信任实体 B，而实体 B 信任实体 C，那么实体 A 是否也应该信任实体 C。根据传递性，实体 A 应该也能够信任实体 C，因为实体 B 已经对实体 C 进行了信任验证，但是如果实体 C 并不可信，那么实体 A 也可能会受到影响。这种情况表明，实体 A 对实体 C 的信任程度与其他实体对实体 C 的信任程度和各实体可信度相关，如图 1-6 所示。传递性可以帮助物联网系统建立一个信任链，在建立信任链的过程中，需要对每个实体进行严格的信任验证和安全评估。

（4）上下文制约性：当实体 A 建立对实体 B 的信任时，其结果同时取决于实体 A 建立信任时的上下文。例如，在任务 1 中，实体 A 信任实体 B，而在任务 2 中，实体 A 部分信任实体 B，在任务 3 中，实体 A 不信任实体 B，如图 1-7 所示。

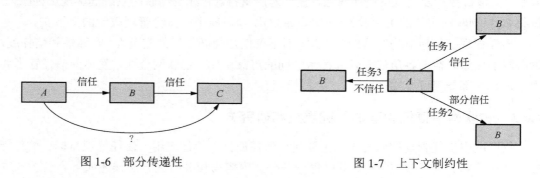

图 1-6　部分传递性　　　　　　图 1-7　上下文制约性

2. 信任应用

信任可以作为物联网应用的一部分，以便建立基于信任的安全机制和基于信任的服务管理。基于信任的系统可以跟踪物联网实体的行为，然后惩罚行为不端的实体并奖励行为良好的实体，所以基于信任的系统可以支持各种类型的安全服务和机制，如基于信任的入侵检测、动态访问控制策略、基于信任的路由等。

（1）基于信任的入侵检测：包括两个阶段，第一阶段是入侵检测，第二阶段是实体间的信任评估。网络中一个物联网实体或云服务器使用基于信任的入侵检测系统来评估另一个物联网实体的恶意性。实体间信任的评估涉及对相互作用和行为信息进行统计分析的过程。

（2）动态访问控制策略：在物联网环境中，实体之间相互协作、共享资源。然而，物联网环境是动态的，物联网设备的部署使其容易受到多种威胁和被对手物理捕获。被捕获的设备可用作跳板，危害整个物联网系统。鲁棒性强的动态访问控制策略能够满足物联网环境的需求，有助于维护环境的安全性，可以帮助调节每个请求者基于上下文制约性的访问控制。将信任与动态访问控制策略相结合，首先需要根据实体属性进行初始静态信任建立，然后为了做出正确的动态信任决策，信任管理必须依赖于上下文信息，最后为实体赋予角色，并根据上下文的变化动态地激活符合条件的角色。

（3）基于信任的路由：将信任概念作为路由协议的子模块，通过帮助选择合适的设备作为下一跳和在传输过程中保护数据包，增强了路由过程的性能。基于信任的路由通过考虑其他设备的自我观察和推荐来实现，同时在路由协议中广泛使用的加密技术能够在传输过程中保护数据包。然而，加密技术计算量大，无法识别恶意节点。由于物联网设备资源有限，容易受到各种攻击和环境影响，因此加密技术并不适用于所有类型的物联网设备。在基于信任的路由中，信任机制可以作为加密技术的替代方案。

3. 信任管理目标

在信息处理环境中，信任管理目标可以在多个层次上实现，如数据感知信任、数据传输信任、身份信任和隐私保护、用户信任等。

(1) 数据感知信任：在感知层的收集阶段处理物联网数据。有研究者讨论了通过多个传感设备收集的数据验证，说明利用离群点检测的各种实体可以进行传感器管理。有学者通过分析针对 RFID 系统组件的不同威胁，如标签克隆、中继攻击、个人和位置隐私、阻止和干扰设备以及入侵检测，调查了 RFID 技术中的安全和信任问题，进而支持了数据感知信任和隐私保护的实现。

(2) 数据传输信任：数据传输和网络信任是物联网应用稳定性的关键因素。然而，可信的通信和网络协议必须支持物联网的异构性与可扩展性。有研究者提出了一个用于在物联网环境中保护大量数据传输的协议，通过增强安全框架以支持信任和隐私。2013 年的一项研究为物联网引入了一个机制，在对选择性转发和欺骗等多种攻击模型进行评估时，该机制显示出良好的效率和较低的开销。

(3) 身份信任和隐私保护：因为信任者的身份是基于信任系统的基础，所以身份信任和隐私保护是实现物联网应用最佳效益的关键因素。研究者为加强身份信任和隐私保护而展开了一些研究。2012 年，有研究者提出了一个满足物联网环境下信任需求的框架。该框架提供了适当的身份验证、完整性和服务保护。还有研究者提出了一种信任扩展协议，用于在基于 IP 的无线传感器网络(WSN)下提供多种服务，如连接性、安全移动性和可靠性。另外，研究者还建议控制信息流，以保护物联网中数据隐私的属性，该技术通过基于隐私策略的可信计算实现数据控制。

(4) 用户信任：关注的是设备所有者和用户的行为，但问题是如何将交互限制为只有可信的所有者和用户才能维持物联网服务。有学者调查了物联网某些组件(如设备、硬件、软件和服务)的信任的不同方面，这项调查从心理反射性和及物性、风险管理、不诚实、怀疑、社交关系、人脑和声誉等方面进行，其结果表明物联网组件不可能完全可信。然而，人类根本不应怀疑物联网组件。此外，这项研究建议使用可信的代理，并应用可信公司生产的设备。又有学者利用差分博弈构建安全通信模型，观察和评估物联网环境下的用户行为，这是因为恶意和自私的实体之间存在着相互作用。它们利用网络资源执行安全数据包转发，并研究了漏洞对该模型性能的影响，结果表明，该模型可以以很高的概率检测到恶意行为。

4. 信任指标

信任指标旨在确定评估和测量物联网系统中节点设备的可信度和信任值的标准或模式。成功的信任管理系统依赖于准确和合适的信任指标，这些指标有助于监控交互服务和物联网实体之间的关系。信任指标可以是设备相关的或应用程序相关的。在当前的研究中，信任指标涵盖了社交信任指标和 QoS 信任指标。

(1) 社交信任指标：社交信任的概念表示用于衡量物联网实体之间关系的属性；该术语来源于社交网络。例如，亲密度作为信任指标来衡量实体间基于观察的亲密关系，诚实度作为衡量交互过程中异常行为的指标。

(2) QoS 信任指标：QoS 信任的概念源于计算机系统和网络。例如，在 QoS 信任中，能量消耗作为衡量能力的指标，无私性则用于衡量实体间的合作程度。

5. 信任计算

信任计算是包含提取有关物联网实体的信任信息的过程。信任计算方案分为信任组合、信任传播、信任聚合、信任更新。信任组合表示信任计算过程中考虑的组件(信任属性)，包括社交信任和 QoS 信任。信任传播关注物联网实体之间交换可信信息的方式，信任传播分为集中式和分布式，分布式信任传播方案中，在物联网实体之间不采用集中式实体，而是直接将信任证据传播给它的合作伙伴；集中式信任传播方案中，需要可靠的集中式实体(物联网设备或云服务器)来维护信任信息。信任聚合关注的是信任信息(观察和建议)的集合，这些信息源自自身经验或同伴推荐。信任更新是将新的观察和建议加入到信任应用中的过程。信任更新使用事件驱动方法或时间驱动方法。事件驱动方法是指在事务或事件发生后更新信任数据，因此，在每个参与实体或物联网云服务器中接收关于服务质量的反馈。时间驱动方法中，信任证据(自我观察和建议)的收集是周期性的，因此信任会随着时间的推移而衰减。

信任计算是信任管理的核心内容，本书将在后续章节对其进行详细讨论。

6. 信任攻击

鲁棒性强的信任系统对于维持物联网应用的功能至关重要，但是信任系统和机制也会面临几种攻击，主要包括偏见推荐(Biased Recommendations)、不一致的行为(Inconsistent Behaviors)和身份攻击(Identity Attacks)。

(1) 偏见推荐：这类攻击的目标是基于信任的系统，提供关于物联网服务情况的虚假建议。偏见推荐攻击主要发生在推荐者恶意、自利或信息不完全的情况下，可以由单个实体执行，也可以通过一组 IoT 实体的合谋来执行。例如，恶意实体串通捏造关于物联网环境中行为良好的实体的虚假负面建议。这些捏造的虚假负面建议旨在破坏目标实体的声誉，因此系统会隔离目标实体或减少其被选为服务提供者的机会。又如，攻击者串通和协调，通过提供虚假正面建议来增加其合谋实体的声誉，从而增加被选为服务提供者的可能性。

(2) 不一致的行为：在这类攻击中，对等节点试图通过执行不一致的行为来获得非法的正面声誉。例如，一个恶意实体通过正确的行为在一开始建立起一个很高的正面声誉，从而成为可信实体之一，然后开始虚假行为，当声誉下降到某个特定阈值时，恶意实体就会改变，诚实、准确地执行操作。又如，恶意实体退出并重新加入物联网环境，洗刷其不良声誉。当实体重新加入物联网环境后分配的信任值高于其当前信任值时，会发生这种情况。

(3) 身份攻击：声誉和推荐取决于实体的身份。因此，每个实体都应该有唯一的标识，但是在物联网环境中这一绑定并不稳定。例如，女巫攻击，攻击者通过获取多个身份，如使用廉价或匿名的假名，以逃避其恶意行为产生的后果。又如，中间人攻击，攻击者截获特定服务消息流，并将其替换为非优选或不良服务消息流，导致真正的服务提供者的声誉下降。

1.6.3 物联网中信任管理的缺陷和研究前景

尽管信任管理在物联网中已经有了广泛应用，并且取得了极大的成效，但是仍有很多缺陷。例如，在当前的物联网信任管理中，多采用社交属性作为信任度量的指标，但是社交关系与推荐质量之间的关联性需要进一步研究，以提高信任计算的准确性和抗信任攻击的弹性。在信任传播方面，当前广泛应用了分布式信任传播，当没有可访问的中心实体作为云服务器时，分布式信任传播是一个良好的解决方案。然而，数据过滤和搜索问题仍然是物联网中分布式信任传播面临的一个挑战，因为不是每个物联网设备都能处理海量的信息流。在信任聚合方面，之前的研究已经探讨了许多信任聚合方法，如静态加权和贝叶斯推断、模糊逻辑和动态加权，然而回归分析和信念理论还没有得到深入的研究。在信任更新方面，尽管时间驱动方法适用于分布式信任传播系统，但是需要系统必须在能量消耗和信任精度之间进行权衡，更新间隔的调整是保持最佳信任精度水平的关键因素，从而使物联网应用的性能最大化，然而这一假设没有得到很好的研究。这一系列的缺陷使得信任管理在物联网中的研究仍有很大的进步空间。

除了这些缺陷之外，物联网中信任管理的研究前景还包括以下几点。

(1) 异构物联网中的信任需求。如何在不同的网络之间传输和计算信任是一个难题。无论主观还是客观的，不同节点网络的信任管理应遵循相同的标准。此外，如何利用互联网上的优势资源来帮助无线传感器网络计算信任也是一个需要解决的问题。

(2) 能量效率。使信任管理算法和机制以更快的速度、更少的能耗来支持信任服务是物联网的一大挑战。这项研究需要轻量级的信任机制，如避免密码方案。目前的研究对这个方向尚未侧重。

(3) 人的隐私和业务流程的机密性仍然是个大问题。隐私保护技术仍处于起步阶段：已提出的系统一般不是针对资源受限的设备设计的，对隐私保护的整体观点仍有待完善。数据匿名、设备认证和信任建立与管理技术在计算能力和带宽方面则需要功能强大的设备支持。物联网中"物"的异质性和流动性将使情况更加复杂。研究隐私保护方案与信任管理机制的无缝集成与协作，以完全实现物联网中的垂直信任管理并不容易。

(4) 自主信任管理很难实现，由于部署规模太大而难以控制，同时很少有研究者在这一方向展开研究。

(5) 可信数据融合不易实现。将由众多物联网中的"物"产生的大量原始数据传输到互联网上是很昂贵的。因此，数据融合对于降低这种成本至关重要。然而在高效、准确、安全、隐私、可靠性以及全息数据处理与分析的支持下实现值得信赖的数据融合与数据挖掘，并非易事。

(6) 在物联网中实现整体信任管理的所有信任管理机制的无缝集成与合作是一项艰巨的工作。

(7) 一些法律问题还不是很明确，如位置对隐私监管的影响、协作"云-物"网络中的数据所有权问题。物联网的性质要求有一个异构和差异化的法律框架，充分考虑物联网的可扩展性、垂直性、普遍性和互操作性。

据预计，未来物联网信任管理的研究将集中于解决现有的开放性问题。更重要的是，研究应以实际需求为导向和驱动，如高效节能技术、轻量级信任管理、物联网用户信任等，尤其要关注以用户为核心的解决方案。

本章主要阐述了传统安全措施在物联网中的应用以及它们的不足之处，然后引入了信任管理技术，介绍了信任的概念，包括社会学中的信任和计算机科学对信任的引入、信任管理的发展和应用、信任管理在物联网中的必要性，以及信任管理在物联网中的研究重点、研究方法以及研究前景等。本章主要涉及的是物联网中信任管理的背景知识，在本章介绍的背景下，能够更深刻地认识到为什么物联网需要信任管理、信任管理在物联网中已经实现了哪些目标，以及还有什么问题有待继续发掘。

习　题

1. 物联网中的攻击模型有哪些？
2. 物联网的不同架构中，侧重点都是什么？
3. 物联网安全与 CIA 三元组的关系体现在哪里？
4. 物联网安全有哪些特性？
5. 物联网中的信任具有哪些性质？
6. 物联网所面临的信任攻击有哪些？
7. 请分析社会学中的信任和计算机科学中的信任之间的异同，以及对应关系。

第 2 章　物联网中的信任聚合

2.1　信任聚合的概念

1. 信任度量

信任度量最初称为信任凭证(Credentials)，指有关评估信任所需的对象和环境上下文的信息。凭证这一概念由来已久，而且在信息安全领域广泛应用。例如，最常见的用户名/口令，以及密码证书等都是可以使用的凭证。而在早期的基于策略的信任管理系统中(如电子商务)，往往需要信任凭证来判断信任与否。随着信任管理技术的进步，凭证这一概念渐渐被信任指标(Indicator)、信任度量(Metrics)以及信任属性(Attributes)所代替。其旨在确定评估和测量物联网系统中节点设备的可信度和信任值的标准或模式。常见的信任度量主要是 QoS 信任度量和社交信任度量，但是随着研究的深入，也出现了新的信任度量，如基于知识的信任度量、基于信誉的信任度量等。究其本质，信任度量实际上是一组具有代表性的信任属性的集体表示，而每一个信任属性则是受信者的一个具有代表性的特征。换言之，信任度量代表的是对受信者进行信任评估的方向或角度，从这一方向或角度出发，选取可收集的、具有代表性的信任属性，进而使用信任聚合对受信者进行信任评估。这同样表明了在单一信任度量上完成的信任评估只是从该方向上对受信者进行的评估，因此对于信任聚合而言，另一层含义或另一个任务则是聚合在不同信任度量上评估的结果，以对受信者进行全面的评估。

2. 信任聚合

信任聚合是信任计算或信任评估的重要一环，其关注的是信任信息的集合。信任计算是信任管理的核心内容，目标在于获取受信者的信任度，涵盖了信任属性、信任度量、信任聚合过程等因素。信任计算是一个层次化的结构，信任聚合过程在这一层次化结构中起到传递和黏合的作用，如图 2-1 所示。

在这一层次化结构中，首先需要根据具体应用环境选择适用的信任度量，然后依据选定的信任度量从环境中收集相关的信任属性。信任聚合在这个流程中的第一个任务是依据收集到的信任属性的特征，选择合适的算法将这些信任属性聚合，即完成某个信任度量上的信任评估；第二个任务则是将所有信任度量上的信任评估分量值再次聚合，完成整体的信任评估。常见的信任聚合方法包括加权求和法、推理法、机器学习法等。

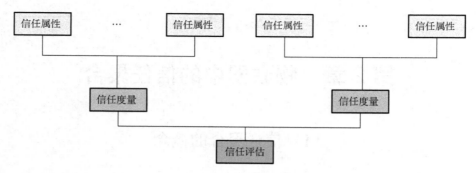

图 2-1　信任计算的层次化结构

2.2　信任聚合常见的方法

1. 加权求和法

加权求和法是一种在数据定量分析中简单而常见的方法，其目标在于计算一系列变量的加权和。加权求和法可以使用以下公式予以定义：

$$\text{WS} = \sum_{i=1}^{N} W_i X_i \tag{2-1}$$

式中，X_i 表示不同的变量，或同一变量的不同分量；W_i 表示权重，另有

$$\sum_{i=1}^{N} W_i = 1 \tag{2-2}$$

权重体现了其相对应变量的重要性，因此加权求和法中的关键在于权重的选择。加权求和法能够将多个分量目标聚合为单个目标，因此广泛应用于规划问题以及决策系统中。在物联网的信任管理中，加权求和法能够将不同的信任属性以及不同信任度量予以聚合，最终得到数值化的信任，因此得到了广泛的应用，例如，使用加权求和法聚合直接信任和间接信任、聚合自我感知信任和推荐信任等。

2. 推理法

有一些信任聚合方法使用基于推理的模型来获取信任值，称为推理法，常见的推理法有贝叶斯推断(Bayesian Inference)和模糊逻辑(Fuzzy Logic)。其中，贝叶斯推断是一种基于贝叶斯定理，在有更多证据或信息的情况下，更新某个先前假设概率的方法：

$$P(A|B) = P(A)\frac{P(B|A)}{P(B)} \tag{2-3}$$

式中，$P(A)$ 是先验概率；$P(A|B)$ 是后验概率；$P(B|A)/P(B)$ 是可能性函数，用于在收集更多信息之后对后验概率进行调整。在信任管理中，可使用贝叶斯推断预先假设某实体的信誉度，然后根据该实体与其他实体的交互信息对先前的假设进行更新。

模糊逻辑可以看作对布尔逻辑的一种泛化，它所处理的不确定性推理是近似的而不是

精确的，即用一个不确定的值来模拟决策过程中的不确定性。模糊变量值在(0,1)内，由隶属函数管理其不确定程度。在信任管理中，信任被认为是模糊性的度量，用隶属函数来描述信任度，并使用带有模糊测度的推理规则进行运算。

　　3. 机器学习法

　　机器学习法是在推理法的基础上发展而来的。在贝叶斯推断信任聚合方法中，往往使用后验概率或后验概率的期望来计算信任值，但是在信任属性或信任度量较多的时候，这一方法的适用性不强。在这一问题的基础上，有研究人员结合机器学习的思想对推理法和加权求和法进行了改进，例如，使用机器学习法决定不同信任属性或信任度量的权重，或者在贝叶斯推断的结果上使用机器学习法进一步聚合等。机器学习法在信任聚合中的应用很广泛，不同的研究角度往往选择不同的机器学习算法，具体的实践将在后续章节中进行讨论。

2.3　基于加权求和法的信任管理方案

2.3.1　社交物联网和信任管理

　　未来互联网的一大价值在于其创建强大的资源网络的能力，即使资源具有社交属性。这种社交属性将极大地促进对具有完成特定任务所需能力的资源的发现。在物联网世界中，作为与人一起参与网络的事务，社交网络可以基于物联网构建，即社交物联网(Social Internet of Things，SIoT)，其目的是使物联网成为一个社交网络，其中每个节点都是能够根据规则集自动建立与其他节点的社交关系的对象。但是这一网络范式在某些基础方面有所缺乏，例如，如何了解和处理其他成员提供的信息以基于对象的行为来构建可靠的系统等。

　　社交物联网旨在使用物联网中的社交网络元素来允许对象自主建立社交关系，其动机是期望采用面向社会的方法来组织由可访问物理世界的分布式对象所提供的信息。在社交物联网模型中，对对象之间的一系列关系进行了社会化定义，例如，同一制造商在同一时间段内生产的设备可以定义为家族关系，也可以像人类一样定义为共位置(Co-Location)关系、共事(Co-Work)关系。还有其他一些特有的社交关系，例如，同一个用户的设备可以被定义为所有权(Ownership)关系。当物联网设备出于其所有者的原因而彼此交互时，会形成社交对象关系。这些关系是根据对象特征(如对象类型、计算能力、移动能力、品牌)和活动而创建和更新的。社交物联网中主要通过四个组件对社交关系进行管理，其中关系管理组件允许社交物联网对象建立、更新和终止关系，服务发现组件则使物联网对象能够像人类一样去寻找提供所需服务的对象，服务组合组件实现对象之间的交互，信任管理组件旨在了解如何处理其他成员提供的信息，这也是社交物联网中信任管理的关键。

社交物联网中的信任管理方案沿袭自传统社交网络中的信任管理方案。在社交网络的场景中，Alice 会在如下情况下信任 Bob：Alice 的行动建立在 Bob 的行为能够为 Alice 带来益处这一信念上。社交中的信任可以分为三代：第一代的特点是部分社交性，即参与者之间的关系是隐性的，参与者无法与朋友的朋友结交新朋友；第二代的特点是中等社交性，即参与者之间的关系只是二元关系(无论是朋友还是不是朋友)，但是即使仅在同一社交网络平台内，参与者也可以通过添加朋友的朋友来扩展他们的关系列表；第三代的特点是存在不同类型的关系，即参与者可以建立新的关系并在不同的社交网络中进行活动。用户之间的多种关系类型促进了社交网络中基于关系的信任管理技术的发展。信任的主要属性的定义是明确的，但是其可传递性具有争议。在可传递的信任下，如果 Alice 信任 Bob，而 Bob 信任 Eric，那么 Alice 信任 Eric。但是在现实生活中，信任并不总是可传递的，而是取决于所请求的特定服务。在这一前提下，可以说信任的另一个重要的属性是可组合性，将来自不同朋友的推荐信息组合成一个独特的数值，即信任值，然后决定是否信任某人，对于来自不同朋友的不同推荐信息，需要一个合成函数才能获得准确的结果。

2.3.2　设计的方案

像大多数物联网架构一样，在社交物联网中，所有者可以控制对象的功能和交互。首先，系统(对象)要求所有者授权根据其他对象的请求提供特定的服务/信息。然后，所有者根据特定请求(请求对象所有者身份和交互上下文)授权对象允许提供或不提供服务。这是在第一次交互出现时完成的，而系统会为下一个事务学习并相应地表现。所有者的行为取决于他与请求者的(直接和间接)关系以及他的个性(协作、自私、贪婪、恶意和其他)。在这一场景下，人们设计了一种衡量节点信任程度的动态模型，如下所述。

1. 符号定义

用 $P=\{p_1,\cdots,p_i,\cdots,p_M\}$ 表示物联网中的所有节点，用无向图 $G=\{P,\varepsilon\}$ 描述整个网络，其中 $\varepsilon\subseteq\{P\times P\}$ 是边的集合，每个边代表几个节点之间的社交关系。设 $N_i=\{p_j\in P:p_ip_j\in\varepsilon\}$ 是节点 p_i 的邻域，即与 p_i 有关系的节点，而 $K_{ij}=\{p_k\in P:p_k\in N_i\cap N_j\}$ 是 p_i 和 p_j 之间公共朋友的集合。令 S_j 为 p_j 可以提供的服务集。应用场景则是 p_i 请求特定的服务 s_h。假设服务发现组件从 p_i 接收到该服务的请求，并向其返回一组节点 $Z_h=\{p_j\in P:s_h\in S_j\}$，它们能够提供服务。对于每个潜在的服务提供者 $p_j\in Z_h$，服务发现组件返回一组边 R_{ij}，它表示社交链接的序列，这些社交链接构成了 SIoT 中从 p_i 到 p_j 的选定路径。在这一点上，可信管理组件有望提供列出 Z_h 中任何节点的信任等级的重要功能。这是这一工作的目标。图 2-2 提供了一个网络的简单示例，其中 $P=\{p_1,\cdots,p_{10}\}$，每个节点都能够提供一个或两个服务。p_1 是请求服务 s_{10} 的节点；$Z_{10}=\{p_5\}$ 是可以提供所请求服务的节点集；$R_{15}=\{p_1p_4,p_4p_8,p_8p_5\}$ 是一组边，它们构成了服务发现过程为 p_1 到达 p_5 并返回所构成的路径。在此图中还突出显示了作为 p_1 朋友的节点的集合 $N_1=\{p_2,p_3,p_4\}$，节点集 $K_{14}=\{p_2,p_3\}$ 表示 p_1 和 p_4 之间的公共朋友。

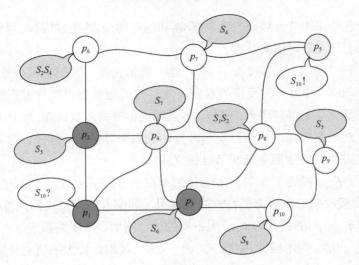

图 2-2　网络节点示意图

2. 模型描述

人们在上述符号定义下提出了主观模型和客观模型。

(1) 从社会观点出发的主观信任度模型：其中每个节点 p_i 根据自己的经验和其朋友的经验计算其 N_i 个朋友的信任度；用 T_{ij} 来指代这种信任度，即节点 p_i 所见的节点 p_j 的可信度。如果 p_i 和 p_j 不是朋友，则通过一系列朋友关系，以口口相传来计算信任度。

(2) 从 P2P 场景中获得的客观模型：其中有关每个节点的信息使用 DHT(分布式哈希表)结构进行分布和存储。该信息对每个节点都是可见的，但是仅由名为预信任对象(PTOs)的特殊节点管理。用 T_j 来指代这种信任度，即整个网络所看到的 p_j 的可信度。

在主观模型中，SIoT 可以看作对象建立关系并合作为用户提供新服务的应用程序。根据此愿景，信任不再与特定服务相关，因为 SIoT 中的所有实体都试图实现相同的目标，所以在这种情况下可以将其视为可传递的。然后，当 p_i 和 p_j 不是朋友时，就可以利用传递性。节点仍然使用可组合性功能来组合来自 K_{ij} 的朋友的建议。而且，信任既是个人的，又是非对称的，因为每个实体根据其个人经验对其他节点都有自己的看法，这在不同节点之间也是不同的。然而，为了建立独特的信任度，仍然需要使用信任聚合方法。

3. 基本因素

无论采用哪种特定的模型，要评估这种信任，仍然需要确定七个主要因素。

(1) 反馈系统：允许节点 p_i 对从服务提供者 p_i 处接收的服务进行评估。反馈由 f_{ij}^l 表示，它可以用二元形式描述($f_{ij}^l \in \{0,1\}$)，即如果服务 p_i 满足，则 f_{ij}^l 为 1，否则为 0，也可以使用连续范围内的值($f_{ij}^l \in [0,1]$)评估不同的满意度。

(2) 事务总数：由 N_{ij} 表示两个节点之间的事务总数，使模型能够检测两个节点 p_i 和 p_j 是否具有异常高的事务数。

(3) 可信度：根据所使用的模型，使用 C_{ji} (从 p_j 的主观角度)或 C_i (客观角度)来表示节

点 p_i 的可信度,这是评估节点提供的信息(反馈和信任等级)的关键因素。可信度可以用[0,1]内的值来描述,1 代表最可信的节点。

(4) 交易因子: ω_{ij}^l 表示交易 l 在 p_i 和 p_j 之间的相关性。它用于区分重要交易($\omega_{ij}^l = 1$)和无关交易($\omega_{ij}^l = 0$),并可作为反馈的权重。此参数可避免节点先通过小额交易建立其可信度,然后对重要交易变得有恶意。例如,节点在提供有关温度或湿度的信息时表现诚实,从而树立声誉,然后在要求进行银行交易时开始采取恶意措施。此外,它可用于区分事务的功能,以便仅有某些特定服务能对节点建立信任。

(5) 关系因子 F_{ij}: 描述了 p_i 与其所连接的节点 p_j 的关系类型,体现了 SIoT 的独特特征。F_{ij} 在调整所接收的信息的重要性方面很有用,即家人或密友比熟人或陌生人更可靠。因此,可以根据 p_i 与 p_j 的关系为 F_{ij} 分配不同的值,例如,从属关系下,$F_{ij} = 1$;共同工作地点情况下,$F_{ij} = 0.8$;协同工作关系下,$F_{ij} = 0.6$。显然,较大的值对计算得到信任度具有较大的影响。

(6) 中心性: p_i 的中心性概念,在主观模型中用 R_{ij} (相对于 p_j)表示,在客观模型中用 R_i 表示。它提供了社交网络的特殊信息,因为如果节点具有许多关系或参与许多事务,则它有望在网络中扮演中心角色。

(7) 实体的计算能力: 即其智能 I_j。它是对象的静态特征,不会随时间变化。这一因素描述的合理性是,一个智能实体相对于非智能实体具有更多的作弊功能,从而导致交易风险更高。例如,假设现在需要获得房间内温度信息的情况,服务发现过程提出了两个可能的提供者:智能手机和传感器。显然,智能手机比传感器功能强大,从而增加了恶意行为的可能性。因此,信任传感器是更安全的。但是,最终决定还取决于其他用于计算信任度的因素。为此,应当依据实体种类而分配一个不同的计算能力权重。

2.3.3 主观模型和客观模型

在上述要素的限制下,对主观模型和客观模型可以做出描述。

1. 主观模型

在主观模型中,为了避免单点失效和对信任度的侵害,每个节点都存储和管理本地计算信任度所需的反馈。主观模型分为两种情况:一是考虑 p_i 和 p_j 是相邻节点的情况,即它们通过社交关系直接链接在一起的情况;二是考虑在社交网络中彼此距离较远的情况。T_{ij} 表示由 p_i 所观察到的 p_j 的信任度,其计算如下:

$$T_{ij} = (1 - \alpha - \beta)R_{ij} + \alpha O_{ij}^{\text{dir}} + \beta O_{ij}^{\text{ind}} \tag{2-4}$$

p_i 根据中心性 R_{ij}、自身的直接经验意见 O_{ij}^{dir} 以及与节点 p_j 相同的朋友节点的经验意见 O_{ij}^{ind} 来计算信任度。式(2-4)中所有单项的数值都在[0,1]内,并且选择总和为 1 的权重以使 T_{ij} 也在[0,1]内。其中,p_j 相对于 p_i 的中心性定义如下:

$$R_{ij} = |K_{ij}| / (|N_i| - 1) \tag{2-5}$$

这一中心性用于描述 p_j 在 p_i 的"生命"中处于中心的程度。这方面有助于防止恶意节点建立许多关系，对于整个网络而言具有较高的集中度。如果两个节点有很多共同的朋友节点，则意味着它们在构建关系方面具有相似的评估参数。当 SIoT 在非常低的信任度前提下考虑终止关系的情况时更是如此。这样，在中心性的计算中仅考虑可信赖的关系，有助于更好地突出节点的相似性。

当 p_i 需要 p_j 的可信性时，它将检查最近的直接事务并确定自己的经验意见，如下：

$$O_{ij}^{\mathrm{dir}} = \frac{\log(N_{ij}+1)}{1+\log(N_{ij}+1)}\Big[\gamma O_{ij}^{\mathrm{lon}} + (1-\gamma)O_{ij}^{\mathrm{rec}}\Big]$$
$$+ \frac{1}{1+\log(N_{ij}+1)}\Big[\delta F_{ij} + (1-\delta)(1-I_j)\Big] \tag{2-6}$$

式(2-6)表示，即使这两个节点之间没有事务记录($N_{ij}=0$)，p_i 也可以基于关系类型以及计算能力对 p_j 做出评价。如果它们之间发生过交互(N_{ij} 不为 0)，那么需要通过不同的权重考虑长期的经验意见 O_{ij}^{lon} 和短期的经验意见 O_{ij}^{rec} 。同时，关系因子和计算能力也要考虑到，并且这两项因素对应的权重会随着 N_{ij} 的增加而减少。

长期经验意见和短期经验意见计算如下：

$$O_{ij}^{\mathrm{lon}} = \sum_{l=1}^{L^{\mathrm{lon}}}\omega_{ij}^l f_{ij}^l \Big/ \sum_{l=1}^{L^{\mathrm{lon}}}\omega_{ij}^l \tag{2-7}$$

$$O_{ij}^{\mathrm{rec}} = \sum_{l=1}^{L^{\mathrm{rec}}}\omega_{ij}^l f_{ij}^l \Big/ \sum_{l=1}^{L^{\mathrm{rec}}}\omega_{ij}^l \tag{2-8}$$

式中，L^{lon} 和 L^{rec} 分别表示长期和短期经验意见的时间窗口长度($L^{\mathrm{lon}}>L^{\mathrm{rec}}$)，并且 l 涵盖了最近的事务($l=1$)到最早的事务($l=L^{\mathrm{lon}}$)的索引。此外，交易因子 ω_{ij}^l 用于加权反馈消息。短期经验意见在评估与节点相关的风险时很有用，如规避节点在建立信任后开始恶意行为或围绕已经建立的信任值上下浮动所带来的风险。实际上，长期经验意见不足以突然检测到这种情况，因为需要很长的时间累计信任值才会出现变化。

间接经验意见计算为

$$O_{ij}^{\mathrm{ind}} = \sum_{k=1}^{|K_{ij}|}(C_{ik}O_{kj}^{\mathrm{dir}}) \Big/ \sum_{k=1}^{|K_{ij}|}C_{ik} \tag{2-9}$$

式中，K_{ij} 中的每个普通朋友节点都对 p_j 发表自己的看法，可靠度用于加权不同的间接经验意见，因此可靠度低的朋友节点所造成的影响比"好"朋友节点所造成的影响要小：

$$C_{ik} = \eta O_{ik}^{\mathrm{dir}} + (1-\eta)R_{ik} \tag{2-10}$$

从式(2-10)中可以看到 C_{ik} 取决于直接经验意见和中心性。需要注意的是，间接经验意见的计算要求相邻节点交换有关其直接经验意见和"好"朋友节点的列表，为了减少流量负载，p_i 可能仅向具有高可信度的那些节点请求间接经验意见。综上可以计算得到主观信任度。

对于主观信任的思想本身，本节中显示的所有公式都不对称，因此通常 $T_{ij} \neq T_{ji}$ 。

如果请求服务的 p_i 和提供服务的 p_j 不相邻，即没有通过直接的社交关系链接，那么对信任度的计算将通过考虑将 p_i 间接链接到 p_j 的节点序列来完成。不相邻节点 T'_{ij} 之间的信任值计算如下：

$$T'_{ij} = \prod_{a,b:p^a_{ij}p^b_{ij}\in \mathcal{R}_{ij}} T_{ab} \tag{2-11}$$

请求者通过服务发现过程发现的路由请求服务提供者的信任值，并利用所描述的社交关系通过请求者到提供者的口口相传获得这些值。需要注意的是，式(2-11)没有考虑 p_i 与 p_j 的直接经验意见。原因是在主观模型中，每个节点仅存储和管理计算相邻节点的信任度所需的信息。如果计算不相邻节点的信任度，每个节点就需要存储大量数据，从而给它们的内存、计算能力和电池带来负担。

在每项事务结束时，p_i 为收到的服务生成一个反馈 f^l_{ij}；在 p_i 和 p_j 相邻的情况下，p_i 直接将此反馈分配给 p_j。此外，p_i 通过提供 O^{dir}_{ik} 来计算要分配给 K_{ij} 中对信任度计算有贡献的朋友节点的反馈，从而奖励/惩罚它们的意见建议。根据式(2-12)，如果一个节点给出了肯定的意见，则它会收到与提供者相同的反馈，即如果服务结果令人满意，则为正反馈 ($f^l_{ij} \geqslant 0.5$)，否则为负反馈 ($f^l_{ij} < 0.5$)；相反，如果 p_k 给出了否定的意见，则若交易令人满意，它将收到负反馈，否则收到正反馈。由 p_i 生成的反馈将存储在本地，并用于未来的信任评估。

$$f^l_{ik} = \begin{cases} f^l_{ij}, & O^{dir}_{kj} \geqslant 0.5 \\ 1 - f^l_{ij}, & O^{dir}_{kj} < 0.5 \end{cases} \tag{2-12}$$

在被评估节点不相邻的情况下，节点 p_i 沿着服务提供者的路径将反馈分配给相邻节点。然后，除非找到信誉低的节点(在这种情况下，过程会中断)，否则沿服务提供者路径的所有节点都将执行相同的分配动作。根据该方法，不仅有恶意行为的恶意节点会收到负反馈，有虚假引用行为的恶意节点甚至没有恶意行为但连接到网络中不可靠部分的节点都会收到负反馈。

2. 客观模型

在客观模型中，计算节点信任度所需的值存储在 DHT 结构的分布式系统中。DHT 系统基于抽象索引空间，其中每个节点负责一组索引。然后，使用一个覆盖网络将节点连接起来，使节点能够在索引空间中找到任何给定索引文件的拥有者。为了存储给定索引文件，文件名的索引通过哈希函数(又称为散列函数)生成，数据和索引发送到负责保存该索引的节点。如果节点要检索数据，则它首先从文件名生成索引，然后向 DHT 发送请求，请求从使用该索引保存数据的节点获取数据。DHT 有很多优点：首先，其结构具有良好的可伸缩性，信息检索的时间复杂度较低；其次，对于那些频繁进出网络的节点，DHT 具有高可靠性，这一点在物联网中更为重要。

在客观模型中，每个节点都可以通过查询 DHT 来检索网络中其他节点的信任值，图 2-3 是一个示例。在图 2-3 中，p_1 查询 DHT 以检索由服务发现过程所发现的路由节点的信息，即 p_4、p_8 和 p_5。为了避免将恶意节点选为存储节点，只有称为预信任对象(Pre-Trusted

Objects，PTO)的特殊节点才能存储有关反馈或信任度的数据。PTO 不提供任何服务，而是集成在体系结构中。它们的数量取决于 SIoT 中的节点数量，因此始终有一个 PTO 可用于管理数据。在图 2-3 中，p_1 将有关事务的反馈发送到 PTO，PTO 的作用是计算最后事务涉及的节点的新信任度，同时要考虑到反馈的来源，以避免虚假的反馈。然后，通过 DHT 生成与数据关联的索引，并将其存储在负责该索引的节点中，在图 2-3 中即为 p_7。

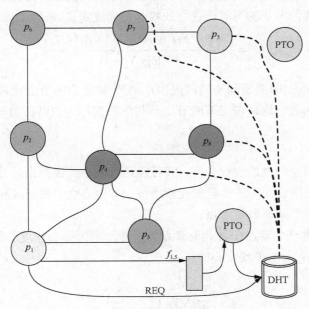

图 2-3　信任度的请求和存储

当 p_i 需要知道 p_j 的最新信任度时，它会通过查询 DHT 来检索。在这种情况下，由于所有节点都可以读取 DHT 中所有其他节点的信任度，因此不用考虑直接经验意见和间接经验意见，信任度计算为

$$T_j = (1 - \alpha - \beta)R_j + \alpha O_j^{\mathrm{lon}} + \beta O_j^{\mathrm{rec}} \tag{2-13}$$

中心性现在基于以下思想：如果节点参与许多事务，则它在网络中是中心的，表示为

$$R_j = \frac{A_j + H_j}{Q_j + A_j + H_j} \tag{2-14}$$

式中，Q_j 是 p_j 请求服务的次数；A_j 是它充当事务中间节点的次数；H_j 是 p_j 作为服务提供者的次数。如果某个节点在其所有事务中大多数时候作为服务的中间人或提供者，则该节点将被视为中心节点。

此外，在这种方法中，根据从与 p_j 交互的所有节点接收的反馈来计算长期经验意见和短期经验意见：

$$O_j^{\mathrm{lon}} = \frac{\displaystyle\sum_{i=1}^{M}\sum_{l=1}^{L^{\mathrm{lon}}} C_{ij}\omega_{ij}^{l}f_{ij}^{l}}{\displaystyle\sum_{i=1}^{M}\sum_{l=1}^{L^{\mathrm{lon}}} C_{ij}\omega_{ij}^{l}} \tag{2-15}$$

$$O_j^{\text{rec}} = \frac{\sum\limits_{i=1}^{M}\sum\limits_{l=1}^{L^{\text{rec}}} C_{ij}\omega_{ij}^l f_{ij}^l}{\sum\limits_{i=1}^{M}\sum\limits_{l=1}^{L^{\text{rec}}} C_{ij}\omega_{ij}^l} \tag{2-16}$$

为了限制恶意节点提供错误反馈以破坏信誉系统的可能性，除交易因素外，每个反馈都将根据提供该反馈的节点的可靠度进行加权。可靠度定义如下：

$$C_{ij} = \frac{(1-\gamma-\delta)T_i + \gamma(1-F_{ij}) + \delta(1-I_j)}{1+\log(N_{ij}+1)} \tag{2-17}$$

这样，具有强关系(即关系因子的值很小)、高计算能力的节点或具有大量事务的节点的可靠度较低，因为处于这种情况下的节点是共谋恶意行为的潜在参与者。

2.3.4　分析

本节中对主观模型的性能进行分析，其目标是以最小的误差来区分正常节点与恶意节点。由此产生的信任度公式由三个可加元素组成，即中心性、直接经验意见和间接经验意见，每个元素都有助于隔离恶意节点。

主观中心性衡量一个节点在另一个节点"生命"中的中心程度。使用式(2-18)计算节点 p_i 在其所有友情 N_i 上的平均中心性：

$$\bar{R}_i = \frac{\sum\limits_{j=1}^{|N_i|} \dfrac{|K_{ij}|}{|N_i|-1}}{|N_i|} = \frac{\sum\limits_{j=1}^{|N_i|}|K_{ij}|}{(|N_i|-1)|N_i|} \tag{2-18}$$

这一结果与节点 p_i 的局部聚类系数相对应,进一步表明节点 p_i 的邻居节点聚集成团的状态。这个参数有一定的能力用来隔离恶意节点。有文献指出"建立信任不仅要基于对一个人的了解程度，而且还要基于该人对网络中其他人的了解程度"，这一文献在垃圾邮件过滤的场景中使用了这个思想，达到了50%以上的分类效率。

当节点开始交换服务时，它们仍然没有任何关于它们可以相互信任的信息。但是，它们可以依赖于中心性，以及相关的直接经验意见和间接经验意见、关系因子和计算能力等因素。当 N_{ij} 变高时，直接经验意见对关系因子和计算能力的依赖性降低，而与过去交易相关的依赖性增加。为接收到的每个服务生成的反馈由式(2-19)可得。假设系统中使用的是二元反馈机制，在分析接收到的服务时，客户端可能会由于多种原因(主要是评估接收到的服务质量的内在困难)而引入一些错误。然后，引入节点给出错误反馈的概率 e ，因此节点给出正确反馈的概率为 $h=1-e$ 。在 p_j 的 n 笔交易中 p_i 产生 k 个正确反馈(p_j 为正常时 $f_{ij}^l=1$; p_j 为恶意时 $f_{ij}^l=0$)的概率服从二项分布：

$$P(k) = \binom{n}{k} h^{(k)}(1-h)^{(n-k)} \tag{2-19}$$

如果考虑具有相同权重的反馈，则若 p_j 是正常的，长期经验意见和短期经验意见

$O_{ij}^{\mathrm{lon/rec}} = k$；若 p_j 是恶意的，$O_{ij}^{\mathrm{lon/rec}} = 1-k$。因此，它们也服从二项分布，如果节点 p_j 是正常的，则期望值为 h，如果是恶意的，则期望值为 $1-h$；方差为 $h(1-h)$。因此，可以使用具有相同方差和平均值的高斯分布拟合此分布。当将短期经验意见和长期经验意见的两个贡献相加时，假设 $\gamma = 0.5$，得到的直接经验意见仍然是具有相同平均值和方差等于 $h(1-h)/2$ 的高斯分布(基于节点 p_j 的行为，$\mu_b = p$，$\mu_m = 1-p$)。

为了计算间接经验意见的分布，假设所有节点的信誉都是相同的。在这种情况下，它是高斯分布变量的总和，因此它也服从高斯分布。假设 x 的节点是恶意的，则间接经验意见的平均值为 $(1+x)\mu_{b,m} + 0.x\mu_{m,b}$，而其方差为 $\sigma^2/|K_{ij}|$。

在估算节点的可信度时，使用 erfc 函数计算误差，对于不同的误差概率和 $x=25\%$，可以得到表 2-1 中所示的结果。这两个参数都可以实现较低的错误概率。实际上，直接经验意见是最影响可信性计算的参数，并且导致最小的错误。但是，当服务开始在网络中流通时，间接经验意见是变化的并且是给出有关节点可信性的实际信息的第一个参数。发生这种情况的原因是，如果节点 p_i 要评估节点 p_j 的可信性，那么它更有可能从它们之间的共同朋友 K_{ij} 中获取信息，而不是直接从 p_i 和 p_j 之间的交互中获取信息。此外，通过结合使用这两个参数，可以获得比仅使用其中一个参数更可靠的结果。

表 2-1　对节点误判的概率

类型	e	μ		σ^2	误差
		正常	恶意		
直接经验意见	0.1	0.9	0.1	0.045	3.15×10^{-17}
	0.15	0.85	0.15	0.064	9.63×10^{-7}
	0.2	0.8	0.2	0.08	1.016×10^{-5}
间接经验意见	0.1	0.7	0.3	0.024	6.56×10^{-15}
	0.15	0.675	0.325	0.034	1.084×10^{-5}
	0.2	0.65	0.35	0.043	1.14×10^{-2}
直接经验意见+间接经验意见($\alpha=0.6$，$\beta=0.4$)	0.1	0.82	0.18	0.017	8.72×10^{-77}
	0.15	0.78	0.22	0.024	2.04×10^{-29}
	0.2	0.74	0.26	0.03	8.31×10^{-14}

本节的实践工作在 2014 年由 Nitti 等[4]提出。他使用加权求和法对社交物联网(SIoT)中的信任进行了聚合和计算。其关注的是了解如何处理社交物联网成员提供的信息，以便基于对象的行为构建可靠的系统。社交物联网作为一种物联网与社交网络的融合，其中的每个实体都可以与和它们有社交关系的其他实体共享服务或为其提供服务，其目标是使其中每个节点都能够根据规则集自动建立与其他事务的社交关系。社交物联网的体系使得其中的信任管理十分重要，有效的信任管理能够让节点了解如何处理其他成员提供的信息以基于对象的行为来构建可靠的系统。本节的实践方案定义了一个信任管理的主观模型，每个节点根据其自身的经验意见以及潜在服务提供者共同的朋友节点的经济意见来计算其朋友节点的可信度；同时还定义了一个客观模型，有关每个节点的信息是通过使用分布式哈希表结构进行分布和存储的，因此任何节点都可以使用相同的信息进行计算。

2.4　基于分布式加权求和法的信任管理方案

2.4.1　信任管理简介

物联网中的设备往往是暴露在公共区域并使用无线信道进行通信的，因此容易受到恶意攻击。在当前的研究中，为了提供如密钥管理、认证机制和安全路由之类的问题的解决方案，一种常见的思路是进行信任管理，其基本思想是在两个单独的节点之间建立信任。信任管理是一种沿袭自传统安全思想的机制，可以识别恶意、自私和受感染的节点。在许多网络环境中，如对等网络、网格、自组织网络和无线传感器网络，都已经对其进行了广泛的研究。有研究者指出当前的信任管理机制不能满足 IoT 上下文功能实现的所有要求，需要针对物联网环境对其进行适当的改进。

在设计此类机制和协议时，节点的移动性是重要的参考因素之一。由于物联网环境中的某些节点的处理能力、存储能力较低，以及网络存在异构性和这种新范式下要提供的服务类型不同，所以有必要开发新的信任管理机制。同时，在物联网中，有关用户的所有信息都是在线提供的，因此建立适合每个对象特征的有效的轻量级信任管理机制是必不可少的。另外，信任管理方案容易受到各种针对信任的攻击，如通断(On-Off)攻击，如何应对这些攻击必须在系统中加以考虑。这一工作提出了一种分布式信任管理模型，其中信任值由任何节点直接计算，而无需中央实体。根据对服务的协助，任何节点都可以推断对其他节点的信任值。这一工作提出了一种针对物联网的信任管理，其中考虑了不同合作服务中节点的过去行为。这一工作研究存在通断攻击时系统的行为，其特点是在攻击中恶意节点会表现得好坏交替，如果仍将其视为可信的节点，那么无疑会为整个物联网系统带来损害。

对物联网的信任是一个涉及对连接到同一网络的设备的行为进行分析的术语。设备之间的信任关系会影响其交互的未来行为，当设备彼此信任时，它们倾向于在一定程度上共享服务和资源。信任管理允许对设备之间的信任进行计算和分析，从而做出适当的决策，以便在设备之间建立有效而可靠的通信。综合来看，信任管理是评估、建立、维护和撤销物联网环境中相同或不同网络的设备之间的信任的机制。

在物联网中，信任是主观的，关于某一节点可信度的意见的形成不仅取决于主体的行为，还取决于客体如何看待这些行为。同时信任也是单向的，客体对主体的信任基于其对主体的了解，反之可能并不亦然。信任可能无法传递，节点 A 不必仅仅因为它信任的节点 C 信任节点 B 就信任节点 B。信任管理这一概念从传统网络(如 P2P)中传承至今，在无线网络环境(如 Ad hoc 和 WSN)中也得到了应用，并最终拓展到广义的物联网中。有研究者从人的角度讨论了有关物联网环境中信任的一些问题，其重点在于人类是否可以信任 IoT 中的设备，而不是设备是否可以信任其他设备。无线网络中的信任链是基于物理邻近性创建的，类似于人类交互的方式。在这一前提下，设备根据其最初的社区或公司建立其信任。如果要建立信任，则需要在信任管理系统中使用一套度量体系，如节点在提供服务和建议方面的合作程度，这些度量体系在面对信任攻击(如诋毁(Bad-Mouthing)攻击和好意(Good-Mouthing)时需要有合适的应对策略。这一工作的前序方案中考虑了物联网的上下文感知和多服务方法，其中基于直接和间接的观察(或建议)评估信任。在多服务物联网中，节点可以提供不同的服务。就节点的资源消耗而言，每种服务都有不同的成本。在前序方案中，信任不是在单个节点上计算的，而是在集中式信任管理服务器中计算的。就当前而言，集中式信任管理方案虽然也在某些场景下有所考虑，但是主流方案仍然是分布式信任管理方案或者分布式与集中式相结合的混合方案。集中式信任管理方案和分布式信任管理方案之间的选择取决于具体情况。信任可以按需求(当一个节点需要与另一个节点进行通信时)计算，也可以定期进行评估。定期计算要在网络中传播的信任将产生传输开销，从而消耗受约束节点的能量并影响网络性能。同样，信任也必须存储在受内存限制的节点中。这一问题催生了集中式的信任管理方案，其中信任管理服务器负责信任计算的负载。但是，不可能在所有物联网场景中都植入此类服务器。例如，Ad hoc 网络没有中央实体，是物联网的重要组成部分。在许多应用场景中，安装和维护此类服务器的成本可能也较高。在这项工作中，人们研究了一种用于信任管理的多服务方法，类似于其前序方案，但采用了分布式的方法予以改进。

信任管理方案都容易受到某些类型的攻击。通断攻击的节点特别受关注，因为它能够有效利用信任管理方案的漏洞，通过交替表现为正常节点和恶意节点。这一攻击方法可能导致信任管理机制将恶意节点的行为视为临时错误，使得恶意节点在网络中保持活动状态并且不被检测到。通断攻击的节点具有两种状态："通"状态被视为攻击状态，"断"状态是正常状态，在正常状态下该节点表现为良好节点。攻击者在这两种状态之间切换。在这一背景下，工作人员设计了一种方案来应对相应的安全威胁。

在评估信任时，必须考虑的一点是，实体之间存在信任等级的差别。例如，用于完成特定任务的受信实体可能对其他任务而言不可靠，在带有服务方法的物联网环境中，要求节点能够提供具有共同目标的服务，但并非所有节点都具有提供各种服务的相同资源能力。因此，重要的是在考虑当前上下文和资源能力的情况下评估信任。本节的方案认为节点可以提供不同类型的服务，轻量级服务和资源消耗更多的服务对信任度的影响不同。本节涉及的信任评估模型能够识别节点的可信度，从而过滤掉网络中节点的恶意行为。它不需要有能够管理节点之间通信或信任值的中央实体，每个节点具有自主和独立的行为。这一信任评估模型分为三个阶段：邻居发现、服务请求和信任计算。

阶段 1：邻居发现。在网络生命周期的开始，所有节点的初始信任值都为 0。这一初始信任值是在假设所有节点最初都是未知节点的情况下分配的，并且只有通过节点之间的通信，它们才会发现自己是否被信任以维持通信。

为了在节点的信任表中将初始信任值填充为 0，所有节点都将执行邻居发现过程。邻居节点通过定期发送通告包来通告它们的存在。这些通告用于填充邻居表。信任表中将填充处于相同传输范围内的初始信任值为 0 的节点的信息。

值为 0 在这一方案的设计中意味着两点：

(1) 忽略节点的行为；

(2) 无信任。

阶段 2：服务请求。在这一方案的设计中，网络中的每个节点都能够提供不同数量的服务。正如物联网中所假设的那样，智能对象将能够基于服务合作与其他节点建立关系，每次向或不向请求服务的邻居节点提供服务时，每种服务都有固定的奖惩价值。以下公式显示了这一信任管理模型中使用的服务权重系统，节点不提供服务时的惩罚是正确提供服务时的奖励的两倍，从而不鼓励节点执行恶意行为。

(1) 提供服务时的奖励。

服务权重：

$$N_j = 1W_S \tag{2-20}$$

(2) 不提供服务时的惩罚。

服务权重：

$$N_j = -2W_S N_j \tag{2-21}$$

其中，W_S 是每个服务分配的权重，即

$$W_S = S_j \sigma \tag{2-22}$$

其中，S_j 是分配给特定服务的值；σ 是调整因子，其变化范围为 $0 < \sigma < 1$，代表对节点变化速度的预期。如果将较高的值分配给 σ，则信任度迅速收敛。如果将较低值的分配给 σ，则信任度缓慢收敛。

由于每个服务对节点的资源和处理都有不同的要求，因此服务的 S_j 值需依据节点的处理能力进行评估。需要更多处理能力的服务，S_j 值较高，而不需要太多资源的服务，S_j 值较低。

阶段 3：信任计算。由节点 p 计算的节点 n 的信任值 T_{np} 是所有请求的服务的注释之和：

$$T_{np} = \sum N_j, \quad -1 < T_{np} < 1 \tag{2-23}$$

这一方案中的信任是 -1～1 的值，其中 1 是最大信任值，而 -1 是邻居节点可以在信任表中达到的最小信任值。当节点 X 向节点 Y 请求服务并且节点 Y 成功向节点 X 提供该服务时，将根据节点 X 的信任程度增加信任表中的节点 Y 信任值，具体增加多少取决于节点 Y 所提供的服务，该节点的信任值还根据上述的权重系统增长。每当节点不提供所请求的服务时，节点的信任值就会减小，信任值根据上述权重系统而降低。

节点不提供服务是一种恶意行为，并且有这种行为的节点要受到特别的惩罚。在这一方案中，恶意行为以负值表示；接近 -1 的信任值意味着对节点提供的任何类型的服务的高度不信任。相反，将对提供服务的节点的信任测量为 0～1 的正值，并且该值越接近 1，该节点在网络中提供的任何类型的服务的信任度就越高。

2.4.2　方案的验证和分析

这一方案在 Contiki-OS 包含的 COOJA 仿真平台中得到了实施和验证。模拟的网络由 Tmote Sky 节点组成。这些节点以 1000ms 的启动延迟随机分布。每个节点以 0～60s 的

随机间隔向随机邻居节点请求服务。这些节点能够提供以下 3 种类型的服务：$S_1 = 0.1$、$S_2 = 0.05$ 和 $S_3 = 0.02$。调整因子 σ 的值为 1。在仿真实验中，针对通断攻击模拟了 3 种场景。在通断攻击中，恶意节点停止提供在网络上的服务。这种攻击通过时域不一致的行为来利用信任的动态属性。在每种场景下，恶意节点的数量分别占到节点总数的 10%、20% 和 30%。

图 2-4 显示了具有 50 个节点的场景的网络拓扑，其中 10% 的恶意节点执行通断攻击。为了分析结果，在此模拟场景中的选定节点是 ID 为 36 的节点。节点 36 共有 17 个邻居(15 个正常节点和 2 个恶意节点(节点 2 和 5))。基于邻居节点总数和其传输范围内的恶意邻居节点总数这两个标准选定该节点。该选定节点能够代表网络中任何行为良好的节点；如果选择网络中的其他节点，将获得与所选节点相似的结果。在模拟开始时，此场景中的所有恶意节点都能被信任模型中的节点 36 检

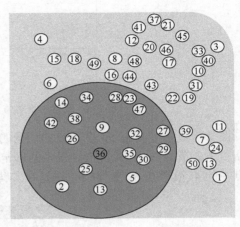

图 2-4　场景 1：10% 的恶意节点

测到。节点 36 的信任表中恶意节点的信任值持续减小，直到达到最小信任值为止。图 2-5 是在模拟实验事件中分配给恶意节点的信任值，在此示例中，达到接近 -1 的信任值所需的时间很长(对于 $T = -0.6$ 约为 75min，对于 $T = -0.8$ 约为 130min)。但是，即使在最初的交互中，信任值也会减小，并且节点能够检测到异常行为。当恶意节点的信任值很高时，会被视为网络中的可信节点。在服务请求模型中，每个节点每分钟发出一个服务请求，在节点之间具有更多交互的环境中，检测恶意节点的时间将减少。

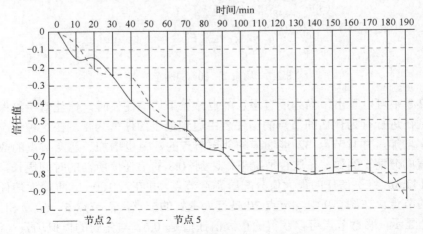

图 2-5　场景 1 下分配给恶意节点的信任值

图 2-6 中显示了节点 32(正常节点)以及节点 2 和 5(恶意节点)。所选节点总共花费约

120min 的平均时间，将不信任的最大值分配给恶意节点(即完成对恶意节点的信任评估)，同时花费大约 95min，将最大信任值分配给正常节点。

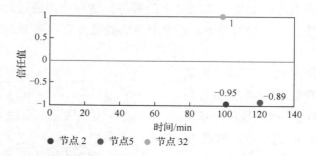

图 2-6　场景 1 下对节点行为进行分类的平均时间

图 2-7 显示了具有 50 个节点的场景的网络拓扑，其中 20% 的节点是恶意的，会执行通断攻击。节点 32 是此模拟场景中的选定节点。节点 32 共有 29 个邻居节点，这些邻居节点中的 4 个(节点 5、6、7 和 10)是在其传输范围内的恶意节点。

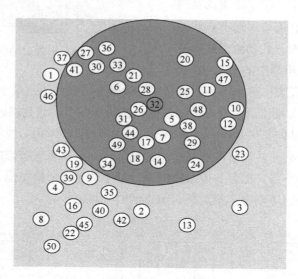

图 2-7　场景 2：20% 的恶意节点

从图 2-8 中可以看出，当为所有恶意节点计算平均信任值时，信任值始终保持负值并减小，直到在进行行为评估的节点的信任表中达到最小信任值为止。在这种情况下，恶意节点的比率增加，并且节点 32 能通信的邻居节点的数量也增加。恶意节点的数量会影响最小信任值的分配。例如，在这种情况下，达到−0.8 的信任值所需的时间更长。该节点平均花费约 142min 将不信任的最大值分配给恶意节点，并花费 100min 将最大信任值分配给行为良好的节点。在图 2-9 中，节点 20 是行为良好的节点，而节点 5、6、7 和 10 是恶意节点。此处显示，恶意节点可以获得的最大信任值是-0.6。与先前的模拟场景一样，图 2-9 所示的平均时间受节点 32 可通信的邻居节点数量的影响；也就是说，当将最大信任值分配给节点时，邻居节点越多，消耗的时间越多。

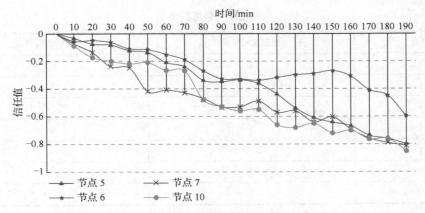

图 2-8　场景 2 下分配给恶意节点的信任值

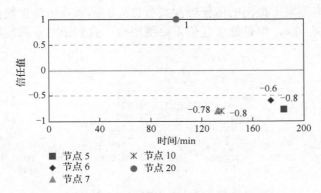

图 2-9　场景 2 下对节点行为进行分类的平均时间

图 2-10 显示了具有 10 个节点的场景的网络拓扑，其中 30%的恶意节点执行通断攻击(节点 1、2 和 3)。正常节点的邻居列表如表 2-2 所示。该场景的设置相对于之前的两个模拟场景而言有所不同，它能够监控恶意节点的信任值在一个时间跨度内的变化，该变化远大于之前的模拟。

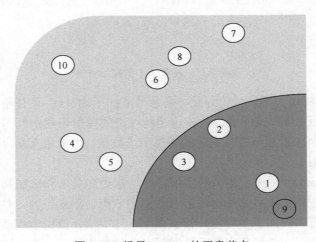

图 2-10　场景 3：30%的恶意节点

表 2-2　邻居列表

节点	恶意邻居节点	正常邻居节点
4	3	5、10
5	2、3	4、6
6	2、3	5、7、8
7	2	6、8
8	2、3	6、7
9	1、2、3	无
10	无	4

　　图 2-11 显示了正常节点与相同范围内的恶意节点之间的信任关系，以及它们各自在 48h 内的信任值。本方案所提出的信任模型具有良好的通断攻击防护性能。恶意节点可以获得的最大信任值是 0.4，但是此信任值下降得很快，直到该节点再次被列为具有最大不信任值的恶意节点。

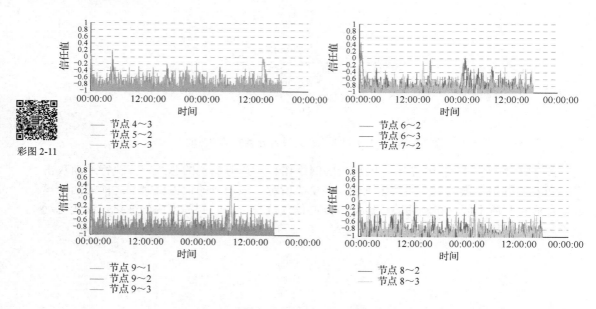

彩图 2-11

图 2-11　场景 3 中的网络行为

　　图 2-12 显示了将最大不信任值分配给恶意节点的平均时间。信任值的趋势是下降到负值，直到获得不信任的最大值(-1)。从使用通断攻击的模拟场景中获得的结果表明，影响恶意节点检测的一个因素是节点可通信的邻居节点数量。大量相互通信的节点为分配信任值的过程带来了延迟。

　　2015 年，Mendoza[5]提出了本节的实践方案，它是加权求和法在物联网信任管理中的另一个实践。其关注点是使用信任管理的方法识别节点的恶意行为，并防止物联网中潜在的通断攻击。这一方案提出了一种信任管理模型，其中信任值由节点直接计算，而无需中央实体。根据服务状况，任何节点都可以推断对其他节点的信任值。这一信任管理模型以服务中不同合作节点的过去行为作为依据，进而应用在通断攻击检测中，这使得节点在决定其他节点的行为方面完全自治。

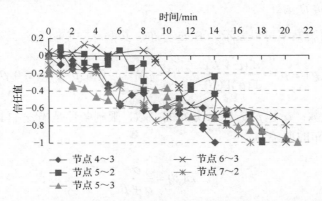

图 2-12 场景 3 下达到最不信任值分配给恶意节点的平均时间

2.5 基于 Beta 分布的信誉系统

2.5.1 信誉系统的概念

无论在物联网中还是电子商务环境中，参与者都同时提供服务或接受服务并最终完成交易，因此信誉系统在其中扮演着重要的角色。信誉系统更可以被认为是信任管理的雏形，信任可以被认为是信誉的一种多维度拓展。信誉系统可用于培养良好的行为并鼓励参与方遵守合约。

一般情况下，合同和协议需要某种形式的执行才能得到遵守，在物联网和电子商务环境中，声誉系统已成为一种刺激遵守合同和协议并在交易中增进陌生参与者之间的信任关系的方法。信誉系统收集、分发和汇总有关参与者行为的反馈，信誉机制可以激励诚实的行为，并帮助人们做出关于信任谁的决定。一般来说，信誉是依赖交易伙伴的过去经验而对其未来行为进行推算，进一步衡量出的其可信的程度。在早期的电子商务系统中，如 eBay，就已经引入了信誉系统，网站根据客户评级对商家进行排名。在网络环境中，捕获和分发反馈信息很便捷而且高效，这使得建立信誉系统更容易。但是，有一种情况是参与者可能根本不愿意提供反馈，可能很难引起负反馈，并且很难确保反馈是诚实的，例如，提供虚假的评分来提升自己的信誉。另一种情况是如果实体更改名称，反馈可能会被抹去，不诚实的参与者每次建立不良声誉时都可以使用它重新开始。这表明信誉可以被视为一种资产，不仅可以提升自己，而且还可以通过欺诈性交易获得高额收益。关于信誉的研究主要包括两个方面：一是信誉引擎，即通过各种输入(包括来自其他用户的反馈)来计算用户的信誉等级的值；二是传播机制，允许实体在需要时获取信誉值。这一工作主要涉及的是信誉引擎，人们提出了一个新的信誉引擎，称为 Beta 信誉系统，它基于 Beta 概率密度函数。与大多数其他直观且临时的信誉系统不同，Beta 信誉系统在统计理论中具有牢固的基础。

2.5.2　信誉系统的构成

1.　Beta 概率密度函数

二元事件的后验概率可以表示为 Beta 分布,其概率密度函数为

$$f(p\,|\,\alpha,\beta) = \frac{\Gamma(\alpha+\beta)}{\Gamma(\alpha)\Gamma(\beta)} p^{\alpha-1}(1-p)^{\beta-1}, \quad 0 \leqslant p \leqslant 1; \alpha > 0; \beta > 0 \tag{2-24}$$

式中,Γ 是伽马函数;α 和 β 是 Beta 分布的参数,限制条件是当 $\alpha < 1$ 或 $\beta < 1$ 时,概率变量 $p \neq 0$。Beta 分布的期望为

$$E(p) = \frac{\alpha}{\alpha+\beta} \tag{2-25}$$

假设一个产出结果为 $(x, \bar{x})$ 的过程,其中 x 的观察次数为 r,$\bar{x}$ 的观察次数为 s,那么基于观察结果,概率密度函数的参数可以确定为

$$\alpha = r+1, \quad \beta = s+1, \quad r,s \geqslant 0 \tag{2-26}$$

确定了 α 和 β 的值后,即可求得 Beta 分布的期望。变量 p 是一个概率变量,因此给定 p 后,概率密度函数 $f(p\,|\,\alpha,\beta)$ 表示二阶概率。一阶变量 p 表示事件的概率,而 $f(p\,|\,\alpha,\beta)$ 表示一阶变量具有特定值的概率。由于一阶变量 p 是连续的,因此当任何给定值 $p \in [0,1]$ 时,二阶概率 $f(p\,|\,\alpha,\beta)$ 的值都非常小,所以它毫无意义。对于给定的间隔 $[p_1, p_2]$,计算 $\int_{p_1}^{p_2} f(p\,|\,\alpha,\beta)$ 或计算 p 的期望才有意义。因此,信任度的定义都是基于期望的。

2.　信誉函数

在获取了 x 的观察次数 r 和 $\bar{x}$ 的观察次数 s 后,即可将式(2-24)中的参数 α、β 替换为 r、s。然而在真实环境中,事件(在这一工作的背景中是电子商务)产生的反馈并非二元的,因此在这一方法中,将正反馈和负反馈作为连续值对 r,s 给出,分别反映了满意度和不满意度。信誉函数的定义如下。

信任(信誉)函数:令 r_T^X 和 s_T^X 分别表示由代理(或代理集合)提供的有关目标实体 T(集体)的正反馈和负反馈(由 X 表示),函数 $\phi(p\,|\,r_T^X, s_T^X)$ 定义为

$$\phi(p\,|\,r_T^X, s_T^X) = \frac{\Gamma(r_T^X + s_T^X + 2)}{\Gamma(r_T^X + 1)\Gamma(s_T^X + 1)} p^{r_T^X}(1-p)^{s_T^X}, \quad 0 \leqslant p \leqslant 1; 0 \leqslant r_T^X; 0 \leqslant s_T^X \tag{2-27}$$

将式(2-27)称为 T 关于 X 的信任(信誉)函数。元组 (r_T^X, s_T^X) 称为 T 关于 X 的信誉参数。信任(信誉)函数简记作 ϕ_T^X。

在这一定义的基础上可知其期望为

$$E\left[\phi(p\,|\,r_T^X, s_T^X)\right] = \frac{r_T^X + 1}{r_T^X + s_T^X + 2} \tag{2-28}$$

3. 信誉等级函数

信任(信誉)函数是主观的，因为它参考了 X 对于 T 的正负反馈，仅能代表 X 对 T 的信任评估，因此称这一函数是 T 关于 X 的信任(信誉)函数，上标表示反馈提供者，下标表示反馈目标。信任函数的期望非常适合用于描述信任度，评级函数在信任函数的基础上计算信任度。

信任(信誉)评级函数：令 r_T^X 和 s_T^X 分别表示由代理(或代理集合)提供的有关目标实体 T(集体)的正反馈和负反馈(用 X 表示)，函数 $\mathrm{Rep}(r_T^X, s_T^X)$ 的定义为

$$\mathrm{Rep}(r_T^X, s_T^X) = \left\{ E\left[\phi(p \mid r_T^X, s_T^X) \right] - 0.5 \right\} \times 2 = \frac{r_T^X - s_T^X}{r_T^X + s_T^X + 2} \tag{2-29}$$

将式(2-29)称为 T 关于 X 的信任(信誉)评级函数，简写为 Rep_T^X。

4. 合并反馈和折算

信任(信誉)等级可以解释为对信任(信誉)的度量，换句话说，可以表示特定代理在未来事务中的预期行为。参数 r^X 代表关于支持良好声誉的 T 的反馈，参数 s^X 代表关于支持不良声誉的 T 的反馈。

信任系统必须能够组合来自多个来源的反馈，在 Beta 信任系统中可以通过简单地累积来自反馈提供者的所有接收参数来完成。假设两个代理 X 和 Y 提供有关同一目标的反馈。然后，目标 X 和 Y 的信任(信誉)函数可以分别表示为 $\phi(p \mid r_T^X, s_T^X)$ 和 $\phi(p \mid r_T^Y, s_T^Y)$，或者简写为 ϕ_T^X 和 ϕ_T^Y。通过合并它们的反馈，X 和 Y 可以为 T 更新信任(信誉)函数。

合并反馈：假设 $\phi(p \mid r_T^X, s_T^X)$ 和 $\phi(p \mid r_T^Y, s_T^Y)$ 是 T 的两个信誉函数，分别来自 X 和 Y 的反馈。信誉函数 $\phi(p \mid r_T^{X,Y}, s_T^{X,Y})$ 定义为

$$\begin{cases} r_T^{X,Y} = r_T^X + r_T^Y \\ s_T^{X,Y} = s_T^X + s_T^Y \end{cases} \tag{2-30}$$

将式(2-30)称为 T 关于 X 和 Y 的综合信誉函数。使用符号 $\oplus$ 来描述该运算，即 $\phi(p \mid r_T^{X,Y}, s_T^{X,Y}) = \phi(p \mid r_T^X, s_T^X) \oplus \phi(p \mid r_T^Y, s_T^Y)$，简写为 $\phi_T^{X,Y} = \phi_T^X \oplus \phi_T^Y$。

$\oplus$ 满足交换律和结合律，即信誉函数之间是独立的。但是需要注意，来自信誉高的代理的反馈应比来自信誉低的代理的反馈具有更大的权重。因此这一方法采取了一种基于信念的反馈折算，使用"意见"指标来描述对陈述真实性的信念。用元组 $\omega_x^A = (b, d, u)$ 代表意见，其中参数 b、d 和 u 分别表示信念、怀疑和不确定性，同时 $b + d + u = 1$，即参数 b 可以解释为命题 x 为真的概率，参数 d 可以解释为 x 为假的概率，参数 u 可以解释为情况无法说明的概率。基于意见，可以对反馈进行折算。

信念折算：假设 X 和 Y 是两个代理，$\omega_Y^X = (b_Y^X, d_Y^X, u_Y^X)$ 是 X 对 Y 的建议的意见，而 T 是目标代理，$\omega_T^Y = (b_T^Y, d_T^Y, u_T^Y)$ 是 Y 在对 T 的建议中关于 T 的意见。定义 $\omega_T^{X:Y} = (b_T^{X:Y}, d_T^{X:Y}, u_T^{X:Y})$ 如下：

$$
\begin{cases}
b_T^{X:Y} = b_Y^X b_T^Y \\
d_T^{X:Y} = b_Y^X d_T^Y \\
u_T^{X:Y} = d_Y^X + u_Y^X + b_Y^X u_T^Y
\end{cases}
\tag{2-31}
$$

将 $\omega_T^{X:Y}$ 称为关于 ω_Y^X 对 ω_T^Y 的折算，表达 X 参考 Y 的建议后对 T 的意见。这一运算通过符号 $\otimes$ 来描述，简写为 $\omega_T^{X:Y} = \omega_Y^X \otimes \omega_T^Y$。

意见度量可以在 Beta 函数中有等效的解释，如式(2-32)所示进行映射转换：

$$
\begin{cases}
b = \dfrac{r}{r+s+2} \\
d = \dfrac{s}{r+s+2} \\
u = \dfrac{2}{r+s+2}
\end{cases}
\tag{2-32}
$$

经过这一转换，可得到关于信誉折算的定义。

信誉折算：X、Y 和 T 为三个代理，其中 $\phi(p\,|\,r_Y^X, s_Y^X)$ 是 Y 关于 X 的信誉函数，$\phi(p\,|\,r_T^Y, s_T^Y)$ 是 T 关于 Y 的信誉函数。令 $\phi(p\,|\,r_T^{X:Y}, s_T^{X:Y})$ 为信誉函数，使得

$$
\begin{cases}
r_T^{X:Y} = \dfrac{2r_Y^X r_T^Y}{(s_Y^X+2)(r_T^Y+s_T^Y+2)+2r_Y^X} \\
s_T^{X:Y} = \dfrac{2r_Y^X s_T^Y}{(s_Y^X+2)(r_T^Y+s_T^Y+2)+2r_Y^X}
\end{cases}
\tag{2-33}
$$

$r_T^{X:Y}$ 称为 T 关于 X 通过 Y 的信誉折算函数。这一运算通过符号 $\otimes$ 来描述，即 $\phi(p\,|\,r_T^{X:Y}, s_T^{X:Y}) = \phi(p\,|\,r_Y^X, s_Y^X) \otimes \phi(p\,|\,r_T^Y, s_T^Y)$，简写为 $\phi_T^{X:Y} = \phi_Y^X \otimes \phi_T^Y$。

$\otimes$ 满足结合律，但不满足交换律。在包含多个信誉函数的运算中，必须保证信誉函数的独立性，即不允许同一信誉函数出现多次。

5. 遗忘

另外，需要考虑的是旧的反馈可能并不总是与实际信誉等级相关，因为代理可能随时间改变其行为。因此需要一种模型，在该模型中，较新的反馈的权重较大，而较旧的反馈的权重较小，即逐渐忘记旧的反馈。这可以通过引入遗忘因子来实现，遗忘因子可以根据所观察的实体快速调整。假设有一个代理的集合提供了一组关于 T 的反馈 Q，共包含 n 个反馈信息，使用 i 进行索引，记作 $(r_{T,i}^Q, s_{T,i}^Q)$，那么合并反馈记作

$$
r_T^Q = \sum_{i=1}^n r_{T,i}^Q, \quad s_T^Q = \sum_{i=1}^n s_{T,i}^Q
\tag{2-34}
$$

在式(2-34)中引入遗忘因子：

$$
r_{T,\lambda}^Q = \sum_{i=1}^n r_{T,i}^Q \lambda^{(n-i)}, \quad s_{T,\lambda}^Q = \sum_{i=1}^n s_{T,i}^Q \lambda^{(n-i)}, \quad 0 \leqslant \lambda \leqslant 1
\tag{2-35}
$$

可以看出，$\lambda=1$ 时等于没有遗忘因子，即没有遗忘任何东西；$\lambda=0$ 时，仅对最后一

个反馈进行计数，而其他所有反馈被完全遗忘。λ 位于(0,1)时，即可起到预期的作用：陈旧的反馈被遗忘得更多。这同时也说明在这一过程中，收到反馈的顺序至关重要。

但这一遗忘方法有一个缺陷，即必须保留 Q 中的所有反馈元组。为了缓解这一存储压力，可以使用递归的方法来计算反馈元组。定义递归参数 $(r_{T,\lambda}^{Q(i)}, s_{T,\lambda}^{Q(i)})$，以便：

$$r_{T,\lambda}^{Q(i)} = r_{T,\lambda}^{Q(i-1)}\lambda + r_{T,i}^{Q}, \quad s_{T,\lambda}^{Q(i)} = s_{T,\lambda}^{Q(i-1)}\lambda + s_{T,i}^{Q}, \quad 0 \leqslant \lambda \leqslant 1 \tag{2-36}$$

包含 n 个反馈且遗忘因子为 λ 的序列 $Q = (r_{T,\lambda}^{Q}, s_{T,\lambda}^{Q})$ 可以表示为

$$r_{T,\lambda}^{Q} = r_{T,\lambda}^{Q(n)}, \quad s_{T,\lambda}^{Q} = s_{T,\lambda}^{Q(n)}, \quad 0 \leqslant \lambda \leqslant 1 \tag{2-37}$$

6. 提供和收集反馈

每次事务完成后，单个代理可以参数 $r \geqslant 0$ 和 $s \geqslant 0$ 的形式同时提供正反馈与负反馈。提供反馈的目的是反映服务状况，例如，代理在事务中的表现可以部分令人满意，这可以通过 $r, s = 0.5$ 的反馈来表示，此时反馈的权重为 1；而 $r, s = 0$ 的反馈则没有权重，即没有提供任何反馈。总之，$r + s$ 的值可以解释为反馈的权重。

作为提供反馈替代方法，可以定义由 w 表示的归一化权重，即 $r + s = w$。归一化将允许将反馈作为单个值提供。与信誉等级相似，单值反馈可以定义在任意范围内，如[-10, 100]或者[-1, 1]。在这一方法中，单值反馈由 v 定义，如 $v \in [-1,1]$。r 和 s 作为 w 和 v 的函数表示为

$$r = w(1+v)/2, \quad s = w(1-v)/2 \tag{2-38}$$

使用 v 而不是 (r, s) 的目的是使人们更容易提供反馈，因为单值评级更容易接受。归一化权重 w 可用于使反馈权重由事务的价值确定，以便使高价值事务的反馈具有更大的权重。这样做的目的是使信誉等级免于受到价值可忽略的交易反馈的过度影响。

假设反馈是由反馈收集和信誉等级中心接收和存储的，反馈收集和信誉等级中心可以用 C 表示。不考虑折算的情况下，可以将信誉函数视为源自中心本身，即目标 T 的信誉函数可以用 ϕ_T^C 表示，尽管实际上反馈来自其他代理。如果考虑到折算，目标 T 的信誉函数可以用 $\phi_T^{C:Q}$ 表示，其中 Q 表示收集到的有关 T 的反馈的主体。表达式 $\phi_T^{C:Q}$ 应该解释为 T 的信誉函数，由 C 从 Q 中的反馈得出。

图 2-13 显示了一个典型的信誉框架，其中假定所有代理(在此示例中由 X 和 Y 表示)均已通过身份验证，并且没有代理可以更改身份。

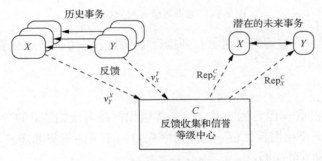

图 2-13　收集反馈和提供信誉等级的框架

事务完成后，代理会在交易期间内提供有关彼此表现的反馈。从图 2-13 中可以看出，X 提供有关 Y 的反馈，而 Y 提供有关 X 的反馈，C 则收集所有代理的反馈，并依据折算对目标代理的信誉进行评级。所有的信誉等级为所有实体在线提供，实体能够依据信誉等级决定是否与对方进行交易，例如，从图中可以看出， X 和 Y 互相认可对方的信誉等级。

2.5.3　性能分析

1. 权重变化

此示例说明信誉等级作为积极反馈的一项功能如何随着权重的变化而变化。让 C 以序列 Q 的形式接收关于目标 T 的反馈值(取值 $v=1$)，不考虑折算和遗忘。T 的信誉参数和等级表示为 n 和 w 的函数：

$$\begin{cases} r_T^C = nw \\ s_T^C = 0 \end{cases}, \quad \mathrm{Rep}_T^C = \frac{nw}{nw+2} \tag{2-39}$$

图 2-14 显示了当信誉等级作为反馈数量 n 的函数时，其取值随着 w 的变化而变化。

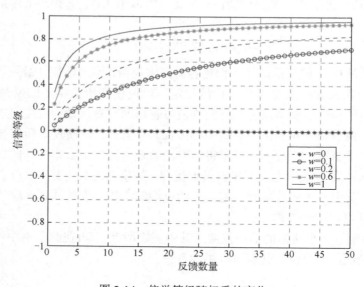

图 2-14　信誉等级随权重的变化

可见当 $w=1$ 时，信誉等级迅速上升到接近 1，而当 $w=0$ 时，意味着不使用任何反馈，信誉等级保持为 0。

2. 反馈变化

此示例显示当权重 w 固定为 1 时，信誉等级如何随着反馈值 v 的变化而变化。另外，目标 T 获得一个有 n 个相同反馈值 v 的反馈序列 Q，不考虑折算和遗忘。T 的信誉参数和等级可以表示为 n 和 v 的函数：

$$\begin{cases} r_T = \dfrac{n(1+v)}{2} \\[2ex] s_T = \dfrac{n(1-v)}{2} \end{cases}, \quad \mathrm{Rep}_T = \dfrac{nv}{n+2} \tag{2-40}$$

图 2-15 显示了当 v 的值分别为 1、0.5、0、-0.5 和-1 时，信誉等级与 n 的关系。

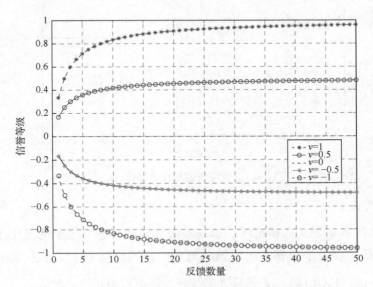

图 2-15 信誉等级随反馈数量的变化

可以看出，当反馈值固定时，信誉等级额定值很快变得相对稳定。当 $v=1$ 时，信誉等级接近 1，当 $v=-1$ 时，信誉等级接近-1。

3. 折算变化

此示例显示在权重 w 固定的情况下，信誉等级如何随着折算变化而变化。令 $w=1$，使中心 C 接收关于目标 T 的相同反馈值 $v=1$ 的序列 Q，包括时间折算。因此，每个反馈元组 (r_T^X, s_T^X)（具有固定值 (1,0)）都将根据反馈提供者 X 的信誉函数（由 (r_T^C, s_T^C) 定义）进行折算，这一过程不考虑遗忘。T 的信誉参数和等级可以表示为 n 和 $(r_T^{C:Q}, s_T^{C:Q})$ 的函数：

$$\begin{cases} r_T^{C:Q} = \dfrac{2nr_X^C}{3(s_X^C+2)+2r_X^C} \\[2ex] s_T^{C:Q} = 0 \end{cases}, \quad \mathrm{Rep}_T^{C:Q} = \dfrac{nr_X^C}{nr_X^C + 2r_X^C + 3s_X^C + 6} \tag{2-41}$$

图 2-16 显示了在不同情况下（如图例显示）信誉等级与 n 的关系。

可见折算为 $(r_X^C = 1000, s_X^C = 0)$ 的信誉函数实际上等于完全没有折算，因为该曲线与图 2-14 和图 2-15 中最上面的曲线是无法区分的。随着 X 信誉函数的"变弱"，T 的信誉等级受到的影响减小。当折算为 $(r_X^C = 0, s_X^C = 0)$ 时，X 保持其起始信誉等级 $\mathrm{Rep}^{C:Q} = 0$，完全不受反馈的影响。

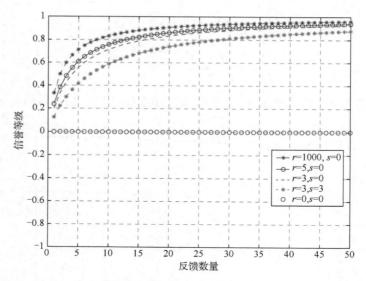

图 2-16　信誉等级随折算的变化

4. 遗忘因子变化

此示例显示在权重 w 固定的情况下，信誉等级如何随着遗忘因子的变化而变化。令 $w=1$ 并且使中心 C 接收关于目标 T 的反馈序列 Q，反馈值均为 $v=1$，不考虑折算。当 $\sum_{i=0}^{n} \lambda^i = 1 - \lambda^{n+1}/(1-\lambda)$ 且 $\lambda < 1$ 时，T 的信誉参数和等级可以由 n 和 λ 表示：

$$\begin{cases} r_{T,\lambda}^C = \dfrac{1-\lambda^n}{1-\lambda}, \\ s_{T,\lambda}^C = 0 \end{cases} \quad \mathrm{Rep}_{T,\lambda}^C = \dfrac{1-\lambda^n}{3-2\lambda-\lambda^n}, \quad \lambda \neq 1 \tag{2-42}$$

$$\begin{cases} r_{T,\lambda}^C = n \\ s_{T,\lambda}^C = 0 \end{cases}, \quad \mathrm{Rep}_{T,\lambda}^C = \dfrac{n}{n+2}, \quad \lambda = 1 \tag{2-43}$$

图 2-17 显示了在不同情况下（$\lambda=1$、$\lambda=0.9$、$\lambda=0.7$、$\lambda=0.5$ 和 $\lambda=0$）信誉等级与 n 的关系。

可以看出，λ 的值决定了代理可获得的最大信誉等级。当 $\lambda=1$ 时，即不遗忘任何东西，此时信誉等级的上限为 1。当 $\lambda=0$ 时，仅记住最后的反馈，使得最大信誉等级为 1/3。

5. 反馈和遗忘因子都变化

此示例显示当权重 w 固定为 1 时，信誉等级如何随着反馈的累积而变化，不考虑折算。假设有一个关于 T 的反馈序列 Q，其中包括 50 个反馈值，前 25 个值为 $v_{T,i}^Q=1$，后 25 个值为 $v_{T,i}^Q=-1$。T 的信誉参数和等级可以表示为 n、v 和 λ 的函数：

$$\begin{cases} r_{T,\lambda}^Q = \dfrac{1}{2}\sum_{i=1}^{n}(1+v_{T,i}^Q)\lambda^{(n-i)} \\ s_{T,\lambda}^Q = \dfrac{1}{2}\sum_{i=1}^{n}(1-v_{T,i}^Q)\lambda^{(n-i)} \end{cases}, \quad \mathrm{Rep}_T^{Q(n)} = \dfrac{\sum_{i=1}^{n} v_{T,i}^Q \lambda^{(n-i)}}{2+\sum_{i=1}^{n}\lambda^{(n-i)}} \tag{2-44}$$

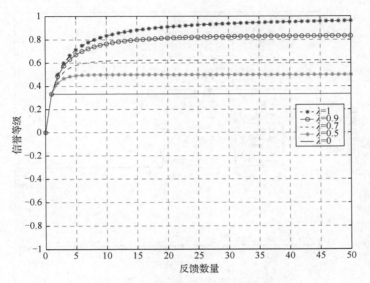

图 2-17 信誉等级随遗忘因子的变化

在这一例子中，式(2-44)可改写为

$$\begin{cases} r_{T,\lambda}^C = \dfrac{1-\lambda^n}{1-\lambda}, \quad \mathrm{Rep}_{T,\lambda}^C = \dfrac{1-\lambda^n}{3-2\lambda-\lambda^n}, \\ s_{T,\lambda}^C = 0 \end{cases} \quad \begin{cases} n \in [0,25] \\ \lambda \neq 1 \end{cases} \tag{2-45}$$

$$\begin{cases} r_{T,\lambda}^C = \dfrac{1-\lambda^{25}}{1-\lambda}\lambda^{(n-25)}, \quad \mathrm{Rep}_{T,\lambda}^C = \dfrac{2\lambda^{(n-25)}-\lambda^n-1}{3-2\lambda-\lambda^n}, \\ s_{T,\lambda}^C = \dfrac{1-\lambda^{(n-25)}}{1-\lambda} \end{cases} \quad \begin{cases} n \in [26,50] \\ \lambda \neq 1 \end{cases} \tag{2-46}$$

$$\begin{cases} r_{T,\lambda}^C = n \\ s_{T,\lambda}^C = 0 \end{cases}, \quad \mathrm{Rep}_{T,\lambda}^C = \dfrac{n}{n+2}, \quad \begin{cases} n \in [0,25] \\ \lambda = 1 \end{cases} \tag{2-47}$$

$$\begin{cases} r_{T,\lambda}^C = 25 \\ s_{T,\lambda}^C = n-25 \end{cases}, \quad \mathrm{Rep}_{T,\lambda}^C = \dfrac{50-n}{n+2}, \quad \begin{cases} n \in [26,50] \\ \lambda = 1 \end{cases} \tag{2-48}$$

图 2-18 显示了当 $\lambda=1$、$\lambda=0.9$、$\lambda=0.7$、$\lambda=0.5$ 和 $\lambda=0$ 时信誉等级与 n 的关系。

可以看出，当 $n \leqslant 25$ 时(其中 $v=1$)，曲线与图 2-17 相同。当 $n>25$ 时(其中 $v=-1$)，信誉等级会迅速下降。当遗忘因子较低时(即当反馈被迅速遗忘时)，可以观察到两种现象：首先，信誉等级更快地达到稳定值；其次，稳定信誉等级的极端性降低。

2002 年 Josang 等[6]首次将推理方法应用在信任管理中，他提出了一种 Beta 信任系统，基于统计理论，使用 Beta 概率密度函数来组合反馈并得出信任度。这一方法隐含了贝叶斯推断。

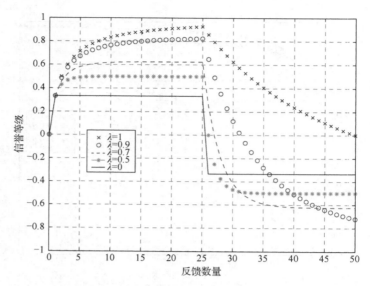

图 2-18　当反馈和遗忘因子都变化时信誉等级与反馈数量的关系

2.6　基于点对点网络的信任聚合方法

2.6.1　VectorTrust 方案

在点对点网络中没有统一的中央管理角色,参与的节点是自治的,这给点对点网络中的安全带来了很大的问题。为了在开放和分散的环境中处理服务的可信性问题,基于信任和信誉的解决方案意图在点对点系统中的节点之间建立信任。在信誉系统中,可以维护每个实体的行为、性能等统计信息,并用于推断实体未来的行为方式。一个优秀的信誉系统应该具有构建成本低、易于更新并且信誉汇总、推断和传播速度快等特点。例如,广为人知的 eBay 的反馈方案中,客户在完成交易后可以给出-1 或 0 的评分,进而为交易对象计算信誉。eBay 是一个集中的全球声誉系统,有一个信誉服务器来存储和管理所有实体的信誉。在分布式点对点网络中有一个著名的基于信誉的信任支持框架 PeerTrust,它使用五个信任参数来计算节点的信任值。著名的 EigenTrust 方案提出了一种通过计算归一化本地信任评级矩阵的特征向量来计算网络中每个节点的全局信任值的方法,EigenTrust 受PageRank 的启发,收集了整个系统的历史交易和信任信息,从而为每个节点产生了全局信任值。此外,基于点对点结构的分布式哈希表的 PowerTrust 系统可以收集本地对等反馈信息,并将这些信息汇总而得到全局信誉等级。PowerTrust 能够动态地选择一组最可信的节点,以提高信任聚合的准确性和计算速度。

在这一工作中,人们提出了一种基于信任向量的信任管理方案(VectorTrust),用于聚合分布式信任。VectorTrust 被设计为在不存在集中式服务器的分布式点对点环境中使用。在这种环境下,每个节点的信任计算开销都应该合理。VectorTrust 利用基于 Bellman-Ford 的算法进行快速轻量级的信任聚合。

VectorTrust 系统建立在 P2P 之上的信任覆盖网络上。图 2-19 将信任覆盖网络以信任图的形式呈现。信任图是一个元组 $G(V,E)$，其中 $V=\{v_1,v_2,\cdots,v_n\}$ 表示图中的点，即 P2P 中的节点，$E=\{e_1,e_2,\cdots,e_n\}$ 是图中的边，表示信任关系。当且仅当 A 是直接交易/交互中 B 的客户并且 A 对 B 具有直接信任时，产生一条从 A 指向 B 的边。有向边 A 到 B 的值反映了 A 对 B 的信任度（$T_{AB}=1$ 表示 A 完全信任 B，$T_{AB}=0$ 表示 A 完全不信任 B）。如图 2-19 所示，网络中的顶点对应于系统中的节点，有向边将信任关系显示为信任度和信任方向，每个节点维护一个本地信任表以存储信任信息。

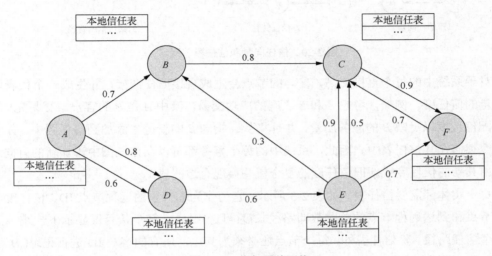

图 2-19　信任覆盖网络

在 VectorTrust 中，由信任度和信任方向组成的个性化信任向量在系统中传播，其中信任度被定义为[0,1]内的实数 T，信任方向被定义为信任图中的有向边。这种具有信任度的定向链接称为信任向量(Trust Vector，TV)。信任向量的形式定义如下。

信任向量：关于信任度和信任方向的向量，其中信任度定义为实数 T，$T\in[0,1]$，信任方向定义为信任图中的有向边。

图中的边的值表示两个点之间所有直接交易的组合信任度。可以通过不同的功能来考虑所有历史交易的重要性、日期、服务质量等，从而获得信任度值。假设 A 希望找到对 C 的信任度，则 A 可以查找边 $A\to C$ 的值。但是，如果 A 和 C 从未有过交易，则 A 必须通过使用信任转移获得对 C 的信任度。以下是信任转移的定义。

信任转移：如果节点 i 对节点 j 的信任度为 T_{ij}，节点 j 对节点 k 的信任度为 T_{jk}，那么节点 i 对节点 k 的信任度为 $T_{ik}=T_{ij}\times T_{jk}$。

如图 2-20 所示，A 对 C 具有间接信任，信任度 $T_{AC}=T_{AB}\times T_{BC}=0.7\times 0.8=0.56$。从 A 到 C 可能有很多信任路径。给定 A 和 C 之间的一组路径，A 倾向于选择最可信路径(Most Trustable Path，MTP)以完成与不熟悉实体 C 的多跳交易。

最可信路径：从 i 到 k 的最可信路径是产生最高信任度 T_{ik} 的信任路径。

在 VectorTrust 中，最可信路径可以计算为沿路径的所有有向边的最大乘积，并且此乘积将被视为 A 对 C 的信任度。在图 2-20 所示的示例中，MTP 为 $A \rightarrow B \rightarrow C$，并且 A 推断对 C 的信任度 $T_{AC} = 0.56$。

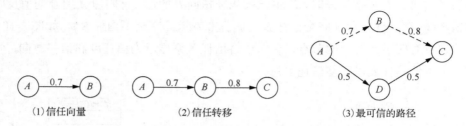

（1）信任向量　　　　　　（2）信任转移　　　　　　（3）最可信的路径

图 2-20　信任向量和信任覆盖网络

对于系统中的每个直接交易，参与的节点会生成直接信任链接，并生成一个代表该交易质量的信任度。例如，考虑 A 和 B 之间的成功交易，其中 A 是 B 的客户。交易完成后，A 分配信任度以反映 B 的服务质量，并且将从 A 指向 B 的新链接添加到信任图中。A 将此信任度存储在其信任表中。因此，系统中的每个事务都可以在信任图中添加新的有向边，或者用其新的信任度或新旧信任度的复合值替换现有边的值。

每个实体都需要信任表。如表 2-3 所示，它由作为输入项的远程节点 ID、信任度、下一跳节点和到达远程节点的总跳数即路径长度(可选)组成。每个条目仅显示下一跳，而不是整个信任路径。除信任表外，每个节点还必须为其以前所有的客户 ID 进行记录($H'(i)$)，并用于信任聚合阶段。

表 2-3　样本信任表示例

节点 ID	信任度	下一跳节点	路径长度
A	0.8	A	1
E	0.6	E	1
B	0.56	A	2
C	0.3	E	2
F	0.42	E	2

在直接信任和信任表的基础上，使用信任向量聚合算法(Trust Veetor Aggregation Algorithm，TVAA)来推断和聚合信任值。在该算法中，通过值迭代过程，将每个信任路径以最可靠的信任度聚合到 MTP。间接信任信息也会被添加到信任表中，并随着聚合过程的发展而更新。信任聚合仅修改信任表，而不会在信任覆盖图中创建任何新链接，只有在直接交易之后才能创建或修改链接。信任向量聚合算法中使用的值迭代函数为

$$T_{ik} = \max(T_{ik}, T_{ij} \times T_{jk}) \tag{2-49}$$

其中，T_{ik} 是节点 i 对节点 k 的信任度；T_{ij} 是直接链接信任度；而 T_{jk} 是节点 j 对 k 的信任度。信任向量聚合算法在算法 2-1 中给出。

算法 2-1：信任向量聚合算法(TVAA)
1　　初始化信任表
2　　**for** each T_p time **do**
3　　　获取直接交互节点集合 $H'(i)$
4　　　　**if** $H'(i) \neq \varnothing$ **then**
5　　　　　向这些节点发送信任表请求
6　　　　　收到信任表
7　　　　　更新下一跳节点
8　　　　　发回信任表
9　　　　**end if**
10　**end for**

这一算法有一点例外：即使节点 A 和节点 B 之间的间接信任高于直接信任，信任路径仍然会选择直接路径，即直接路径的优先级永远高于间接路径，直接信任不能被间接信任所替代。

使用一个实例进一步描述 TVAA：考虑一个存在 6 个节点(A,B,C,D,E,F)的网络，使用 T 描述时间。假设信任聚合从 T = 0 这一时间点开始，初始的信任表根据直接经验意见构建。首先，所有节点(A,B,C,D,E,F)将其信任表发送给以前所有的客户端(即接受过服务的节点)：A 到 D、B 到 A 和 E、C 到 B、E 到 F、D 到 A、E 到 C 和 D，以及 F 到 C 和 E。当这些节点中的每一个收到信任表时，它们将重新计算信任度。例如，A 从 B 接收到一个信任表，该表告诉 A 通过 B 到 C 的信任路径，B 对 C 的信任度为 $T_{BC} = 0.8$。由于当前 A 对 B 的信任度为 $T_{AB} = 0.7$，因此 A 知道它对 C 的信任度为 $T_{AC} = T_{AB} \times T_{BC} = 0.56$。以类似的方式，A 得知它具有一条通过 D 到 E 的信任路径，信任度为 $T_{AE} = 0.36$。由于 A 没有其他可知的信任路径，因此将这些信任度放入其本地信任表中，这即是在第一个时间点，或第一轮迭代中完成的信任聚合。

然后，所有节点将其信任向量广播到其先前的客户端，这会提示每个节点重新计算其信任度。例如，A 从 B 接收到一个信任表，该信任表告诉 A 通过 B 到 E 的路径，B 对 C 的信任度 $T_{BE} = 0.72$。由于 A 对 B 的当前信任度为 $T_{AB} = 0.7$，因此 A 知道它有一条通过 B 到达 E 的路径，其信任度为 $T_{AE} = T_{AB} \times T_{BE} = 0.504$，大于现有的通过 D 对 E 的信任度。此时，A 将通过 B 用新的信用度 $T_{AE} = 0.504$ 将旧的信任度替换。

该过程继续进行。在 T = 4 时，表中没有任何新的信任信息。在此时此刻所有节点都不会收到任何可能产生比其现有的信任路径更优的新信息，所以该算法停止并达到收敛状态。在这种情况下，收敛速度为 4 个时间步/迭代。

2.6.2　讨论

1. 信任搜索和信任推理

聚合过程完成后，每个本地节点都建立了一个信任表，该表代表这一节点对网络的当前本地视图。当需要获取对远程节点的信任度时，将启动信任搜索。例如，在 2.6.1 节的例子中，假设 A 可以访问网络，并想推断对节点 F 的信任度。节点 A 在其自己的本地信任表中搜索目标条目 F，发现对 F 的信任度为 $T_{AF} = 0.504$，其最可信路径 $(A \to B \to C \to F)$ 也可以逐步推导，如图 2-21 中的粗体路径所示。

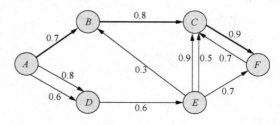

图 2-21　信任路径推断

为了提高信任搜索的效率，在大型网络中，可以将线性搜索修改为二进制搜索。一些常用的信任条目也可以缓存在临时缓存信任表中，以节省搜索时间。

注意，对于一个陌生的远程节点，VectorTrust 系统中的事务是多跳事务，例如，在图 2-21 中，即使节点 A 获得了对节点 F 的信任度，并且 A 也能够与节点 F 开始直接事务，但是因为 A 没有任何与 F 交易的经验，所以，A 更倾向于依赖 MTP 对 F 展开多跳交易，其顺序是 A 与 B、B 与 C 以及 C 与 F 进行交易。也就是说，每个节点仅与具有交易经验的节点展开交易。如果它们的信任节点在交易中作弊，它们可以立即识别恶意节点，并以较低的评分重新标记信任路径。与并不熟悉的节点 F 的多跳交易降低了遭受 Sybil 攻击的风险。在 Sybil 攻击中，攻击者可以创建多个节点(假名实体)，并以具有高信任度(甚至 $T=1(100\%)$)的定向边连接到它们。也就是说，攻击者可以播种或攻陷许多节点(假名实体)，并利用其优势操纵恶意节点和正常节点的信任度。通过针对陌生节点的多跳交易，节点可以在 Sybil 攻击中的作弊行为之后立即识别恶意实体(如果信任路径上有恶意实体)。

信誉系统遭受 Sybil 攻击的漏洞大小取决于生成和维护身份的成本。在 VectorTrust 中，假名实体必须长时间表现良好才能获得与自身的高等级信任链接，只要有一次欺诈行为就会破坏其声誉，这使得维护恶意假名的 Sybil 攻击的成本非常高。

2. 成员维护

在 P2P 网络中，一些节点会时不时加入或离开网络，从而导致动态拓扑变化。这产生了成员资格维护问题。在 VectorTrust 中，新加入节点的初始化算法在算法 2-2 中进行了描述。

算法 2-2： VectorTrust 新节点初始化算法

1　P2P 层为新节点分配节点 ID
2　新节点向邻居发送信任请求
3　收到信任请求的节点发回数据表
4　通过检查收到的数据表，建立初始本地信任表

每个节点 i 每隔 T_p 时间向其先前的客户端 $H(i)$ 定期发送其整个信任表。在 VectorTrust 中，信任表条目的生命周期设置为 $T_L(T_L > T_p)$。如果未收到 T_L 的更新，则假定节点已经离开网络。信任表中的相关条目将被删除，更新消息将通过邻居节点传播。

3. 信任生成树

在 VectorTrust 中，信任可达性定义如下。

信任可达性：节点 j 是信任可达的，如果存在一条从 i 到 j 的信任路径，同时其信任度高于某个阈值。

在信任图中，有向信任向量仅显示二元邻居关系，例如，节点 A 是否连接到节点 B。为了对超出一跳之外的信任关系有更好的理解并获得对信任格局更多的了解，节点希望能够在某些信任约束的前提下获得有关其多跳扩展范围的知识。为此引入信任生成树的概念，以预定义的信任阈值 θ 表示节点与其可信节点的扩展范围。

信任生成树：在 VectorTrust 中，节点 i 的信任生成树是一棵树，其中包含 i 可以访问的最大可信节点集。信任阈值 θ 限制了从根到树中其他节点的最小推断信任度。

使用深度优先搜索(DFS)或广度优先搜索(BFS)可以轻松构造信任生成树。

4. 信任传递闭包

信任生成树为 VectorTrust 中的每个节点回答了可达范围这个问题。从系统的角度来看，系统管理员可能还希望了解整个网络的可达性特征。换句话说，需要明确在两个随机选择的节点之间是否存在可靠的信任路径。这些知识对于设计和改进信任系统非常有用。受图论中传递闭包概念的启发，人们提出了信任传递闭包(TTC)的概念。

信任传递闭包：考虑信任图 $G(V,E)$，其中 V 是节点的集合，E 是直接信任链接的集合。信任图 G 在信任阈值 θ 下的信任传递闭包是子图 $G'(\theta)=(V,E')$，其中对于 V 中的节点 v、w 而言，E' 中都有信任链接 (v,w) 当且仅当在 G 中存在从 v 到 w 的路径且其的信任度 $T_{vw} \geqslant \theta$ 时。

图 2-22 中的示例说明了 TTC 的概念。对于不同的信任阈值，会产生不同的信任传递闭包，阈值越高，信任传递闭包就越小，这反映了每个节点都有相对较小的高度信任集团的事实。信任传递闭包反映了信任覆盖网络的信任链接级别。对于预设的信任阈值，通常认为具有较大 TTC 和较多 TTC 链接的网络比具有较小 TTC 和较少 TTC 链接的网络更稳定。能够保持网络信任链接的最大信任阈值被定义为网络的信任阈值。例如，在图 2-22(d) 中，网络的信任阈值为 $\theta=0.6$。如果将信任阈值增加到 $\theta=0.7$，则网络将失去与节点 E 的信任链接，这表明节点 E 对于信任阈值 $\theta=0.7$ 是不可信的。

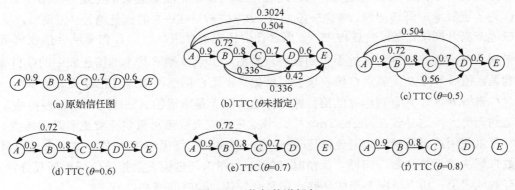

图 2-22　信任传递闭包

　　TTC 的数据结构通常存储为矩阵。也就是说，如果 matrix$[i][j] = T$，则节点 i 可以通过一个或多个跃点到达节点 j，过程推断的信任度为 T。在构造信任传递闭包之后，可以在 $O(1)$ 的时间复杂度内确定节点 i 对于节点 j 而言是否可以以高于阈值 θ 的信任度可达。在 VectorTrust 中计算信任传递闭包的算法是从 Floyd-Warshall 算法推导而来的，详细过程在算法 2-3 中介绍。

算法 2-3：TTC 计算算法

1　　使用一个邻接矩阵 adjmat[max][max]表示信任图
2　　将上述邻接矩阵复制为 trust[max][max]
3　　**for** $i = 0$; i<max; i++ **do**
4　　　　**for** $j = 0$; j<max; j++**do**
5　　　　　　**if** trust$[i][j] \geqslant 0$ **then**
6　　　　　　　　**for** $k = 0$; k<max; k++**do**
7　　　　　　　　**if** trust$[i][j]$*trust$[j][k] \geqslant \theta$ **then**
8　　　　　　　　　　trust$[i][k]$= trust$[i][j]$*trust$[j][k]$
9　　　　　　　　**end if**
10　　　　　　　**end for**
11　　　　　**end if**
12　　　　**end for**
13　**end for**

---

5. 局限性与解决方案

　　TVAA 的主要局限性是存在"无穷计数"问题。"无穷计数"是由 Bellman-Ford 算法引起的常见缺陷。TVAA 有时可能会导致信任循环，因为 Bellman-Ford 算法无法防止发生循环。

　　在 VectorTrust 中，节点收到一些更新信息后，将释放其自己的信任表以反映更改，然后将更改信息通知给其邻居节点。其他节点无法确定该信息是否真实有效。也就是说，即使节点 A 告诉节点 B 它在某处具有信任路径，节点 B 也无法知道其本身是否在路径上。

　　为了更好地理解该问题，考虑一条如 $A \to B \to C \to D \to E \to F$ 的信任路径。假设节点 A 发生故障并离开网络。在聚合过程中，节点 B 在信任表条目生命周期 T_L 内未从 A 接收到信任表更新信息，因此它推断 A 处于关闭状态。然后，节点 B 删除其本地信任表中的条目 A。问题是，稍后节点 B 从节点 C 接收聚合更新信息，而 C 仍然不知道 A 已经离开的事实。因此，C 告诉 B，C 具有到达 A 的信任路径，这实际上是错误的。它通过网络缓慢传播，直到达到无穷大。这导致在 VectorTrust 中，节点离开或失败信息需要花费更多时间传播。

　　可以使用挫折反转法来避免循环(VectorTrust 中的信任循环)的形成，这一方法用最大跳数来解决"无穷计数"问题。保留时间的增加(在信任撤销之后拒绝信任更新几分钟)可以有效地避免在所有情况下形成环路，但是会导致收敛时间增加。

2.6.3　性能评估

使用仿真实验评估 VectorTrust 的性能。在实验中,使用流行的多主体仿真引擎 NetLogo 设计事件驱动的仿真器原型 VTSim。

1.　仿真的参数设置

表 2-4 总结了仿真中使用的基本参数和默认值。网络配置为 100,200～1000 个节点,恶意节点百分比(α)为 10%、30%、50%。对于正常节点,初始信任度遵循正态分布,均值 $\mu_r = 0.75$,方差 $\sigma_r^2 = 0.1$。对于恶意节点,初始信任度遵循正态分布,均值 $\mu_r = 0.25$,方差 $\sigma_r^2 = 0.1$。初始信任关系遵循随机分布。信任网络复杂度用节点的信任出度 D 表示。网络复杂度 $D = 6$ 时表示:初始节点的信任度遵循正态分布,均值 $\mu_D = 6$,方差 $\sigma_D^2 = 1$。对于候选者节点 A,正常的投票节点定义为对节点 A 具有直接或间接信任的节点集。

表 2-4　仿真参数设置

符号	仿真参数	默认值
N	网络规模	100,200～1000 个节点
D	节点信任出度	3、6、9
α	恶意节点百分比	10%、30%、50%
μ_r	初始信任度分布平均值	0.25、0.75
σ_r^2	初始信任度分布方差	0.1
μ_D	节点信任出度分布均值	3、6、9
σ_D^2	节点信任出度分布方差	1
γ	信任度方差阈值	0.02～0.2
λ	单位服务间隔中预期的新事务发生次数	10～50
θ_v	节点投票阈值	50%
ε	收敛阈值	0.02

模拟从表 2-4 的初始参数开始,生成网络拓扑,并按照给定的分布初始化本地信任表。然后逐步对所有对等节点模拟 VectorTrust 聚合过程。为了测量动态模型下的性能,在随机源节点和随机目标节点之间,按照泊松分布连续生成新事务,每个服务周期的到达期望 $\lambda=10～50$。新的节点将随机加入网络,并且节点离开/消亡也将随机发生。在这样的动态模型中,甚至在真实的 P2P 中,也很难达到严格的收敛状态。在仿真中,动态环境中的收敛为 ε-convergence,并且 ε-convergence 定义为任何节点的两个连续信任表之间的方差小于收敛阈值 ε。

2.　结果与分析

1)　收敛时间

VectorTrust 的收敛时间是根据建立每个节点的信任表并达到收敛状态所需的迭代次数来衡量的。

网络规模、网络复杂度和收敛时间之间的关系如图 2-23 所示。该图表明 VectorTrust 在收敛之前仅需要较短的聚合周期。例如,在网络复杂度 $D = 6$ 的 800 个节点的 P2P 中,收敛只需要进行 8 次迭代。通过实验还观察到网络规模一定时,收敛时间随着网络复杂度的增加而减少。这是合理的，因为在更复杂的网络中，每个节点都具有较高的连接性，并且可以在一次迭代中获取更多信息。在具有 N 个节点的网络中，节点平均需要 $\log_D N$ 次迭代才能检索所有相关的信任信息。因此，随着网络规模 N 的增加，收敛时间如图 2-23 所示相对缓慢地增加。这表明 VectorTrust 具有令人满意的可伸缩性。

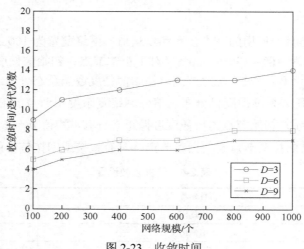

图 2-23　收敛时间

2) 平均消息开销

在大多数信任和信誉方案中，当网络扩展到大量节点时，信任聚合的成本非常高。图 2-24 显示了每个节点在 VectorTrust 中实现收敛的平均消息开销。平均消息开销随着网络规模的增长而缓慢增长，这表明 VectorTrust 是一种轻量级的方案。即使出现新的事务，在收敛状态之后，计算出的信任值也不会显著变化。可以观察到，在具有高复杂度的网络中，VectorTrust 系统会招致更多的消息开销，但会花费更少的收敛时间。总体而言，在每个服务周期中，每个节点所需的平均消息的时间复杂度为 $O(D)$。在典型的 VectorTrust 网络中，D 约为 $O(\log N)$。为了实现收敛，需要 $O(\log N)$ 次迭代。因此，每个节点要收敛的平均消息开销为 $O(\log N)$。每个节点在一次迭代中的平均消息开销为 $O(\log N)$。

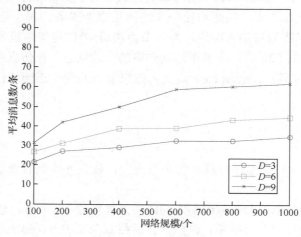

图 2-24　平均消息开销

3) 平均信任路径长度

平均信任路径长度是 VectorTrust 方案独有的评估指标，它表示信任路径从处于收敛状态的源节点到目标节点的平均长度。各种网络规模和网络复杂度对平均信任路径长度的影响如图 2-25 所示。通常，节点应在 6 跳内完成其任务。在大多数情况下，收敛的信任路径为 3～6 跳。在复杂度较低的网络中(如 $D = 3$)，许多信任路径的长度都大于 6，平均数甚至达到 8 跳。这些较长的信任路径涉及更多的信任转移，并且导致推断的信任度的准确性降低。

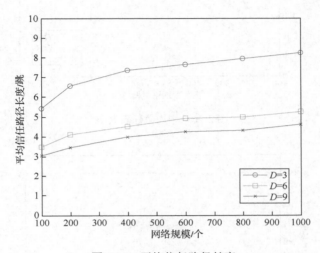

图 2-25　平均信任路径长度

4) 平均信任表大小

VectorTrust 中每个节点的平均信任表大小如图 2-26 所示。信任表的大小随网络规模扩大而增长。也就是说，大多数节点都可以通过整个网络访问所有其他节点的信任信息。这一事实表明信任信息在 VectorTrust 中迅速而广泛地传播。在大型 P2P 中，信任表可以具有数百或数千个条目，存储开销可能是负担。但是，VectorTrust 环境主要由固定台式机或笔记本电脑组成。在大多数终端中，成千上万个实体文本信任表的存储需求是可以满足的。为避免在大型存储受限设备(如 PDA 或传感器)网络中使用巨大的信任表，可以使用基于组的 VectorTrust 方案。在基于组的 VectorTrust 方案中，可以将多个节点反映为一个混合信任表中的一个实体，从而大大减小了信任表的大小。同一工作组中的节点共享该组的信任度。另外，可以应用最近最少使用(LRU)机制来删除表中的非活动项/条目。

5) 查询命中率

VectorTrust 的一项基本功能是信任度查询，其中一个本地节点在其本地信任表中进行搜索，以查找对远程节点的信任度。查询命中率是成功完成的查询数占发出的查询总数的百分比。如图 2-27 所示，当网络复杂度超过特定阈值时，查询命中率接近 100%。在一个较不复杂的网络中，节点与其他节点只有很少的连接，查询命中率要低得多。实际上，这种低复杂网络并不经常发生，在实验中测试这种不太复杂的网络只是为了进行比较。需要注意的是，100% 的查询命中率并不表示本地信任表中的 100% 信任度正确反映了远程节点的信任功能。

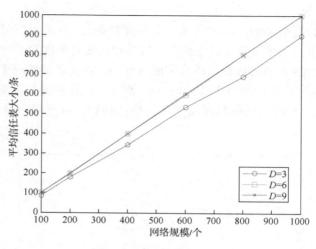

图 2-26　平均信任表大小

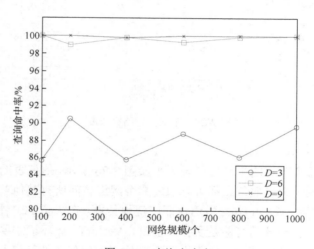

图 2-27　查询命中率

6) 聚合准确性

VectorTrust 的聚合准确性通过图 2-28 所示的有效信任评级率来衡量。一个推断的信任度当且仅当与远程节点的真实行为(由预设等级得分表示)之间的方差比信任度方差阈值 γ 小时才有效。平均而言，VectorTrust 的聚合准确性保持在 90%左右。因为 VectorTrust 是使用推断(非直接)信任的个性化信任系统，并且每个节点要访问的信息都受到限制，当网络复杂度较低时，聚合准确性会大大降低。如前所述，在不太复杂的网络中，较长的信任路径会涉及更多的信任转移，这会导致推断的信任度的准确性降低。为了消除长信任路径的影响，建议使用加权信任度 $r_\omega = \sqrt[d]{r}$ (r 为信任等级， d 为总跳数)。

7) 恶意节点检测

本方案实验研究了信任路径聚合和信任传递过程中的恶意行为。恶意的节点在交易中作弊，并向与之交互的节点发送伪造的信任表。在此实验中，恶意节点采用了虚假信息和

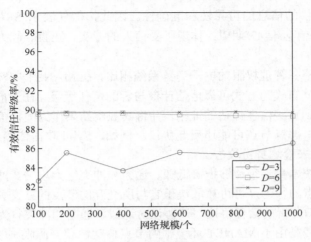

图 2-28　聚合准确性

真实信息组合的策略。虚假信息率设置为 50%，这表示恶意节点发送的表中有一半是假的。在实验中，邻居节点会定期投票。如果网络中有超过 θ_v 个正常节点将其视为恶意，则将该节点标识为恶意。对于候选者节点 A，将正常的投票节点定义为对节点 A 具有直接或间接信任的节点。通常，误报率与检测率成反比。在正常的网络设置中，识别出 95% 以上的恶意对等实体的误报率小于 5%。即使在不太复杂的网络中($D = 3$)，检测率仍然可以达到 90%。但是在这样的网络中，误报率很高。

　　实验显示，增加恶意节点的百分比不会导致性能降低。VectorTrust 能够在聚合收敛之前检测到大多数恶意节点。而且，在复杂的网络中更容易检测到恶意节点。例如，给定一个具有 1000 个节点的($D = 6$)且恶意节点占 30% 的网络，VectorTrust 会在 8 次迭代中检测到 95% 以上的恶意节点。

　　Zhao 等在 2013 年提出了 VectorTrust[7]，这是一种在 P2P 中基于信任向量的信任管理方案，基于 Bellman-Ford 的算法进行快速轻量级的信任聚合。这一方案使用了模糊逻辑的思想，使用最大隶属函数对信任进行聚合。

2.7　基于 Logit 回归的信任聚合方法

2.7.1　Logit 方案概述

　　随着功能强大的移动设备和无处不在的无线技术的普及，传统的移动自组织网络(MANET)现在进入了一个新时代，在这个时代中，一个节点可以为其他节点提供服务和从其他节点处接收服务。MANET 的信任模型由提供服务的服务提供者(Service Provider，SP)和请求服务的服务请求者(Service Reciever，SR)组成。

　　信任是一种有效应对 SP 行为异常的机制。节点可以评估与之交互的 SP 的信任等级，并将其对服务性能的观察作为建议传播给其他节点，从而更有可能选择行为良好的 SP 提供服务。MANET 场景的信任的本质是一个节点对另一个节点的主观评估，评估节点在特定上下文中所提供的信息的可靠性和准确性。因此，信任表示 SR(或委托人)对 SP(或受信人)未来努力的信念/信心/期望，体现了受信人的诚实、正直、能力、可用性和服务质量(QoS)。

与具有集中式信任管理权限的电子商务系统相比，在 MANET 中实现信任管理的一个挑战是需要以完全分布式的方式可靠地估计参与者的信任等级。在当前大多数研究中，每个节点都可以观察到直接信任评估的证据，并将其观察结果作为间接信任评估的建议传播给其他节点。但是，恶意节点可能违反此协议，例如，Sybil 攻击依赖于入侵检测机制(与信任机制并行运行)来检测身份攻击。

然而，信任系统本身必须能够抵御诋毁、通断和冲突行为攻击。冲突行为攻击是一种动态攻击，因为节点的行为是否可靠取决于它与所交互的节点的社交关系。这一节介绍了一种基于 Logit 回归分析的信任协议，该协议对诋毁、通断和冲突行为攻击具有很强的弹性。另一个主要挑战是由于 MANET 环境中的节点移动性和资源限制(如带宽、处理能力、电池)，SR 从 SP 接收的服务的质量可能大大偏离 SP 所提供的实际服务。这模糊了 SR 对 SP 的真实性的看法。在本章介绍的信任管理方案中，把信任定义为 SP 将提供 SR 期望的服务的概率，考虑概率统计分类信任模型。本章的方案使用 Logit 回归来准确预测 SP 对操作和环境变化的反应方式。由于方案将操作和环境条件作为输入，因此能够推理节点的行为模式。

这一方案是在基于推理法的信任管理方案的基础上设计的。传统的基于推理法的信任管理方案主要使用贝叶斯推断和模糊逻辑。其中贝叶斯推断应用贝叶斯定理，并将信任视为遵循概率分布(如 Beta 分布)的随机变量，其值会根据新观察值进行更新，例如，假设节点在每个观察期内的行为均相同且独立地分布，并且遵循二项分布，则节点的信誉取决于观察到的正样本和负样本的数量。模糊逻辑已经在 MANET 的安全路由中实现，每个受信者节点维护一张有向图，它由一组顶点(节点)和信任加权边(直接信任链接)组成，其中输入是对受信人节点的历史信任值。应用模糊逻辑为每个候选路径计算一个模糊值，以做出路由决策。模糊值由节点信誉、带宽和跳数确定。基于模糊逻辑的信任推理的一个缺点是，它要求领域专家进行参数调整，并结合输入和输出参数之间的因果关系知识来设置模糊规则。这一方案应用 Logit 回归分析提出了 LogitTrust，以了解节点响应操作和环境变化的行为模式，旨在提供一种通用信任模型，以预测节点的动态行为模式，从而预测节点的动态信任。

方案的核心在于基于 Logit 回归的信任聚合模型来估计动态信任。由于模型源于回归分析，因此，它为预测 SP 响应操作和环境变化的行为提供了良好的理论基础。LogitTrust 不应用信任阈值来筛选信任建议，相反，它利用强大的统计内核来容忍异常的建议，以有效地实现抵御建议攻击的弹性。可以证明，基于回归的信任模型在信念折算(Belief Discounting)方面明显优于贝叶斯推断，尤其是在对推荐人的直接观察有限的情况下。

2.7.2 基于 Logit 回归的信任聚合模型

1. 动态信任与行为模式因素

LogitTrust 考虑物联网中动态信任的概念，即物联网中服务提供者(SP)的信任等级会随着网络的运行和环境条件的变化而动态变化，这是由节点的移动性、流量模式的变化和有

限的资源引起的。之所以信任是动态的，是因为 SP 在态度和对运营与环境条件变化的适
应性方面不同。SP 可能是寻求利润的，因此，当服务接收者(SR)支付的服务价格高于基本
价格时，它可能会更愿意应用可用资源来执行任务。SP 也可能会受到资源和任务执行能力
的限制，因此其服务等待列表可能会相对较长，并且会严重降低其服务交付速度。另外，
SP 可能对邻居节点的数量敏感，因为更多的邻居节点可能会增加无线信道争用和信号干扰
的可能性，所以，在侦听信道和重复数据包传输时，SP 需要消耗更多的能量。因此，
LogitTrust 将能量敏感性、能力限制和获利意识视为三个不同的"行为模式因素"，反映了
SP 响应物联网操作和环境条件变化的程度。

2. 攻击模型

MANET 中的每个节点都可以是 SP 或 SR 本身。当它是 SP 时，希望被选择提供盈利
服务，而当它是 SR 时，希望找到最佳的 SP 以提供最佳服务。社会自私(Social Selfishness)
可以在这项工作中为恶意行为建模。每个节点都可以基于与其交互的其他节点之间的社交
关系表现出社交自私性。因此，每个节点都可能表现出以下推荐攻击行为。

(1) 基于信任者的推荐攻击(TORA)：充当推荐人的节点提供有关受信人节点的虚假推
荐，目的是防止委托人节点学习正确的行为模式，从而降低委托人节点的决策质量。基于
社会自私的概念，如果推荐人节点和委托人节点是朋友，那么其更倾向于说出关于委托人
节点的真相。如果和委托人节点不是朋友，那么它很容易说谎。一个节点可以将另一个节
点视为朋友、熟人或陌生人。可以通过概率函数 $p^{\text{TORA}}(F)$ 对推荐人的 TORA 行为进行建
模，其中 F 指推荐人节点与委托人节点之间的友谊关系。

(2) 基于受信人的推荐攻击(TERA)：充当推荐人的节点可以对受信人节点执行信誉攻
击。根据社会自私的概念，如果推荐人节点和受信人节点不是朋友，则推荐人节点倾向于
进行恶意攻击以降低受信节点的信誉。如果和受信人节点是朋友，则推荐人节点倾向于通
过执行选票填充攻击的方式来提升受信人节点的信誉。我们通过概率函数 $p_{\text{bma}}^{\text{TERA}}(F)$ 对推荐
人的恶意攻击行为进行建模，其中 F 指定推荐人与受信人之间的友谊关系。另外，通过概
率函数 $p_{\text{bsa}}^{\text{TERA}}(F)$ 对推荐人的选票攻击行为进行建模，其中 F 指定推荐人与受信人之间的友
谊关系。

(3) TERA-if-TORA：充当推荐者的节点首先根据其与信任者节点的关系来决定是否执
行虚假推荐攻击。如果是，则根据其与受信者节点的关系进行恶意攻击或填充选票攻击。

3. 问题定义

对于某一 SR(SR_i)来说，当前的问题是根据历史证据预测 SP_j 是否会对特定请求提供
令人满意的服务。在特定的服务类型中，假设 SR_i 在 t 时刻对从 SP_j 接收到的服务质量的观
察为 s_{ij}^t (可以是满意的或不满意的)，定义如果 s_{ij}^t 是满意的，则 SP_j 是值得信任的，记为 1；
否则为不可信，记为 0。换言之，如果可以观察到 SP_j 在 t 时刻提供的服务是令人满意的，
那么 SP_j 在 t 时刻被认为是值得信任的。使用一个列向量 $\mathbf{x}^t = \left[x_e^t, x_c^t, x_p^t \right]^{\text{T}}$ 表示 t 时刻的操作
和环境条件，包括三个不同的行为模式特征(能量敏感性、能力限制和获利意识)。信任是 SP_j
在 $\mathbf{x}^t$ 所描述的 t 时刻的运行和环境条件下能够为 SR_i 提供满意服务的概率 θ_j^t。

令 $s_j^t = s_{ij}^t \bigcup \{s_{kj}^t, k \neq i\}$，其中 k 是推荐人节点，它具有 SP_j 的服务经验，并被 SR_i 要求提供有关 SP_j 的反馈。来自节点 k 的建议是采用 $\{\boldsymbol{x}^t, s_{kj}^t\}$ 的形式，指定了在观察 (s_{kj}^t) 的时间 $t(\boldsymbol{x}^t)$ 内的操作和环境条件。此外，令 $\boldsymbol{s}_j = \{s_j^t, t=1,\cdots,T\}$ 表示 SR_i 收集的一组证据，包括 SR_i 在 $[0,T]$ 时间内的自我观察和建议。令 $\boldsymbol{x} = \{\boldsymbol{x}^t, t=1,\cdots,T\}$，表示在 $[0,T]$ 内的相应操作和环境条件。LogitTrust 首先学习由 s_j 和 x 之间的潜在变量 β_j 表示的 SP_j 的行为模式，然后在给定 $\boldsymbol{x}^{T+1}$ 的情况下预测 s_j^{T+1}，即 $E[s_j^{T+1} | \boldsymbol{x}^{T+1}]$。从 SR_i 的角度来看，此条件期望将是 0～1 的实值，代表在时间 $T+1$ 时 SP_j 的信任度。

2.7.3　LogitTrust

1. 设计原则

LogitTrust 背后的想法是利用逻辑回归分析回归变量 $\boldsymbol{x}$ 与前面在 2.6.2 节中描述的二进制响应观测值之间的关系，即利用逻辑回归分析回归变量 $\boldsymbol{x}$ 与二进制响应观测值 s_j 之间的关系。

LogitTrust 使用线性预测器，即

$$E\left[s_j^t | \boldsymbol{x}^t, \boldsymbol{\beta}_j\right] = \theta_j^t = \frac{1}{1+\mathrm{e}^{-(\boldsymbol{x}^t)^\mathrm{T}\boldsymbol{\beta}_j}} \tag{2-50}$$

其中，$\boldsymbol{\beta}_j = [\beta_{ej}, \beta_{cj}, \beta_{pj}]^\mathrm{T}$ 是系数的列向量；θ_j^t 在 $[0,1]$ 内。如果 $(\boldsymbol{x}^t)^\mathrm{T}\boldsymbol{\beta}_j \ll 0$，则 θ_j^t 小于 0.5。因此，所传递的 QoS 更可能无法令人满意。如果 $(\boldsymbol{x}^t)^\mathrm{T}\boldsymbol{\beta}_j \gg 0$，则 QoS 更可能令人满意。根据式(2-50)有

$$\ln\left(\frac{\theta_j^t}{1-\theta_j^t}\right) = (\boldsymbol{x}^t)^\mathrm{T}\boldsymbol{\beta}_j, \quad \mathrm{Logit}(\theta_j^t) = (\boldsymbol{x}^t)^\mathrm{T}\boldsymbol{\beta}_j \tag{2-51}$$

命题：SP_j 对 SR_i 提供的服务满意的概率等于 s_j^{t*} 大于 0 的概率，其中

$$s_j^{t*} = \mathrm{Logit}(\theta_j^t) + \varepsilon_j \tag{2-52}$$

并且 $\varepsilon_j \sim \mathrm{Logistic}(0,1)$，其累积密度函数为 $\frac{1}{1+\mathrm{e}^{-x}}$，$x \in (-\infty, +\infty)$。

证明

$$\begin{aligned}
\Pr(s_j^{t*} > 0| \boldsymbol{x}^t, \boldsymbol{\beta}_j) &= \Pr\left[\mathrm{Logit}(\theta_j^t) + \varepsilon_j > 0| \boldsymbol{x}^t, \boldsymbol{\beta}_j\right] \\
&= \Pr\left[\varepsilon_j > -\mathrm{Logit}(\theta_j^t)| \boldsymbol{x}^t, \boldsymbol{\beta}_j\right] \\
&= \Pr\left[\varepsilon_j > -(\boldsymbol{x}^t)^\mathrm{T}\boldsymbol{\beta}_j\right] \\
&= \Pr\left[\varepsilon_j < (\boldsymbol{x}^t)^\mathrm{T}\boldsymbol{\beta}_j\right] \\
&= \frac{1}{1+\mathrm{e}^{-(\boldsymbol{x}^t)^\mathrm{T}\boldsymbol{\beta}_j}} \\
&= \theta_j^t
\end{aligned}$$

因此，根据命题，s_j^t 和 s_j^{t*} 之间的关系是

$$s_j^t = \begin{cases} 1, & s_j^{t*} > 0 \\ 0, & \text{其他} \end{cases} \tag{2-53}$$

观察历史 $\{x, s_j\}$ 是 SR_i 的自我观察和推荐者 $k \neq i$ 所提供的建议的集合。

2. 推荐攻击作为异常值

LogitTrust 可以包含故意推翻实际观察结果的恶意推荐者。也就是说，恶意推荐者 k 在执行推荐攻击时将以 $\{x^t, 1 - s_{kj}^t\}$ 的形式"翻转"其推荐。这种修改过的建议称为异常值，它们可能误导推断的 β_j 偏离真实行为。如果误差项遵循细尾(Thin Tails)Logistic 分布，求解精度很可能对异常值敏感，因此推荐攻击会影响预测准确性。为了在不过度牺牲求解精度的情况下容忍异常值，LogitTrust 用均值为零的 t 分布(t-Distribution)中的白噪声代替了命题中 Logistic 分布潜在误差，其自由度为 v，标度参数为 σ。当 v 是有限的时，t 分布的尾部较重，并且对于异常值更为健壮，因为它的重尾特征增加了在远离均值的点处出现样本的可能性，从而提高了淡化误差的能力，并保护 β_j 的估计过程。

用标准的 t 分布随机变量替换 ε_j，并将 $(x^t)^\mathrm{T} \beta_j$ 表示为 u_j^t，给定容忍离群值的最佳自由度 (v_0)，有 $s_j^{t*} \sim t(u_j^t, 1, v_0)$。然后，将 EM 算法与迭代重新加权最小二乘相结合以估计 β_j。在推理阶段，采用 t 分布与正态分布之间的关系，即 t 分布可以通过无穷大且具有不同方差的正态分布之和来近似估计。因此，关于以下每个 $s_j^{t*}(j = 1, \cdots, I)$，具有权重 ω^t：

$$s_j^{t*} | (\omega^t, \beta_j) \sim N\left(u_j^t, \frac{1}{\omega^t}\right) \tag{2-54}$$
$$\omega^t | \beta_j \sim \Gamma(v_0 / 2, v_0 / 2)$$

在 EM 的 E-Step 中，用当前的 β_j 计算 ω^t 的期望；在 EM 的 M-Step 中，计算出一个达到最大似然的新 β_j；最后计算 $E\left[s_j^{T+1} | x^{T+1}, \hat{\beta}_j\right]$。

3. 计算过程

在上述基础上可以得到 LogitTrust 算法，如算法 2-4 所示。算法的输入包括 x、s_j(如上所述)、v_0(自由度)和 x^{T+1}(SP_j 在时间 $T+1$ 处表现出的行为模式因子)。算法的输出为 $E\left[s_j^{T+1} | x^{T+1}, \hat{\beta}_j\right]$，即 SP_j 在时间 $T+1$ 的信任等级。算法的第 1 和 2 行是初始化，其中 k 是迭代索引，l 表示所有元素全为 1 的列向量。第 3～13 行执行 EM 算法来推断 $\hat{\beta}_j$。第 4～10 行用于 E-Step，第 11～12 行用于 M-Step。在 E-Step 中，给定当前的 $\hat{\beta}_j$，计算每条记录权重的条件期望(第 6 行)，并推断确定观测值的潜变量 $\hat{s}_j^t$(第 7 行)，其中 $F_{v_0}(x)$ 是给定自由度 v_0 的标准 t 分布随机变量 x 的累积密度，$f_{v_0}(x)$ 是它的概率密度。参数 $\hat{\omega}^t$ 在估算过程中按较大方差减小了这些记录的影响。S_0 和 S_1 是部分对数似然的两个术语，即 $l(\beta_j | x, s_j^*, \omega, v_0)$。在 M-Step 中，通过最大似然估计更新了对 $\hat{\beta}_j$ 的估计(第 12 行)。最后第 14 行是信任预测步骤，应用式(2-50)计算 SP_j 在 $T+1$ 时刻的信任水平。

算法 2-4：LogitTrust 算法

输入：$\boldsymbol{x}, s_j, v_0, \boldsymbol{x}^{T+1}$

输出：$E[s_j^{T+1} \mid x^{T+1}, \hat{\beta}_j]$

1　　　$k \leftarrow 0$

2　　　$\hat{\boldsymbol{\beta}}_j^{(k)} \leftarrow l$

3　　**while** not converged **do**

4　　　　　**for** $t \leftarrow 1$ **to** T **do**

5　　　　　　　$u^t \leftarrow (\boldsymbol{x}^t)^{\mathrm{T}} \hat{\boldsymbol{\beta}}_j^{(k)}$

6　　　　　　$\hat{\omega}^t \leftarrow \dfrac{s_j^t - (2s_j^t - 1)F_{v_0} + 2\left(-\dfrac{1+2}{v_0}\right)^{\frac{1}{2}} u^t}{s_j^t - (2s_j^t - 1)F_{v_0}(u^t)}$

7　　　　　　$\hat{s}_j^t \leftarrow u^t + \dfrac{(2s_j^t - 1)f_{v_0}(u^t)}{s_j^t - (2s_j^t - 1)F_{v_0} + 2\left(-\dfrac{1+2}{v_0}\right)^{\frac{1}{2}} u^t}$

8　　　　　end for

9　　end while

10　　$S_0 \leftarrow \displaystyle\sum_{t=1}^{T} \hat{\omega}^t \boldsymbol{x}^t \left(\boldsymbol{x}_t\right)^{\mathrm{T}}$

11　　$S_1 \leftarrow \displaystyle\sum_{t=1}^{T} \hat{\omega}^t \boldsymbol{x}^t \hat{s}_j$

12　　$k \leftarrow k+1$

13　　$\hat{\boldsymbol{\beta}}_j^{(k)} \leftarrow S_0^{-1} S_1$

14　　return $E\left[s_j^{T+1} \mid \boldsymbol{x}^{T+1}, \hat{\boldsymbol{\beta}}_j\right] \leftarrow \dfrac{1}{1 + \exp\left[-(\boldsymbol{x}^T + 1)^{\mathrm{T}}\right]}$

4. 服务历史

在 LogitTrust 中，推荐人节点 k 提供给 SP_j 的服务历史为 $\{\boldsymbol{x}^t, s_{kj}^t\} = \{\left[x_e^t, x_c^t, x_p^t\right]^{\mathrm{T}}, s_{kj}^t\}$，这是当节点 k 本身作为 SR，观察到 SP_j 的服务质量作为节点 k 维持的服务历史的自我观察部分时得到的，如果 SR_k 对 SP 提供的服务质量感到满意，则 $s_{kj}^t = 1$，否则 $s_{kj}^t = 0$。此外，SR_k 还把 x_e^t、x_c^t、x_p^t 的值记录如下：x_e^t 由共享信道的邻居节点数量估算，因为节点数目越多，越可能造成更多的能量消耗和数据包重传；x_c^t 是通过对 SP_j 的数据包流量估算的，因为流量越多，对 SP_j 的处理能力造成的影响越大；x_p^t 是 SP_j 提供的服务的协商价格。然后，SR_k 记录 $\{\boldsymbol{x}^t, s_{kj}^t\} = \{\left[x_e^t, x_c^t, x_p^t\right]^{\mathrm{T}}, s_{kj}^t\}$ 为 SP_j 的服务历史的一部分。根据 SR_i 的请求，节点 k 将其提供给 SR_i 作为 SP_j 的推荐。

1) 案例分析

在本节中，通过基于信任的 SP 选择案例研究说明 LogitTrust 的适用性。有服务请求的 SR_i 遇到声称可以提供服务的 SP_j，因此 SR_i 想知道是否应选择 SP_j 进行服务。SR_i 根据在遇到时间之前收集的 SP_j 的服务历史以及遇到时的操作和环境条件，使用通过执行 LogitTrust 获得的 SP_j 的预测信任等级，来做出如下决定：若 SP_j 的信任等级小于 0.5，则 SR_i 拒绝 SP_j；否则，在伯努利试验之后，SR_i 选择 SP_j 进行服务，并以信任等级作为成功概率。为了便于比较，下面首先讨论基于 Beta 信誉和信念折算的解决方案，然后讨论基于 LogitTrust 的解决方案。

2) 基于 Beta 信誉和信念折算的解决方案

用 $S_{ij}^+ = \{s_{ij}^t = 1, t = 1, \cdots, T\}$ 和 $S_{ij}^- = \{s_{ij}^t = 0, t = 1, \cdots, T\}$ 分别代表 SR_i（自我体验）在 $[0,T]$ 从 SP_j 收到的令人满意和不满意的服务。推荐人 k 应要求向 SR_i 提供 SP_j 的服务历史，其形式为 $(|S_{kj}^+|, |S_{kj}^-|)$。当 SR_i 从推荐人 k 收到对 SP_j 的推荐时，它会应用信念折算将推荐 $(|S_{kj}^+|, |S_{kj}^-|)$ 与其自身评价 $(|S_{ij}^+|, |S_{ij}^-|)$ 合并，以使 SR_i 对推荐人的信任度越低，推荐的信念折算就越大。将自我观察与建议合并后，令 $S_j^+ = \{s_j^t = 1, t = 1, \cdots, T\}$ 和 $S_j^- = \{s_j^t = 0, t = 1, \cdots, T\}$ 分别是 SP_j 在 $[0,T]$ 上获得的满意和不满意的服务的集合，包括自我体验和建议。然后，SP_j 的平均成功率可以计算为

$$r_{\text{succ}} = \frac{|S_j^+|}{|S_j^+| + |S_j^-|} \tag{2-55}$$

这是参数 $|S_j^+|$ 和 $|S_j^-|$ 的 Beta 分布的平均值，表示 SP_j 的信任等级。

3) 基于 LogitTrust 的解决方案

SR_i 以 $\{x, s_j\}$ 的形式利用 SP_j 的服务历史，其中包括 SR_i 在当前时间 $T+1$ 之前收到的自己的观察和建议以及以 x^{T+1} 形式出现的当前运行和环境条件。它执行 LogitTrust(算法 2-4) 以推断 β_j 并预测在时间 $T+1$ 处 SP_j 的信任等级。

2.7.4 性能分析

1. 环境设置

为了建立社会自私行为的模型，本节的方案在进行性能评估时使用了一个数据集，该数据集基于在 5 天内从名为 MobiClique 的 MANET 应用程序中跟踪了 76 个移动用户收集的数据，其中每个移动用户都携带一个具有 200MHz T1 处理器、65MB RAM 和 128MB ROM MicroSD 的蓝牙设备，无线电范围为 10～20m。用户从其邻居中选择提供服务的 SP。用户相遇后，将按照之前的描述执行服务历史共享。实验检索了三个数据集：TransmissionDB(传输)、FacebookFriendDB(friend1)和 MobiCliqueFriendDB(friend2)。

第一个数据集包含 76 个用户在 MANET 环境中遇到的成对通信的数据传输日志。第二个数据集记录了应用程序运行前的 Facebook 中 76 个用户之间的成对友谊关系(代表朋

友)。第三个数据集记录了应用程序运行后的 76 个用户之间的成对友谊关系(代表熟人)。平均而言，平均每个用户有 7 个朋友，这些朋友几乎平均分布在朋友和熟人中。

2. 合成数据准备

实验的主体节点是一个 SP(称为 SP_j)，当遇到 TransmissionDB 的 24 个不同的 SR 时有 n_{hist} = 204 次交互。首先为每一次交互在 t 时刻生成 j 的三个行为模式因子 $\left[x_e^t, x_c^t, x_p^t \right]$。"能量敏感性"行为模式因子 x_e 是通过考虑信道访问延迟来建模的。假设信道访问延迟遵循高斯分布，均值 μ_e = 100ms，方差 σ_e^2 = 50ms，这取决于 SP 的尝试概率，该概率由邻居节点的数量决定。利用排队时延对"能力限制"行为模式因子 x_c 进行建模。假设服务任务将以 FIFO 的方式进行处理，遵循泊松过程，速率 λ_{arr} = 5 个任务/秒，并且每个任务消耗相同的时间。"获利意识"行为模式因子 x_p 由 SP_j 在完成满意的服务后的潜在收益建模。SP_j 的潜在收益由两部分组成：SP_j 的要价 P_{std}(由与其处理队列长度相关的线性函数计算得出)以及 SR 的超额支付金额(由 SR 的超额支付动机概率 p_{op} 决定)。通过正态分布对超额支付金额进行建模，其均值和方差通过 SP 所提供的 P_{std} 的百分比来确定。这三个行为模式因子 $\left[x_e^t, x_c^t, x_p^t \right]$ 反映了在时间 t 响应 SR_i 的请求时 SP_j 处的环境和操作状态。SP_j 的实际行为模式 β_j 是根据 SP_j 的成功率 r_{succ} 由式(2-55)定义的，其控制 SP_j 的服务质量，即 S_j^+ 服务令人满意，而 S_j^- 服务令人不满意。在生成 $\left[x_e^t, x_c^t, x_p^t \right]$ 和 β_j 之后，通过应用伯努利试验，在时间 t 生成真实服务状态 s_{ij}^t。

SR_i 将收集到的 SP_j 的服务历史按照自我、朋友、熟人和陌生人的顺序进行排序，这样在自我体验上比朋友、熟人和陌生人的推荐更有信心。在实验中，根据从朋友、熟人和陌生人那里收到的推荐量，对 LogitTrust 的性能进行敏感性分析。对于 t 分布的误差，设自由度为 v_0 = 4。在测试阶段，将随机生成的 $\left[x_e^t, x_c^t, x_p^t \right]$ 作为输入馈送给每个 SR，SR 通过推断出的 $\hat{\beta}_j$ 预测 SP_j 的信任水平。将每个 SR 的预测结果与真实状态进行比较，评估 SR 的预测精度。实验结果是基于随机生成的 100 多个 $\left[x_e^t, x_c^t, x_p^t \right]$ 集合的平均值。

3. 攻击的实现

考虑三种敌意情况：低、中、高，用表 2-5 中对应攻击行为下的攻击概率建模，其中 bma 和 bsa 分别代表诋毁攻击(Bad-Mouthing Attack)和填票攻击(Ballot-Stuffing Attack)，f、a 和 s 分别是对朋友、熟人和陌生人的速记符号。对于 TERA 来说，诋毁朋友(受信人)的概率较低，因为社会自私节点通常不希望破坏朋友的信誉。

表 2-5　攻击实现的参数

模式	低敌意	中敌意	高敌意
$(p^{TORA}(f), p^{TORA}(a), p^{TORA}(s))$	(0.0,0.1,0.2)	(0.1,0.3,0.5)	(0.2,0.6,1.0)
$(p_{bma}^{TERA}(f), p_{bma}^{TERA}(a), p_{bma}^{TERA}(s))$	(0.0,0.1,0.2)	(0.1,0.3,0.5)	(0.2,0.6,1.0)
$(p_{bsa}^{TERA}(f), p_{bsa}^{TERA}(a), p_{bsa}^{TERA}(s))$	(0.2,0.1,0.0)	(0.5,0.3,0.1)	(1.0,0.6,0.2)

另外，对于朋友来说，"填票攻击"的概率更高，因为一个社会自私的节点通常会想要提高朋友的信誉。

4. 性能指标

相似度：基于推断的行为模式 $\hat{\beta}_j$ 与实际行为模式 β_j 之间的距离，估计相似度。它代表了行为学习的准确性。通过余弦相似度和均方根误差(RMSE)来衡量相似度。余弦相似度定义为

$$\cos(\beta_j, \hat{\beta}_j) = \frac{\beta_j \cdot \hat{\beta}_j}{\|\beta_j\| \|\hat{\beta}_j\|} \tag{2-56}$$

两个行为模式向量越相似，余弦相似度值越接近 1。另外，当两个行为模式向量正交时，余弦相似度接近-1。RMSE 定义为

$$\mathrm{RMSE}(\beta_j, \hat{\beta}_j) = \sqrt{\frac{(\beta_j - \hat{\beta}_j)^{\mathrm{T}}(\beta_j - \hat{\beta}_j)}{\dim(\beta_j)}} \tag{2-57}$$

两个行为模式向量越相似，RMSE 越接近于 0。

成功率：收到的服务的成功率(S_{ij})定义为从 SP_j 收到的满意服务的数量(即 $\left|S_{ij}^+\right|$)与 SR_i 购买的服务总数(即 $\left|S_{ij}^+\right| + \left|S_{ij}^-\right|$)的比值。它提供了决策的准确性。因此，成功率 $S_{i,j}$ 计算为

$$S_{i,j} = \frac{\left|S_{ij}^+\right|}{\left|S_{ij}^+\right| + \left|S_{ij}^-\right|} \tag{2-58}$$

在这里，注意在时间 t 的服务请求与 $\left[x_e^t, x_c^t, x_p^t\right]$ 相关联作为输入，并且 SR_i 预测 SP_j 的信任等级为 $E\left[s_j^t \mid x^t, \beta_j\right]$ ，即 SP_j 可以在时间 t 提供令人满意的服务质量。因此，如果在给定 $\left[x_e^t, x_c^t, x_p^t\right]$ 作为指定时间 t 的操作和环境条件的输入的情况下 SR_i 可以准确预测 SP_j 的行为，则 SR_i 的预测成功率可能高于 r_{succ} ，或者考虑收到的服务不满意率(或失败率 $F_{i,j}$)，仅是成功率的补充，即选择 SP_j 提供 $\left|S_{ij}^+\right| + \left|S_{ij}^-\right|$ 服务的失败率 $F_{i,j}$ 计算为

$$F_{i,j} = \frac{\left|S_{ij}^-\right|}{\left|S_{ij}^+\right| + \left|S_{ij}^-\right|} \tag{2-59}$$

由于错误的 SP 被误认为是良好的 SP，因此可以将失败率视为误报率(False Negative Rate，FNR)。

绕过率：错过满意服务的比率，用 $B_{i,j}$ 表示。设 $m_{i,j}^*$ 为 SR_i 没有选择 SP_j 提供服务的服务数量。设 $m_{i,j}^+$ 为 $m_{i,j}^*$ 中选择 SP_j 提供满意服务的数量，那么 SR_i 错过 SP_j 的绕过率 $B_{i,j}$ 计算为

$$B_{i,j} = \frac{m_{i,j}^+}{m_{i,j}^*} \tag{2-60}$$

可以将绕过率视为误报率，因为错过了良好的 SP 和不良的 SP。

5. 信任准确度的比较分析

图 2-29 显示了通过 LogitTrust 推导出的行为向量对实际行为向量的信任收敛。图 2-29(a)和图 2-29(b)显示两种情况下余弦相似度(在左侧纵轴上指示)和 RMSE(在右侧纵轴上指示)与推荐者数量(无攻击行为)的关系。r_{succ} 分别为 30% 和 60%，相应的均值和误差条(Error Bar)从所有 SR 的学习结果向 SP_j 的行为模式标出。两个图都显示出类似的趋势，即当推荐者更多时，行为学习结果更接近于基本事实，亦即余弦相似度接近 1，RMSE 接近 0。由于样本空间的原因，学习过程的方差更大。

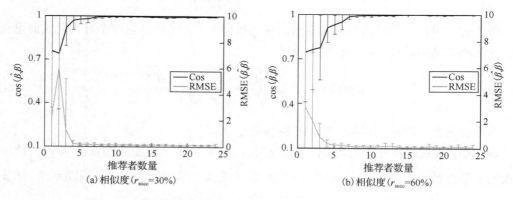

(a) 相似度(r_{succ}=30%)　　　　(b) 相似度(r_{succ}=60%)

图 2-29　推断的行为模式与 Ground Truth(真实值)之间的相似性

图 2-30 比较了在无攻击情况下 LogitTrust 和 Beta 信誉之间的预测准确性，其中图(a)~图(c)是 r_{succ} = 30%，图(d)~图(f)是 r_{succ} = 60%。总体而言，LogitTrust 所产生的服务预测准确性要高于 Beta 信誉。LogitTrust 预测的服务成功率始终很高，都在 r_{succ} 之上，而 Beta 信誉的成功率保持在 r_{succ} 附近。这是因为 Beta 信誉假设仅考虑正面观察和负面观察的数量，就得出一个静态的隐藏平均信任值。因此，当信任实例明显偏离均值时，由于使用均值高估/低估了信任，其性能较差，其成功率仅达到平均成功率(r_{succ})。结果还显示，对于 Beta 信誉，当 r_{succ} = 30%时，成功率和失败率的值是不可用的。这是因为当 r_{succ} = 30%时，Beta 信誉预测的SP_j的信任值也在 0.3 左右。由于它小于 0.5，因此遵循 SP 选择规则的 SR 永远不会选择SP_j进行服务。这样既避免了SP_j的失败服务，也失去了获得良好服务的机会。图 2-30(d)和图 2-30(f)显示了这一趋势，其中 LogitTrust 的绕过率(即误报率)比 Beta 信誉低得多。当 r_{succ} = 30%时，Beta 信誉下的绕过率(图 2-30(c))对推荐者的数量不敏感。这是因为通过 Beta 信誉获得的信任值接近 SP 的平均成功率(30%)，并且无论推荐者数量如何，该信任值始终低于 0.5，所以不会每次都选择服务 SP。因此，绕过率等于 SP 可以实际提供满意服务的时间百分比，即等于 SP 的平均成功率。

讨论：LogitTrust 使用回归来了解 SP 的行为模式并预测其动态信任度，所以与使用相同观察量的 Beta 信誉相比，它提供了比 Beta 信誉更准确的信任度评估。因此，即使在平均成功率较低的 MANET 环境中，LogitTrust 也可以提高决策性能。

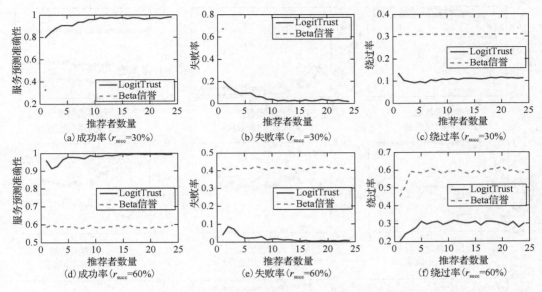

图 2-30　LogitTrust 与 Beta 信誉在服务成功率、失败率和绕过率方面的比较

6. 攻击恢复能力对比分析

另一组实验关注的是对恶意推荐攻击的恢复能力。系统中的每个节点都是社会自私的，可以执行 TORA、TERA 或 TERA-if-TORA。进行性能比较的基准方案是 Beta 信誉，该信誉结合了信念折算来应对攻击，实验的输入是为每个受信者节点提供同样数量的观察和建议。

图 2-31 在 r_{succ} 平均成功率为 30% 的情况下，就 TORA(直线)、TERA(星号直线)和 TERA-if-TORA(加号直线)下的三个性能指标，比较了 LogitTrust、Beta 信誉(带有信念折算)。图(a)~图(c)、图(d)~图(f)、图(g)~图(i)分别表示低敌意、中敌意和高敌意环境。这种表现是根据收到的推荐的数量来衡量的，这些推荐按照朋友、熟人和陌生人的顺序排列，也就是说，最初的几个推荐来自朋友，其次是熟人，最后是陌生人。

首先观察到，在低敌意和中敌意的情况下，LogitTrust 在所有三个性能指标上的性能均大大优于 Beta 信誉。特别是可以观察到在低敌意环境下(图 2-31(a)~(c))，LogitTrust 和 Beta 信誉的协议性能都接近无攻击环境下的性能(图 2-30(a)~(c))，这是用于完整性检查的预期结果。通常，与 TERA 和 TORA 相比，LogitTrust 可以应对 TERA-if-TORA。这是因为对于 TERA-if-TORA，总体攻击概率由从推荐者到 SR 的攻击概率以及从推荐者到 SP 的攻击概率来确定，因此实际概率大大降低了。

但是，在高敌意环境下，仅当 LogitTrust 过滤掉熟人和陌生人的推荐时，LogitTrust 的性能才优于 Beta 信誉，因为在高敌意情况下，它们将以大于 0.5 的概率进行攻击。如图 2-31(g)~(i)所示，当 LogitTrust 接收了太多虚假的推荐，而不是来自朋友的诚实的推荐，使得 SP_j 的服务历史中的大多数观察结果都包含异常值时，LogitTrust 的表现就会变差，因为从 LogitTrust 学到的推断行为模式越来越偏离实际行为模式。然而，在适当的社交关系过滤机制下，仅采用来自亲密朋友的推荐，例如，采用图 2-31(g)~(i)中的前几个推荐者的建议，LogitTrust 仍然可以比 Beta 信誉表现得更好。

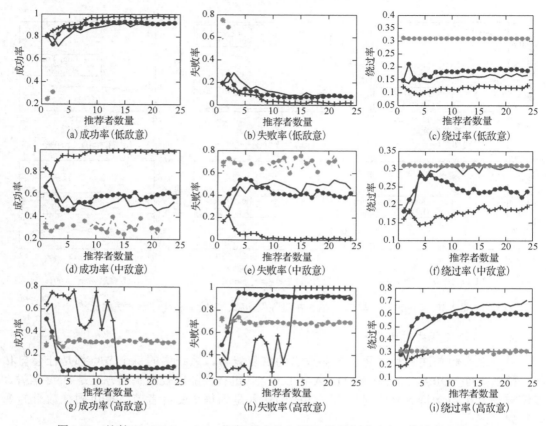

图 2-31　比较 LogitTrust、Beta 信誉(带有信念折算)的服务成功率、失败率和绕过率

讨论：LogitTrust 和 Beta 信誉(带有信念折算)的共同点是，两者都可以缓解恶意攻击。Beta 信誉的信念折算通过对它更信任的推荐者的推荐施加更多的权重来实现弹性。但是有效性被牺牲了，因为它依赖于 SR 通过直接观察对推荐者的准确估计，而这在节点之间交互经验或观察有限的 MANET 环境中很难通过 Beta 信誉来实现。LogitTrust 通过利用其健壮的统计内核来容忍异常推荐，从而实现弹性，有效地抵御推荐攻击。在低敌意和中敌意环境中，LogitTrust 的表现明显好于 Beta 信誉，而在高敌意环境中，当只接收密友的推荐时，LogitTrust 的表现也明显好于 Beta 信誉。这一方案仅使用社交关系作为过滤潜在虚假推荐的基本机制，如果加入另一种机制，如阈值设定(除了社交关系)，以进一步过滤掉虚假报告，LogitTrust 的性能可能会进一步提高。

7. 计算的可行性

这部分讨论 MANET 节点执行 LogitTrust 来了解 SP_j 的行为模式(即运行时的 β_j)的计算可行性。在处理 $n = 204$ 条记录的情况下，在具有 8GB RAM 的 2.4 GHz i7 CPU 中，需要 2.63s 的实时时间。对于功能较弱的 MANET 节点，计算时间可能需要几分钟而不是几秒。幸运的是，包含 EM 算法迭代执行的计算过程(算法：LogitTrust)只需要在收集到新的观察结果后，由 SR 在后台定期执行。在下一个信任更新时间到来之前，SR 可以简单地使用系统中学习到的行为模式(各个 SP 的 β_j)进行决策。SR 只能保留"有用的"数据，这些数据可以引导 SP 学习行为模式。但是,随着移动云计算的出现,真正的运行时决策可能很快就会成为现实。这还有待进一步研究。

本节介绍的实践方法 LogitTrust[8]提出了一种源于回归分析的信任聚合方法,这一方法是第一个基于逻辑回归估计动态信任的模型。该方法由贝叶斯推断所启发,但是又完全不同于贝叶斯推断,它应用逻辑回归分析来了解物联网节点响应操作和环境变化的行为模式,旨在提供一种通用信任模型,以预测节点的动态行为模式,从而预测节点的动态信任。

2.8　基于机器学习的物联网信任聚合方法

2.8.1　"知识-经验-信誉"框架概述

在物联网基础设施中,数十亿电子设备连接到互联网。这些设备配备了传感器,可以观察或监控现实世界中人类生活的各个方面,以支持更普遍、更智能的服务。当今的物联网生态系统涉及物理设备和网络组件之间的联网以及它们之间的社会交互。这本质上是网络物理系统(Cyber Physical Systems,CPS)的飞跃,是网络物理社会系统(Cyber Physical Social Systems,CPSS)的建立,旨在将网络物理世界与社会世界对象联系起来。基于 CPSS 概念,引入了新的物联网模型,该模型将社会范例纳入了物联网生态系统,以解释对象的社会行为以及人类交互。

然而,由于人和对象之间的异构交互,这种集成在系统和社会层面上引入了新的风险、隐私和安全性问题。与物理和网络世界中的完整性、保密性和可用性等传统隐私和安全三要素相比,物联网的风险管理和安全保护范围更广,也带来了更大的挑战。未来物联网服务的目标是在没有人工干预的情况下自主做出决策。在这方面,信任被认为是处理和提交数据以及满足服务、业务和客户需求的关键。因此,在发布了基于信任通信组(Correspondence Group on Trust)活动的第一个建议之后,ITU-T 一直在为信任配置制定相关标准。为了支持信任,使用信任平台最小化意外风险和最大化意外风险可预测性是至关重要的。信任平台将帮助物联网基础架构以可控的方式运行,避免不可预测的条件和服务故障。

信任管理技术已在包括经济学、社会学和计算机科学在内的许多领域得到了广泛的研究。当前在计算机科学中对信任管理系统的研究通常集中在解决与安全和隐私有关的问题上。例如,基于隐私策略建立的信任管理系统、基于 Ad hoc 的信任与信誉系统等,讨论的内容包括这类网络的架构、信任属性和信任管理系统的范围。无线传感器网络(WSN)中对信任与安全的区别也有所探讨。此外,有研究者对 P2P 应用的分散信任管理平台提出了异议,并提出了一种基于证书、政策、信誉和社会网络信息对信任进行分类的创新方法。

关于信任计算方法的问题,不同场景下对信任的计算也有所不同。基于网络体系结构的方法使用某些结构信息(如入度、出度和页面等级概念)来提取一些与信任相关的属性。基本上,有一类用于评估对象是否可信的方法是使用基于策略的机制,这类方法主要依赖一组预定义的规则或凭证。信誉系统跟踪交互和行为的状态，以便做出信任决策，如 eBay 和 KeyNote。

另外，对象之间的社会交互也揭示了有价值的信任信息，这种信任关系类似于基于人类交互的社会学概念。例如，一个网络对象的社会模型，该模型与其主人的社会行为相对应，在这种模型中，对象根据它们的信任关系交互。此外，基于共同兴趣、友谊、追随者以及对象社交的频率、持续时间和行为等概念也能够对社交网络进行信任评估。以类似的方式，可以提出基于相似度、信息可靠性和社会意见的信任计算模型。

然而，一个特定信任属性对信任的影响是由一个权重因子决定的，但是评估一个适当的权重是一项复杂的任务，因为信任是一个变化的数量，它取决于许多因素，如信任者的期望、时间、环境等。因此，需要更智能的方案来找到这些权重因子和定义可信边界的阈值。基于统计和深度学习概念的关于隐私、安全和数据完整性的创新模型和解决方案也得到了研究。例如，一个基于回归的模型，比较了移动 Ad hoc(MANET) 和 WSN 中可信性与信任特征的变化，但是所使用的信任特征并不全面，只代表系统层面的信息，如包转发率、服务质量、能量敏感性、能力限制和获利意识。因此，更应该寻求一种通用的信任框架，该框架既能代表社会层面的特性，也能代表系统层面的数据，可以普遍适用于任何服务领域，而不局限于特定的基础设施，如 MANET、WSN、水文网(Underwater Acoustic Networks) 等。

在早期研究工作中，研究人员已经提出了许多信任评估方案。然而，他们缺乏关于通用框架细节的信息，信任框架应当定义信任的所有方面，包括信息收集、处理和产生可衡量的价值作为平台的结果。此外，根据包含数百次交互的给定数据集，给某个实体贴上可信或不可信的标记，对于可行的部署来说是至关重要的。

要以合理的方式实现信任框架，需要遵循两个步骤。第一步，提出一个新颖的框架，该框架在三种类别下定义了信任度量(TM)："知识"、"经验"和"信誉"，它们代表了任何系统中信任的所有方面。第二步，识别代表主要 TM 的信任属性(TA)，具体取决于可以评估它们的应用领域和方法，这么做的好处是，专家和系统可以根据各自的专业领域对每一个 TM 进行研究，然后进行组合，从而形成一个更完整的解决方案，而不是提出在现实世界场景中不太实用的单个发明。

这一方案的重点是通过将数学方法与智能机器学习(ML)技术相结合来生成可测量的数值。方法的选择取决于多个因素之间的平衡，如准确性、计算资源、效率、数据可用性以及相关情况的紧迫性。其主要内容包括：①提供了一个全面的信任框架模型，该模型指定了从原始数据计算得到最终信任值的过程；②提供了一种评估数据并评估每个信任的分析方法；③提出了一种聚类算法来标记提取的信任特征；④基于多类分类算法提出了一个智能模型，以结合测得的 TM 来设计信任评估模型。

2.8.2　一般信任管理框架

通常，信任可以被视为衡量互惠互利、协调与合作的社会行为者的指标。执行者会根据直接交互和周围其他人的意见和建议而不断感知，不断更新对他人的信任。信任是影响一个对象消费另一个对象提供的特定服务或产品的欲望的一个关键因素。在需要做出信任决策的日常生活中可以看到这个例子。当购买特定产品时，可能会偏爱某些品牌，因为相信与未知品牌相比，这些品牌将提供卓越的质量。对这些品牌的信任可能来自以前使用这些品牌产品的经验，或那些购买了它们的产品并对这些产品留下看法的人所感知到的它们的信誉，或者周围环境(如家人和朋友)的建议。

与上述观点类似，信任也影响一个对象与物联网生态系统中的另一个对象进行交易的决策，在这个生态系统中，所有参与的对象必须基于信任做出决策，以便向其他对象提供服务或从其他对象接收服务。然而，在物联网中建立信任要困难得多，因为机器物体无法像人一样产生对周围其他物体的感知。此外，很难高精度地量化对象的确切可信度。当每个对象对"可信性"(Trustworthy)一词有不同的解释和理解时，这将更加困难。因此，它们可以为提供者或服务分配不同的可信度。例如，一个服务消费者对象在一次特定交易中将服务提供者定义为"非常值得信赖的"对象。但是，另一个消费者对象可能将来自同一提供者的类似交易标记为"不可信"。这些差异进一步增加了确定提供者的确切可信度的难度。

因此，必须建立一个通用的框架，该框架定义信任管理过程的蓝图，同时牢记信任特征的多样性，并因此赋予对象选择最佳和实际措施的灵活性，以适应信任特征的多样性。为了阐明信任的模糊性和定义，在这一工作中，网络世界的背景下使用以下定义。

定义 2-1(信任) 信任是受信者的定性或定量属性，由信任者以主观或客观方式针对给定任务，在特定情境中，在特定时间段内作为可测量的信念进行评估。

定义 2-2(信任模型) 信任模型包含三个信任度量：知识、经验和信誉。每个信任度量是几个信任属性的集体表示。每个信任属性代表受信者的可信性特征。

使用术语"信任者"来表示一个对象，该对象有望启动与另一个对象和"受信者"的交互，作为第二个对象，受信者根据信任者的要求向其提供必要的信息。在信任的定义中要强调的第一件事是度量的性质，度量可以采用定量形式或定性形式。除了相似性、准确性等众所周知的数值度量外，在基于信任的决策过程中，定性属性(如动机、意识和承诺)也可以用于判断某些情况。另外，即使在网络世界中，也必须将信任视为一种信念，这一点很重要，这意味着信任是一种相对的现象，而在物联网等多样化环境中，100%的信念既不可行，也不可实现。

此外，对信任的理解可以是主观的或客观的，具体取决于委托人的要求和所需信息的可用性。如果委托人希望使用特定格式的信任度量，这些特定格式应与委托人的个人资料相符，则可以将度量结果表征为主观的。另外，客观度量可以描述为不经过任何基于特征轮廓的过滤而收集的信任属性。最后，为特定任务、情境和时间框架定义信任是非常重要的。例如，一个人可能信任另一个人的云存储服务(Cloud Storage Services)，但不信任在线流媒体服务(Online Streaming Services)，即任务依赖的信任(Task Dependent Trust)。另外，这种获取云服务的信任关系可能是临时的，而不是持久的，即时间依赖的信任(Time Dependent Trust)。此外，客户可能在不同的国家使用不同的云服务，因为他不全

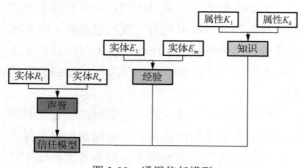

图 2-32　通用信任模型

局信任同一提供者,即情境依赖的信任(Context Dependent Trust)。因此,信任本质上是变量,不能永久分配以衡量特定角色或对象的每个任务和每个环境。通用信任模型如图 2-32 所示。

1. 知识信任度量

知识 TM 涵盖了直接信任评估的所有方面,在相互作用前提供了对受信者的感知。要做到这一点,它必须向信任者提供相关数据供其评估。如果一个数据特征可以用定量测量来表示,那么其结果就是一定范围内的数值。例如,社交关系(如托管和协作)、可信度因素(如合作)、时间依赖特征(如交互的频率和持续时间),以及相关受信者相对于信任者的空间分布,都可以作为直接的信任测度。

如果两个对象之间的关系是高尚的,那么可以期望它们之间有更高的可信性。例如,如果委托人和受信人之间有密切的位置关系,如在超市附近寻找停车场,那么基于位置相似性(称为 Co-Location 信任属性),双方都能从他们的关系中获益(如获得一个空置的、最近的、易于导航的停车场)。同样地,如果这两个对象处于工作关系中(如共享汽车),其中一个对象需要提供服务,而另一个对象需要获得服务,则两者可以通过它们的协作关联相互支持。

此外,维护关于可靠服务供应一致性的知识也很重要。图 2-33 中信誉信任属性下的合作表示了从受信者到信任者的社会合作程度。协同性越高,表示物联网生态系统的信任水平越高。用户可以根据社交关系评估其他人的协同性,并选择社交合作用户。此外,引入了奖励系统,以跟踪受信者引起的不当行为或不适当反应的历史。奖励信任属性可以用来鼓励或阻止与特定受信者基于其过去的特点进行进一步的交互。

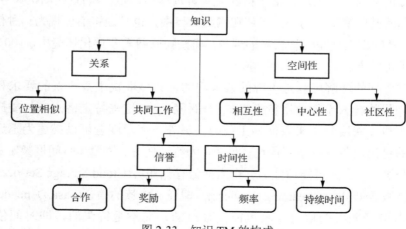

图 2-33　知识 TM 的构成

　　为了捕获与时间相关的信息对可信度评估的重要性，可以使用如交互的频率和持续时间之类的信任属性。从逻辑上说，交互的频率越高，持续时间越长，则关联对象之间建立的信任度就越高。相反，交互的频率越低，持续时间越短，则关联对象之间建立的信任度越低。例如，在"洗白攻击"中，一个不诚实的对象可以消失一段时间，然后重新加入服务，以洗刷其信誉。然而，如果委托人可以保存有关受信人一致性的记录，那么就可以避免这种情况。

　　此外，在物联网生态系统中，服务供应(发现、管理和终止)基于其社交关系，而不仅仅依赖于底层系统级信息。因此，识别信任属性至关重要，它可以确定协作对象的社会接近度。在这方面，将图 2-33 中的空间性信任属性下的三个属性确定为相互性、中心性和社区性，并作为定义受信者社会地位的控制特征。相互性衡量的是受信者和信任者之间的个人资料的相似程度，也就是在社交网络中使用的个人资料的相似程度。中心性衡量了受信者在其他对象中关于特定任务和情境的重要性。社区性(CoI)代表信任者和受信者在社会群体、群组和能力方面是否有密切的关系。两个社区性匹配程度高的对象相互之间有更多的交互机会，从而有更高的信任度。

　　2. 经验和信誉信任度量

　　信任者通过知识信任度量获得足够的关于受信者的证据后，可以根据信任者已经获得的感知与选定的受信者发起合作。然而，这些交互作用的结果可能与感知不同，因此记录每一个个体的经验以用于未来的交互作用是至关重要的。例如，经验可能是消费者在每次交易后的反馈(如在许多电子商务系统中所使用的)，仅使用一个布尔值(0/1)指示服务交易是否成功(如在某些基于信誉的信任系统中)等。然后，随着时间的推移，通过与相应的情境、任务和时间相关的经验的积累，信任者可以得到比知识信任度量更多的智能信息。

　　为了进一步增强信任者的理解，其他对象可以向信任者分享他们对受信者的经验，以帮助信任者更好地了解受信者的信誉或全局表现。总之，经验信任度量是仅考虑从委托人到受托人的交互的个人观察，而信誉信任度量则反映了受托人的全局意见。但是，知识信任度量是经验和信誉的基础，因此，这一节方法研究的重点是基于机器学习技术为知识信任度量生成定量结果。

2.8.3 基于机器学习的物联网信任聚合计算模型

　　即使物联网环境会生成大量数据，但有多少数据可以直接用于可信的评估过程还是值得怀疑的。因此，至关重要的是通过扫描社交和系统级别的交互日志来提取信任功能，并将其存储在数据存储库(DR)中以进行进一步分析。

　　将对象 i 在时间 t 处对对象 j 的知识(K)定义为 $K_{ij}^{x}(t)$，其中 x 表示特征之一：共址关系(Co-Location Relationship，CLR)、合作关系(Co-Work Relationship，CWR)、合作-频率-持续时间(Cooperativeness- Frequency-Duration，CFD)、奖励机制(Reward System，RS)、相互性与中心性(Mutuality and Centrality，MC)和利益共同体(Community of Interest，CoI)。

1. 共址关系

物联网生态系统使用户可以与附近的设备共享他们的资源、想法、情况和感兴趣的服务。在这种情况下，如果信任者和受信者都非常接近并且已经订阅了平台中的数据存储服务，那么就物理位置而言，与其他远离场景的物体相比，信任者可以方便地从选定的受信者处获得所需信息。但是，在物联网模型中，对象始终与其所有者保持联系，形成了对象所有者关系(Object Owner Relationship，OOR)，而 OOR 的静态或动态性质始终会影响 CLR。为了避免物体离开物理位置，考虑了基于距信任者的距离的决策边界(如基于 GPS 数据)以及在该决策边界内花费的时间。然后，选择在此距离范围内并超过该区域内部的最小时间阈值的对象作为受信者的候选。一旦候选人被过滤，它们与委托人的 CL 关系就可以计算如下：

$$K_{ij}^{\text{CLR}}(t) = \frac{1}{\text{dist}(i,j)} \frac{G_i G_j}{\| G_i \| \| G_j \|} \tag{2-61}$$

式中，G_i 和 G_j 分别是信任者 i 和受信者 j 的 GPS 坐标；符号 $\| \cdot \|$ 定义元素的范数；等号右边的第二项是两个对象之间的余弦相似度，并通过地理位置距离因子 $\text{dist}(i,j)$ 进行归一化。地理位置距离因子的应用在这里很重要，因为它提供了相对于线性距离的地球实际表面距离的值。

2. 合作关系

常见物联网应用中互相协作的对象可以称为 CWR。在这种情况下，将更多地关注特定服务域中的工作关系，而不是它们之间的物理距离。为了将 CWR 度量为数值，式(2-62)中比较了信任者和受信者之间的多播交互：

$$K_{ij}^{\text{CLR}}(t) = \frac{\left| c_{ij}^{\text{MI}} \right|}{\left| c_j^{\text{MI}} \right|} \tag{2-62}$$

式中，c_{ij}^{MI} 是信任者 i 和受信者 j 之间的多播交互(Multicast Interactions，MI)的向量；c_j^{MI} 是始于 j 的 MI 的向量；符号 $| \cdot |$ 表示向量的行列式；$K_{ij}^{\text{CLR}}(t)$ 表示共享的多播消息与受信者原始消息总数之间的相对度量。

3. 合作-频率-持续时间

在协作环境中，每个对象都必须履行其承诺，以提高服务水平。例如，假设有一个为特定服务提供虚假评级的恶意代理，该代理故意地操纵了服务信息的真实性。因此，合作对于维持上述内容的稳定性，从而根据信任者的要求为其提供值得信赖的服务至关重要。此外，可以预期的是，对象之间的交互越频繁和时间越长，则可以期望每个对象更加积极地进行协作。基于此得出了用于合作-频率-持续时间的数值模型。

考虑一组相互作用，在受信者感兴趣的某个时期内 $c_1, c_2, \cdots, c_n$，信任者 i 和受信者 j 之间的信任等级计算如下：

$$K_{ij}^{\text{CFD}}(t) = \sum_{m=1}^{n} \frac{c_m}{t_m} E(c_m) \qquad (2\text{-}63)$$

式中，n 为相互作用的次数，表示它们相互作用的频率，对于第 m 次成功的交互；c_m 为信任者与受信者之间的交互时间长度；t_m 为受信者的总交互时间长度。因子 c_m / t_m 评估了受信者与信任者交互的持续时间属性，相对于受信者的总活动时间。$E(c_m)$ 为二元熵函数，用于度量相互作用或合作中的平衡，可按以下方式计算：

$$E(c_m) = -p \log p - (1-p) \log(1-p) \qquad (2\text{-}64)$$

式中，p 为信任者和受信者之间相互作用的分数。$E(c_m)$ 遵循二元分布。显然，只有当 $p = 0.5$，即每一方贡献达 50%时，才能达到最大熵(即 $E(c_m) = 1$)。

4. 奖励机制

任何服务提供系统都需要具有奖励机制、惩罚机制或反馈机制，以便评估信任者和受信者之间的历史服务经验。式(2-65)中使用了指数降级方法以保持社交关系处于最大可信水平：

$$K_{ij}^{\text{RS}}(t) = \frac{\|C\| - \|C_P\|}{\|C\|} e^{\left(\frac{\|C_P\|}{\|C\|}\right)} \qquad (2\text{-}65)$$

式中，$\|C\|$ 为在时间 t 内发生的交互的总数；$\|C_P\|$ 为不成功的或可疑的交互的总数。为了更严厉地惩罚不当行为，与标准指数分布相比这一方法增加了分布的斜率。因此，恶意交互次数越多，奖励值越低。

5. 相互性与中心性

在物联网生态系统中，服务发现和供应很大程度上取决于参与对象之间的社交关系。在这方面，相互性与中心性定义了受信者相对于信任者在社交世界中的位置。另外，更多的相互性意味着它们的社交关系之间有更多的相似性。然而，相互性本身不能作为 TA，因为共同的朋友数量与每个个体对象的朋友数量成正比。也就是说，一个拥有更多朋友的对象比一个最近加入网络但有更高可信度的对象有额外的优势。为了避免这种情况，考虑了一种相对的衡量方法，将相互性与朋友的总数进行比较。这本质上是受信者的中心性属性，计算如下：

$$K_{ij}^{\text{MC}}(t) = \frac{\left| M_{ij} \right|}{\left| N_i \right|} \qquad (2\text{-}66)$$

式中，M_{ij} 为 i 和 j 共同朋友的集合；N_i 为信任者朋友的集合。

6. 利益共同体

物联网环境中的对象通常与至少一个社区协作。例如，某人被注册为汽车共享社区的常客，同时又是其他几个社区(如在线市场、社交网络团体等)的成员。如果另一个人也是汽车共享社区的成员，则表明双方利益有相似之处。同样，如果信任者和受信者共享的利益集团，则表明受信者与信任者在某种程度上存在共同利益或拥有相似的能力。在数学上，将 M_{ij}^{CoI} 定义为信任者和受信者都参与的社区集合，而 N_{ij}^{CoI} 则是社区的集合，每个社区都包括受信者。此外，信任者和受信者都可以是多个社区的成员，因此，基于 CoI 的受信者的信任等级在式(2-67)中进行计算：

$$K_{ij}^{\mathrm{CoI}}(t) = \frac{\left| M_{ij}^{\mathrm{CoI}} \right|}{\left| N_{i}^{\mathrm{CoI}} \right|} \tag{2-67}$$

使用上述公式提取所有 TA 后，下一步是计算受信者的最终信任值。最普遍的是通过线性方程式将每个 TA 与权重组合，即加权求和，如下：

$$K_{ij}(t) = K_{ij}^{\mathrm{CLR}}(t) + \beta K_{ij}^{\mathrm{CFD}}(t) + \varepsilon K_{ij}^{\mathrm{RS}}(t) + K_{ij}^{\mathrm{MC}}(t) + K_{ij}^{\mathrm{CoI}}(t) \tag{2-68}$$

但是，这种方法有很多不足：首先缺乏足够的信息，并且在估计权重时存在无限的可能性；其次，基于阈值的系统不适合检测特定受信者的可信度；最后，无法确定在特定情况下哪个 TA 对信任产生的影响最大。

2.8.4 基于机器学习的模型

为了弥补这些不足，本节提出了一个基于 ML 的模型来分析这些通过提取得到的 TA，并基于训练好的模型预测未来交易的可信性。其分为两个步骤，首先使用无监督学习算法来识别两种不同的聚类或标记，即可信和不可信。使用无监督学习而不是有监督学习的主要原因是当前缺少使用信任度进行标记的数据集。然后，使用多类分类技术来训练 ML 模型，以便识别将可信的交互与其他交互分开的最佳阈值。这项研究的主要目标是通过最大的边界分隔和最小的异常值来区分恶意交互和可信的交互，而不是分类本身。将模型中考虑的特征数量定义为 n，并将训练集的长度定义为 m。使用上述定义的五个特征，即 CWR、CFD、RS、MC 和 CoI 来训练分类模型。它们表示为特征矩阵 $\boldsymbol{X}_{(j)}^{(i)}$，其中 i 表示第 i 个训练样本，j 表示 n 个特征中的第 j 个特征。此外，每个训练样本 i 的标记用 $y^{(i)}$ 表示。标记的方法在后面讨论。这使得可以将每个训练集标记为 $(\boldsymbol{X}_{(j)}^{(i)}, y^{(i)})$，其中 $i = 1, 2, \cdots, m$，$j = 1, 2, \cdots, n$。主要算法分为两部分：聚类和标记和分类模型。

算法 2-5 设计了一种基于 k-means 聚类技术的算法，目的是根据上述特征对交互进行分组，从而将每次交互标记为可信或不可信。k-means 算法需要定义两个初始条件：聚类的数量(k)和初始质心位置(μ)，并将其分配给每次交互。由于在算法开始时无法求出这些值，所以在一个范围内随机分配初始质心位置，例如，从 $k=1$ 到 $k=5$。然后执行算法 2-5 中的步骤 6～9，直到聚类点 μ 不再发生变化(即直到收敛)。接着通过 Elbow 方法找出最优聚类值，使得 k-means 代价函数 $J(c, \mu)$ 能取得最小值。其中 c 为聚类的索引，m 为维数为 k 的聚类质心坐标。

算法 2-5：数据聚类与标记

输入：x

输出：y

1　　初始化聚类质心 $\mu_1, \mu_2, \cdots, \mu_k \in \mathrm{R}^n$

2　　**for** $k = 1$ **to 5 do**

3　　　　重复直至收敛:{

4　　　　**for** $i = 1$**to** m **do**

5　　　　　　$c^{(i)} := \operatorname{argmin}_j \left\| X^{(i)} - \mu_k \right\|^2$

6　　　　　　$\mu_{k^*} = $ 聚类为 k 的中心点

7　　　　**end for**

8　　　　}

9　　　　$J^{(k)}(c, \mu) := \operatorname{argmin}_k J(c, \mu))$

10　**end for**

11　**Optimum** $k \leftarrow$ Elbow 方法 $\leftarrow$ **plot** $J^{(k)}$ vs k

12　**for** $i = 1$ **to** m **do**

13　　　**if** $c^{(i)}$ close to $(0,0)$ **then**

14　　　　$y_{(i)} = 0$

15　　　**else**

16　　　　$y_{(i)} = 1$

17　　　**end if**

18　**end for**

　　算法的初始输入已在 [0,1] 进行了归一化，其中 0 表示不可信，1 表示最可信。因此，在聚类步骤之后将接近 0 的点标记为不可信是合理的，反之亦然。因此，在算法的步骤 13 之后，将 N 维空间中靠近原点的聚类(即所有零点)标记为 0 或不可信，并且将远离原点的聚类标记为可信区域。为了同时检查所有 n 个特征的影响，在应用算法 2-6 之前，应用了基于奇异值分解(SVD)的主成分分析(PCA)算法将 N 维缩减为二维，以实现可视化。

　　通过算法 2-5 获得了完整的数据集 $(X^{(i)}_{(j)}, y^{(i)})$ 后，下一步是训练一种基于支持向量机 (SVM)的算法，该算法可以识别可信和不可信交互的非线性边界。为了获得学习算法的最大准确性，将训练集分为两部分，使训练集占据数据的 80%，而交叉验证集则占 20%，表示为 $(X^{(i)}_{\mathrm{val}}, y^{(i)}_{\mathrm{val}})$，其中 $i = 1, 2, \cdots, \lfloor 0.2 * m \rfloor$，$j = 1, 2, \cdots, n$。这对于避免由正则化参数和方差造成的过度拟合非常重要。

　　在算法 2-6 中，使用了高斯核函数(RBFK)。首先在正则化参数和方差的多个实例上运行 RBFK，以便为学习算法找到最佳参数，如算法 2-6 中的步骤 4~7 所示。作为示例，c 和 γ 都作为几何级数(如 $0.01, 0.03, 0.09, \cdots, 30$)变化以节省时间和计算资源。接着选择在预测步骤中给出最小误差的参数作为 SVM 模型的最佳因素。此外，必须提高最终机器学习模型的准确性，并抑制由先前的聚类算法产生的任何噪声，因此在算法 2-6 的训练过程中使用正则化技术来避免此类问题。然后使用算法 2-6 对所有训练数据样本进行算法训练，并记录模型参数以根据传入的特征统计信息估计未来的信任值。函数 svmtrain 在 LIBSVM 库中定义，根据 SVM 技术基于 RBFK 内核计算决策边界。与算法 2-5 类似，首先一次考虑两个信任特征，然后研究信任边界。之后，考虑通过 PCA 算法导出的特征，以研究所有五个特征对信任边界的影响。

算法 2-6：分类模型

输入：$X, y, X_{\text{val}}, y_{\text{val}}$

输出：SVM 权重及分类边界

1   **for** $c, \gamma = 0.01(\text{multiple of } 3)30$ **do**

2        $\text{model} = \text{svmtrain}(y, X, \text{RBFK}, c, \gamma)$

3        $\text{prediction} = \text{svmpredict}(y_{\text{val}}, X_{\text{val}}, \text{model})$

4        $\text{error}[c, \gamma] = \text{predictions} \neq y_{\text{val}}$

5   **end for**

6   **Choose** $c, \gamma \leftarrow \textbf{minimum}[\text{error}]$

7    $[\text{weights}, \text{accuracy}, \text{decision values}] = \text{svmtrain}(y, X, \text{RBFK}, c, \gamma)$

2.8.5 性能分析

为了分析这一方法的性能，使用了 SIGCOMM-2009 会议上的数据集进行验证。数据集中包含有关设备邻近性、活动日志、友谊关系、利益群体(Interested Groups)、应用层消息日志和数据层传输日志的信息。基于在数据集中找到的原始数据，能够定义一组与物联网相关的特征，如 CWR、CFD、RS、MC 和 CoI。因此，这一实验可以在任何真实世界的物联网数据集上重现。实验模拟的参数设置和场景如表 2-6 所示。在 76 个节点中，每对节点(信任者和受信者)之间至少有一次交互。

表 2-6　数据集的参数

参数名称	值	参数名称	值
节点数	76	交互数	18226
对象数	5776	社区数	711
消息数	899	消息类型(UC/MC/BC)	266/57/576

在获得每个节点对的信任特征向量 X_j 之后，按照式(2-69)中介绍的方法组织它们以生成 m 个训练样本。实验特意忽略了 CLR，因为数据集本身是从非常接近的位置获得的，在这种情况下测试基于位置的信任没有意义。训练样本矩阵的维数为 $m \times n$，其中 $m = 5776$(节点对)，$n = 5$。符号 $[.]^{\text{T}}$ 用于表示向量的转置，并且维数为 $m \times 1$。注意，此处不需要特征归一化，因为每个特征值介于 0~1。

$$[X]_{m \times n} = \begin{bmatrix} \vdots & \vdots & \vdots & \vdots & \vdots \\ [\text{CWR}]^{\text{T}} & [\text{CFD}]^{\text{T}} & [\text{RS}]^{\text{T}} & [\text{MC}]^{\text{T}} & [\text{CoI}]^{\text{T}} \\ \vdots & \vdots & \vdots & \vdots & \vdots \end{bmatrix} \tag{2-69}$$

对于多分类问题，实验中选择 4620 个样本(即总样本的 80%)作为训练集，使用 1156 个样本(即总数据集的 20%左右)作为交叉验证集，以避免数据过拟合问题。对于此处的两个机器学习实验，出于可视化的目的，需要从五个特征中选择两个特征，因为要显示五维向量是不可行的。但是，至关重要的是同时分析五个特征并评估它们对最终信任值的影响。因此，实验将五个特征一起考虑并产生数值结果，使用 PCA 方法将维度从 5 减少到 2 并生成图像结果以便于可视化。请注意，虽然在本实验中使用了大约 5 个维度来证明这一模型在信任评估中的有效性，但 PCA 不仅简化了可视化，而且降低了算法的复杂性，这使得模型在大量特征的情况下更加实用。这里使用特征归一化将 PCA 得到的新数据样本置于 0～1 内。实验中，特征提取阶段大约使用 18000 次交互来生成每个特征，分类阶段使用了 5776 个训练样本。

1.　特征提取

在 2.8.3 节中定义的数值模型的仿真结果如图 2-34 和图 2-35 所示。值得注意的是，在 CLR 特征中可信度值的分布接近于 1，如图 2-34 所示，这是由于数据是从速度接近的设备中收集的。注意，在 5776 个对象之间，只有一小部分对象对具有 CLR 关联，因为数据点仅展示了那些至少有一个交易行为的对象对。此外，可信度值被规范化为介于 0～1。1 表示 100%可信的交互，0 表示不可信的交互。

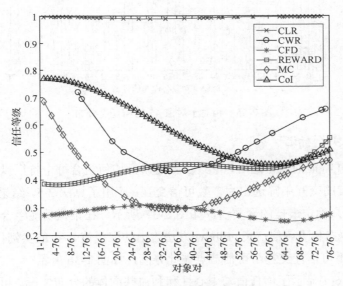

图 2-34　不同特征的信任度分布

另外，图 2-34 所示的 CWR 的分布显示出与 CLR 情况相比较弱的关联，即使它们紧密协作。每个节点的意图不同可能是导致这种情况的原因之一。此外，由于经常将射频通信限制为非对称类型的交互以及短持续时间的消息交换，因此可信度值相对于它们的协作性、交互的频率和持续时间的变化分布在图表的底部。而在图中，基于 CoI 和 MC 的可信度值在图表中大部分分布在 0.3～0.8，在节点之间显示一定的轮廓相似度。此外，给予每次交互的奖励值偏向于图的底部。这主要是由在过去的交互中不成功或不良的行为造成的。

同样，图 2-35 显示了每个对象(受信者)相对于一个特定对象(信任者)的信任等级分布情况。为了产生这些结果，图中随机选择了对象 45。该图清楚地显示了信任者对其他邻近对象的看法与在 2.8.3 节中讨论的特征。例如，与其他特征相比，受信者 34 与信任者存在较强的共址关系，MC、CFD 和奖励(REWARD)分别为 0.4、0.15 和 0.16 左右。因此，由于 MC 和 CFD 值较低，信任者可能在未来的交互中与受信者进行基于位置的服务，但限制了与合作服务相关的交互。

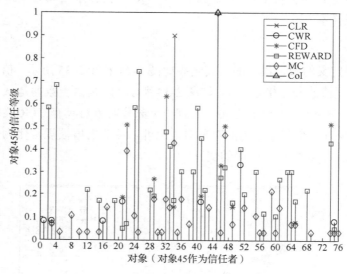

图 2-35　相对于对象 45 的信任度分布

2. 算法: 聚类和标记

成功地将信任特征抽象化之后，下一步就是研究如何组合每个特征以生成最终的信任值。为了从不可信的交互中筛选出大多数可信交互，应用了算法 2-5，结果如图 2-36 所示。使用 Elbow 方法来确定最佳的聚类值，如图 2-37 所示。在某些功能组合中，算法能够将交互分为可信、中立和不可信三类。Elbow 方法给出的聚类值 $k=3$ 的实例代表了这种情况。结果中可以看到不可信任交互与可信节点彼此分离，如图 2-36 所示。

例如，图 2-36(a)显示了信任值与中心性和利益共同体的分布情况。可以看出，对于这两个特征，MC = 0.6 和 CoI = 0.6 以上的区域是值得信赖的区域。同样，图 2-36(b)～(g)显示了可信区域和不可信区域之间的清晰边界。但图 2-36(h)和图 2-36(i)与其他图相比，结果略有不同。在这两幅图中，可信度的界限都是通过一个共同的特征信誉学习而来。从图 2-36(h)和图 2-36(i)可以看出，即使 CFD 或 CWR 的可信度较高，当信誉值较低时，算法的可信度也较低。这是因为在可信度评估过程中，信誉是一个关键因素。

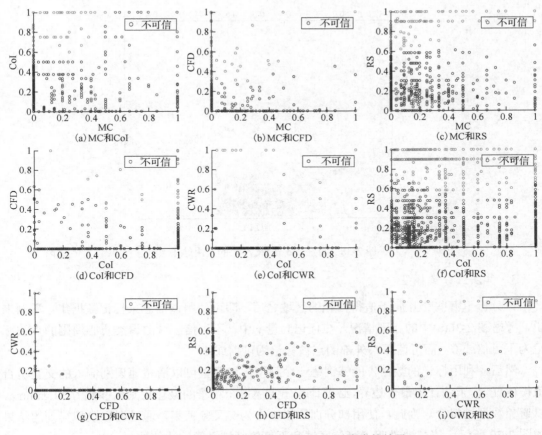

图 2-36 在不同特征对上使用 k-means 聚类的结果

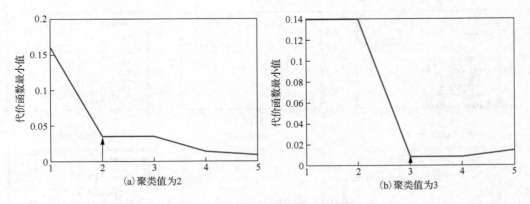

图 2-37 使用 Elbow 方法决定最佳的聚类值

　　值得注意的是，实验中首先两两运行算法生成可视化结果，然后将 5 个特征结合在一起，找出值得信任的区域，如图 2-38 所示，为了使结果可视化，使用 PCA 将特征维度从 5 降为 2。为了将新维度转化为 0～1，实现了特性归一化。可以清楚地观察到，第 1 维上大于 0.5 的值和第 2 维上大于 0.7 的值显示了值得信任和不值得信任的交互之间的边界。

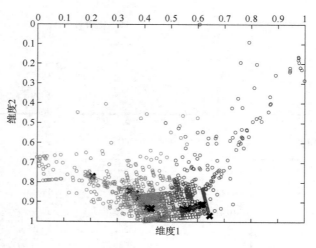

图 2-38　算法 2-5 在 PCA 上的应用结果

3. 算法: 分类模型

在分析了哪些交互属于值得信赖的区域之后, 即可使用该信息来标记数据集。举例来说, 考虑图 2-36(a)中的相同情况。在标记向量 y 中, 不可信区域的聚类质心周围的点被标记为不可信或 0, 而可信质心外部的点被标记为可信或 1。

然后, 利用标记的数据, 能够训练一个模型, 该模型可以清楚地识别输入的交互是否值得信任。为了估计出最优边界, 必须计算出上述每个场景的最佳正则化参数 C 和 gamma, 以避免数据过拟合。为此, 使用部分训练样本作为交叉验证集, 通过训练模型得到的结果如图 2-39 所示, 清楚地说明了可信区域和不可信区域之间的决策边界。

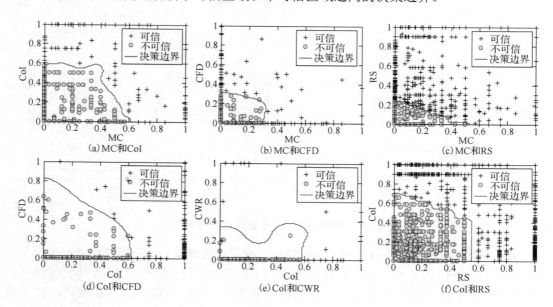

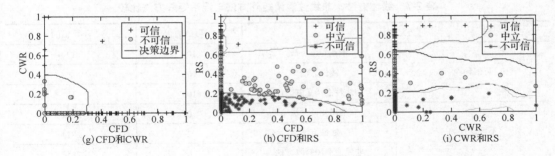

图 2-39 分类算法在不同特征对上的应用

此外，图 2-40 显示了对 5 个特征进行降维后的结果。例如，图 2-39(a)中，CoI 和 MC 是考虑在内的。现在的问题是如何将该模型应用到新的数据流，以区分哪些交互属于可信区域，哪些交互属于可信区域，而不需要任何权重或阈值计算。这不仅可以降低计算复杂度，减少冗余工作，而且可以节省处理时间。

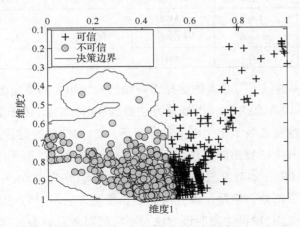

图 2-40 分类算法在通过 PCA 获得的所有特征上的应用

有了这些经过验证的结果，现在很明显，该系统无须依靠常规的权重因子和阈值来确定可信的区域。但是，本实验的主要假设是信任计算平台的集中性。特别是假设每个考虑的对象都订阅了一个集中的数据存储库，用于发布其数据，以便信任计算平台可以访问数据，训练模型并将信任值发回数据存储库，供信任者使用。

为了和其他常见的方法(如信任属性的线性聚合等)进行比对，实验考虑了一种混淆矩阵方法。准确性这一指标常常会产生误导的结果，并隐藏诊断模型性能所需的细节，特别是当每个类中的观察值与数据集不同时。另一方面，混淆矩阵显示了算法在哪个点出现了错误或混淆，并且重要的是所产生的错误的类型，这对于研究算法对预期结果的适用性至关重要。实验与其他线性方法和非线性方法进行了比较，获得的结果如表 2-7 所示。

表 2-7　线性方法、非线性混淆矩阵方法与混淆矩阵方法比较

方法对比		可信的	不可信的
可信预测	混淆矩阵方法	105	12
	线性方法	105	2
	非线性混淆矩阵方法	105	19
不可信预测	混淆矩阵方法	0	2862
	线性方法	2	2874
	非线性混淆矩阵方法	0	2855

基于表 2-7 的结果，表 2-8 给出了定义每种方法性能的参数，其中，TPR 为真阳性率(True Positive Rate，又称召回率)、FPR 为假阳性率(False Positive Rate)、FNR 为假阴性率(False Negative Rate)，TNR 为真阴性率(True Negative Rate)。

表 2-8　从混淆矩阵中得出的参数

方法对比	TPR/%	FPR/%	FNR/%	TNR/%	准确率/%
本节方法	100	0.4175	0	99.5825	89.7436
线性方法	98.1308	0.0695	1.8692	99.9305	98.1308
非线性混淆矩阵方法	100	0.6611	0	99.3389	84.6774

在分类中，召回率提供了与分类性能与错误预测数量相关的重要信息。根据仿真结果，所提出的方法显示出 100%的 TPR，而线性方法则为 98.1308%。由于数据集相对较小，在实际应用部署中，每秒发生数十亿个事务的情况下，2%的性能改进将是非常关键的。FPR 再次证实了这一点，其中所提出的算法显示了 0%的误报预测，而采用线性方法的误报率为 1.8692%。注意，TPR 在本节方法和非线性方法中相等(均为 100%)，因为非线性方法仅替代了本节方法的第二部分。但是，该方法优于非线性方法，因为与逻辑回归相比，它具有较低的 FPR 和较高的 TNR，这表明该方法对不可信对象具有令人信服的性能。

此外，当使用线性加权求和法聚合多个 TA 时，存在无限的可能性。但是，在此比较中，在线性方法中使用了由聚类算法给出的相同权重因子来计算最终分数。由于这个原因，与线性回归方法相比，本节提出方法和逻辑回归方法都给出了较低的分数。但是，在实际情况下，如果没有适当的聚类算法，则很难估计这些权重因子，因此与这一方法相比，后续计算的准确率将严重下降。另外，用于管理过拟合数据的正则化因子以及用于寻找最佳参数的优化算法可能对模型的准确率产生重大影响。因此，可以通过观察学习曲线，同时根据数据集调整该正则化因子，并使用相关优化方法来提高两个模型的精度。

Jayasinghe[9]在 2018 年提出这一新颖的方法，该方法在三种类别下定义了信任度量(TM)："知识"、"经验"和"信誉"，它们代表了任何系统中信任的所有方面。在这三类信任度量中寻找合适的信任属性(TA)，进一步聚合完成信任评估。这一实践工作结合了数学方法与智能机器学习技术。

习　题

1．推理法在信任管理中的优势何在？

2．为什么要采用折算？

3．简单分析加权求和法的劣势所在。

4．分析信任属性的选择会为信任聚合带来的影响。

5．基于加权求和法的信任管理方案的中心性意义何在？

6．基于加权求和法的信任管理方案的信任传递的过程中，如果遇到低信誉节点会怎么样？

7．通断攻击难以应对的原因是什么？

8．基于分布式加权求和的信任管理方案涉及的方法能够应对通断攻击的根本原因是什么？

9．推理法在信任管理中的优势何在？

10．基于 Beta 分布的信誉系统的方法中为什么要采用折算？

11．基于点对点网络的信任聚合方法中，节点数量与收敛速度有直接的关联吗？

12．在 LogitTrust 中，使用 t 分布的意义何在？

13．LogitTrust 中的信念折算是通过什么方式实现的？

14．基于机器学习的物联网信任聚合方法中提出的通用信任模型的优点是什么？

15．基于机器学习的物联网信任聚合方法为什么要先聚类再分类？

第 3 章　物联网中的信任更新

3.1　信任更新的概念

信任更新指的是将新的主观观察值或客观推荐值更新到信任评估值中的过程。信任更新体现了物联网中信任评估的动态性，即信任并非一次性的，而是随着时间推移以及服务质量的变化而变化的。信任更新实质上是多次信任聚合的累积与迭代，使用最新的信任证据计算新的信任值并替代旧的信任值。信任更新的方式有两种：事件驱动的信任更新和时间驱动的信任更新。这两种方式可以独立使用，也可以结合使用。

1. 事件驱动的信任更新

事件驱动的信任更新指的是一个节点的信任数据在事务(交易)或某一事件发生后执行更新，即更新触发器为交易、事务或某一事件。当交易、事务或事件完成时，参与这一事件的物联网实体将会收到如相关的服务质量评价的信任属性，并依据这些信任属性完成对目标实体的信任评估，更新相关信任信息。

2. 时间驱动的信任更新

时间驱动的信任更新指的是信任管理系统周期性地收集信任证据，然后周期性地对节点的信任值进行更新。这种信任更新的方式不受任何事件的影响，而是按照时间周期循环执行。

3.2　基于上下文感知的事件驱动信任更新实践

3.2.1　物联网中的上下文感知

当今的机器对机器(M2M)和物联网(IoT)架构不仅进一步扩大了无线系统的架构，还向曾经统一的确定性系统添加了异构性、资源能力的不稳定性和自治性。在物联网场景中，资源受限的传感器节点被认为是互联网的一部分，能够与不属于同一传感器网络的外部节点建立安全的端到端通信。但是，对于受计算能力和/或无线电范围限制的这些节点，任何安全信道的建立可能成本过高，从而为了节约成本导致电池供电的传感器节点可能分布在危险环境中。其中一些电池内置于产品中，并且预期至少与主机具有相同的寿命。因此，更换已放电的电池可能是一项艰巨的工作，或者是无法完成的。当其他相邻节点的默认路由经过电量已耗尽的节点时，它们可能会发现自己与网络失去连接。因此，受约束的 IoT 节点更加需要彼此协作以建立安全的通信或解决网络覆盖和数据包传递问题。由于这些原因，在现代无线通信领域中，针对许多物联网服务提出了多种协作技术。例如，为确保在两个端点之间可靠地端对端传递 IP 数据包而提出的协作路由任务；旨在增加传递消息的无线电传输功率或到达不相交的节点组的协作无线电服务；协作安全性服务，可以有效地执行繁重的加密操作，以确保涉及受约束节点的通信的安全性。

但是，应在可控的基础上实现服务的协作。协作本身确实可以为新型攻击开辟道路，因为它们涉及内部攻击者，所以更加隐蔽。在协作任务期间，很难检测到单个节点或一组节点的行为异常，而这些异常会干扰整个系统的正常运行。常规的加密机制(如身份验证和加密)可以为交换的消息提供数据机密性、数据完整性和节点身份验证，并保护系统免受攻击，但是，外部攻击者无法与内部攻击者打交道。拥有合法加密密钥的合作节点可以通过更改数据或注入虚假信息而轻松地在组内部发起内部攻击，导致无法被识别。或者，它可以私自采取行动，拒绝参与协作过程，以节省其能源并最大化其自身的绩效。总而言之，这需要引入可信的概念。在网络访问控制过程中，如果不可信节点已经通过了加密过滤屏障，就必须根据其行为来识别和排除不可信节点。可信的动态评估由称为信任管理系统的专用安全程序管理，该程序旨在跟踪节点在网络中的交互以检测恶意攻击和私自的行为。

可以在网络中的多个位置实例化信任管理系统，使用不同的视图并采用不同的算法，以有效地管理节点之间的协作。通过考虑信任管理系统如何实现其在协作管理中的目标和满足网络要求的程度来评估它们的效率。但是，从传统过渡互联网到物联网展示设计高效信任管理系统时必须考虑的新要求。

在物联网的背景下，当必须通过同一信任管理系统评估提供不同服务的不同节点时，尤其是当这些节点在经常耗尽其资源的情况下暂时无法使用时，很难衡量可信性。当然，确实存在真正的恶意节点，因此必须对其进行处理，即使这些节点可能会通过伪装尝试使对它们的不当行为的信任度量失败。反过来，也可以在协作的基础上实例化信任管理系统，该系统允许多个节点根据过去的交互作用，就彼此的可信度共享信息。在当今的物联网通信中，信任从其他节点接收到的报告是具有挑战性的，在该通信中，网络实体不仅易受攻击，而且高度异构，并由多个自利社区共同拥有。因此，节点可能缺乏提供可靠证据的动力。相反，恶意攻击者可能故意向特定受害者发送虚假报告，以伪造他们的行为。

长期以来，研究者在移动自组织网络(MANET)和无线传感器网络(WSN)中研究了信任管理问题。部分研究者提出需要满足物联网的特定要求以及适应由于异构和自相关节点的共存而产生的复杂恶意模式的问题。2002 年，人们提出了一种名字叫 CONFIDANT 的信任管理系统，用于数据包转发服务。该系统的目标是检测行为异常导致路由中断的节点，增强将来的决策能力。该系统同时考虑了第一手信息(直接观察和自己的经验)和第二手信息(间接经验和相邻节点报告的观察)来更新信任值。虽然仅通过第一手信息进行推理会更安全，但这仅对于参与与其他对等方的众多事务的节点可行。然而，受约束的节点仅具有稀疏的交互或其需求经常变化，可能缺少第一手信息以做出有关其他节点的信任决策，并需要更广泛地了解其潜在对等节点。为了使信任模型更加健壮并且计算出的信任值更加可靠，CONFIDANT 将第一手信息和第二手信息进行了扩展，通过这些信息，节点可以评估其对等方的信任度，并在整个网络中分发其观察结果。但是，CONFIDANT 要求在节点之间仅交换负反馈。这阻止了不恰当的正传播，但是基于这样的假设，即发送错误否定报告的行为异常的节点是例外情况，而不是规范情况。显然，在这种假设下，系统容易受到虚假报告的影响，从而导致正常节点的可信度降低(严重的恶意攻击)。

2002 年的 CORE 模型是一种基于信任的通用机制，旨在检测不同合作服务的自私行为，利用看门狗机制对合作服务节点间的交互进行监视，并不仅限于数据包转发。该模型为所有提供服务的合作节点分配一个全局信任值。显然，这鼓励恶意节点偏向选择性行为攻击，通过这种行为，其对不苛刻的服务表现出善意，而对资源密集型服务表现恶意，从而能够保持总体公平的信任值。与 CONFIDANT 不同，CORE 可以缓解恶意节点报告虚假证据引起的不良行为攻击，从而降低恶意节点的信任值。假设节点没有优势为未知节点提供虚假证据，它仅允许积极的见证人在网络中传播。但是，该系统忽略了节点通过散布错误的肯定证据以增加其信任值(选票填充攻击)而相互勾结的情况。2004 年的 RFSN 是第一个基于信任的模型，用于无线传感器网络来监视传感器节点的交互。每个节点会用看门狗机制直接观察其他节点，同时也会收到其他节点的间接观察反馈，以此来维护其他节点的信任值。像 CORE 一样，建议系统仅允许传播积极的观察结果，从而使诋毁攻击变得不可能。它依靠见证节点的可信度评分来权衡其报告，以抵御选票填充攻击。

在物联网的背景下，有研究工作者将信任管理系统的设计面向仅由无线传感器组成的特定环境，并评估了数据包转发服务的可信性。信任计算在受约束的设备上完成，并且报告在相邻节点之间分发。物联网范式在很大程度上扩展了传感器网络模型、目标的通用性和全局互操作性，并旨在连接更广泛的对象和网络，其范围从资源受限的无线传感器到功能强大的服务器。物联网架构的异构性是管理组成它的不同节点之间的信任时必须考虑的关键标准。资源不足的设备和功能强大的服务器无法为同一合作服务提供辅助，因此不应以相同的方式处理。同样，物联网节点可能会由于其可用资源量的变化(能源消耗、能量收集)和/或影响其他变量的参数(移动性、可用性)的变化而从一个环境切换到另一个环境。因此，当节点在特定上下文中时具有良好信誉的事实很少或甚至无法证明当它切换到另一个上下文后可以获取多少信任。分类为诚实的节点在 80% 的可用资源下都可以正常运行，但是，无法保证在只有 20% 的资源可用的情况下，同一服务能够获得相同的服务水平。为了在物联网的上下文中提高信任度预测能力，需要考虑其他上下文参数，如能源资源和实体的可用性。

在这一前提下，有研究工作者认识到 IoT 节点的动态状态，并提出了不同的度量标准来计算节点的信任度，包括节点作为服务提供者的社会合作性，提议中的信任管理系统定义了一个权重因子，用于评估从其他节点收到的建议中的信任度。此因子与作为服务助手的节点的全局信任等级同时增加或减少，并且可以根据环境的敌意性和系统抵御不良口碑和选票填充攻击的弹性，通过 β 参数进行调整。然而，仅仅根据节点的信任值来估计它在提供服务时的可信度可能会导致结果的不精确。一个诚实的低资源节点由于资源有限而确实不能被信任为合作服务提供帮助，但仍然能够为该节点提供更好的建议，另外，将这两个可信度混合在一起可以鼓励恶意节点利用这一事实，并在不当服务助理的情况下发送正确的建议。然后，它将保持整体信任，因为它在服务设置中的不良行为将通过建议中的良好行为得到补偿。接着，恶意节点可能会提供不诚实的报告，同时表现得很好，从而增加了恶意对等节点的信任度。

基于新的物联网要求和相关工作的不足，本章涉及的方案提出了一种新颖的物联网信任管理系统，该系统能够从节点过去不同合作服务中的行为推测出可以以何种程度信任节点以完成所需的任务。最终，仅将关于所寻求的合作服务的最佳合作伙伴提议给请求节点。即使存在错误或恶意的见证人，该系统也可以有效地微调节点的信任等级。

3.2.2 基于上下文感知物联网信任管理系统

在信任管理系统的集中式和分布式实例化之间进行选择时，必须考虑其在信任计算公式和已处理信息量方面的复杂性。集中式方法和分布式方法二者的替代方法可以描述为：只要节点需要依赖协作对等方，就可以按需计算信任信息，并在那时将其传递给请求节点(集中式方法)，或者可以定期计算并在整个拓扑中传播(分布式方法)。实时信任信息流将产生通信开销，影响网络性能以及约束节点的电池寿命。此外，必须存储未经请求的信任信息以供后续使用，而受内存限制的节点无法承受。这使方案倾向于采用集中式方法，其中基于不同范围的报告、覆盖不同地理位置的不同信任管理服务器将处理信任计算负载。

图 3-1 中显示了基于上下文感知的物联网信任管理系统的不同阶段的描述。

(1) 信息收集：系统从服务代理(或实体)中获取与信任相关的信息。

(2) 实体选择：系统为提出服务请求的实体给出满足其需求的服务提供者的建议。

(3) 事务(交易)：提出请求的实体选择合适的服务提供者执行事务。

(4) 奖励与惩罚：服务请求方对所接受的服务进行独立评价。

图 3-1 系统的不同阶段

(5) 学习：信任管理系统从过往评价中学习并自我更新。

这五个阶段的循环执行形成了完备的信任管理系统。下面针对这些阶段进行详细介绍。

1. 信息收集阶段

在网络生命周期的开始，假定所有节点都值得信赖且行为良好。一旦网络开始运行，节点就可能出现各种问题，如故障或被攻破，因此，其可信度可以根据它们的行为而改变。在能够产生可信的结果之前，信任管理系统必须在引导期内从网络收集足够的信息。随着时间的推移，受感染的节点可能会在一段时间内未被发现；但是如果它参与大量交易，而所有这些交易的评级都很差，那么将更容易发现它。

然而，引导期可能会很长，因为对节点行为的真实评估可能是一个漫长的操作过程。

为了最大限度地缩短引导期，对于可以伪装成需求节点的某些服务，信任管理器首先以其为目标并在它们之间进行人为的交互，从而参与信任管理过程的建立以评估其可信度。当服务节点提供服务后，请求节点可以评估每个协助节点的行为是正面的还是负面的，正面或负面的评估取决于它是否正确完成了分配的任务。

这些评估结果存储在信任管理器中，并用作信任管理系统的输入。为了使协助节点的建议更加准确和具体，需要存储有关已执行服务类型的其他上下文度量，即执行时间和被评估节点的当前状态(老化、资源容量等)。这一方法提出了一种客观机制，可为同一节点提供动态信任评级，以适应在不同上下文中表现出的不同行为。该机制指出，评估报告随附一组上下文参数，具体如下。

报告 R_{ij} 指用于评估由协助节点 P_i 提供的服务的第 j 个报告，因此由以下信息组成。

$[S_j]$(服务)：节点 P_i 提供帮助的服务。

$[C_j]$(能力)：协助服务时节点 P_i 的能力。

$[N_j]$(节点)：请求节点为 P_i 提供的分数，用于评估所提供的服务。该值为{-1,0,1}中的一个。

$[T_j]$(时间)：获得服务的时间。

2. 实体选择阶段

接收到来自节点的协助请求后，信任管理器开始实体选择过程，以将一组可信的协助节点返回给请求节点。这一选择过程是分步的，它由五个步骤组成。

步骤1：限制代理节点集合 p_i。在此步骤中，系统通过选择潜在候选者来限制代理节点集合。该选择取决于服务的要求，例如，轻量级通信可能要求所有协助节点都属于同一多播组，从而可以通过发送单个消息同时与多个节点进行联系。

步骤2：限制每个代理节点 P_i 的报告 R_{ij}。在预先选择潜在候选者节点之后，指定一组节点以竞争最终选择。为了评估这些候选者节点中每个候选者节点的信任等级，信任管理器首先需要缩小每个节点所收集的报告的规模。最有意义的报告是那些与当前请求的上下文有关的报告：理想的报告与所请求的同一服务有关。但是系统可能无法找到足够的这类有意义或理想的报告，因为候选者节点可能并未因这类服务请求而被评估过或被评估时处于不同的状态。这一问题可以通过计算上下文相似度解决。这一方法使用运行给定服务所需的资源量作为衡量服务相似性的指标，如能耗，能耗的提升通常是自私行为的强烈诱因。举例来说，假设协作密钥建立服务和签名委托服务都需要相同级别的资源消耗，因此，接收提供这两种服务之一的节点的报告的位置也相同。资源能力级别可用于评估此节点在提供另一种安全服务时的信任等级。

图3-2给出了存储在信任管理器中的各种报告 R_{ij}(服务 S_j,能力 C_j,注释 N_j)，其由节点 j 发送，用于评估与协助节点 P_i 的历史交互。图上的横轴表示被评估节点 P_i 之前已经协助的不同服务，这些服务是根据其资源需求进行排序的。纵轴表示协助这些服务时 P_i 节点的能力。每个目标报告 R_{Target} (S_{Target} , C_{Target})在图3-2中用黑色菱形表示，其中：

$[S_{Target}]$(服务目标)：当前请求的服务。

$[C_{Target}]$(能力目标)：P_i 当前的能力。

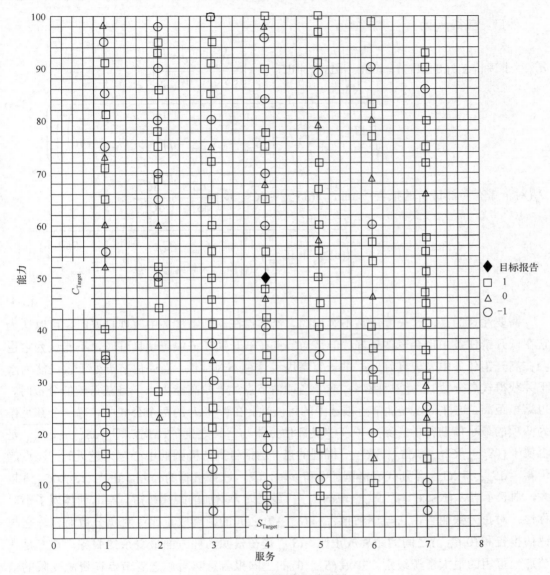

图 3-2　代理报告历史记录

R_{Target} 是当服务协助节点选择了代理节点 P_i 时要接收的下一个报告。上下文相似度计算过程的目标是从图中检索最相关的报告。如果保留了代理节点 P_i 作为服务协助节点，则有助于信任管理器预测目标报告中所收到的分数。先前服务报告与当前目标报告之间的上下文相似度是通过先前服务报告和目标报告之间的全局上下文距离 d_{ij} 来计算的。为了计算 d_{ij}，首先将 dS_j 定义为目标服务 S_{Target} 与报告服务 S_j 之间的差异，并将 dC_j 定义为目标容量 C_{Target} 与报告容量 C_j 之间的差异：

$$dS_j = \left| S_{\text{Target}} - S_j \right| \tag{3-1}$$

$$dC_j = \left| C_{\text{Target}} - C_j \right| \tag{3-2}$$

然后，获得 d_{ij} 为

$$d_{ij}(\text{对于评价良好的报告}) = \min\left(\sqrt{(\mathrm{d}S_{\max}^2 + \mathrm{d}C_{\max}^2) \times \left(\frac{\mathrm{d}S_j^2}{\mathrm{d}S_{\max}^2} + \frac{\mathrm{d}C_j^2}{\mathrm{d}C_{\max}^2}\right)},\right.$$

$$\left.\sqrt{(\mathrm{d}S_{\max}^2 + \mathrm{d}C_{\max}^2) \times \left\{\left[\frac{S_{\max} - S_j}{S_{\max} - (S_{\text{Target}} - \eta)}\right]^2 + \left(\frac{C_j}{C_{\text{Target}} + \eta}\right)^2\right\}}\right) \tag{3-3}$$

$$d_{ij}(\text{对于带有负面评价的报告}) = \min\left(\sqrt{(\mathrm{d}S_{\max}^2 + \mathrm{d}C_{\max}^2) \times \left(\frac{\mathrm{d}S_j^2}{\mathrm{d}S_{\max}^2} + \frac{\mathrm{d}C_j^2}{\mathrm{d}C_{\max}^2}\right)},\right.$$

$$\left.\sqrt{(\mathrm{d}S_{\max}^2 + \mathrm{d}C_{\max}^2) \times \left\{\left[\frac{C_{\max} - C_j}{C_{\max} - (C_{\text{Target}} - \eta)}\right]^2 + \left(\frac{S_j}{S_{\text{Target}} + \eta}\right)^2\right\}}\right)$$

$$\tag{3-4}$$

需要注意的是，这一度量是不对称的。当节点在高开销任务中表现良好时，可以认为它在低开销任务中也会表现良好；但是当节点在低开销任务中表现良好时，不能认为它也会在高开销任务中表现良好。d_{ij} 的计算考虑了这种不对称性：当评估节点处于较低能力水平并获得较高分数时，缩短距离；或者当评估节点处于较高能力水平且获得较低分数时，也缩短距离。这样可以增加节点被选中的可能性。在计算 d_{ij} 的两个公式中，每一个都是作为两项的最小值获得的。第一项仅涉及评估报告与目标之间的距离，即 $\sqrt{\mathrm{d}S_{\max}^2 + \mathrm{d}C_{\max}^2}$ 是否属于 $((S_{\text{Target}}, C_{\text{Target}}), \mathrm{d}S_{\max}, \mathrm{d}C_{\max})$ 椭圆的点，当报告离该椭圆的中心越来越近时，该点趋于零。$\mathrm{d}S_{\max}$ 和 $\mathrm{d}C_{\max}$ 分别代表椭圆的 x 和 y 轴，表示选择机制的公差。$\mathrm{d}S_{\max}$（resp.$\mathrm{d}C_{\max}$）越大，则表示当 S_j（resc.C_j）距 S_{Target}（resp.C_{Target}）越远时，增加的距离越短。第二项体现了不对称性：对正分数而言，它与评估报告和 $(S_{\max}, 0)$ 之间的距离成正比；对负分数而言，它与评估报告和 $(0, C_{\max})$ 之间的距离成正比。$S_{\max}$ 是在资源消耗方面最复杂的服务，$C_{\max}$ 是在节点上可用的最大资源级别。接近 $(S_{\max}, 0)$ 的正向报告意味着候选者节点在资源受限的情况下对于复杂服务表现良好。接近 $(0, C_{\max})$ 的负报告表示对于简单服务，即使有大量可用资源，它的表现依然较差。参数 η 是可调整的参数，通过将椭圆的左上角和右下角扩大 1/4，从而允许在第二项中考虑更多数量的重要报告，进而增加备选报告的数量。最后，计算出的距离 d_{ij} 的用法如下：保留报告 R_{ij} 的距离应为 $d_{ij}(R_{ij}, R_{\text{Target}}) < t$，其中 $t = \sqrt{\mathrm{d}S_{\max}^2 + \mathrm{d}C_{\max}^2}$ 作为可调阈值，描述要使用的相似度间隔。

步骤 3：计算步骤 2 中每个保留报告 R_{ij} 的权重 $w_{R_{ij}}$。在所选报告的集合中，并非所有报告都具有相同的意义：有较小上下文距离 d_{ij} 的报告比具有较大上下文距离 d_{ij} 的报告更具有相关性。同时，旧报告不总是与当前的信任等级相关，因为节点可能随时间改变其行为，所以新报告比旧报告更有意义，故有必要为每份报告分配一个加权值，该值基于这两个因素，表达了选择阶段的总体报告相关性。因此，R_{ij} 报告的权重 $w_{R_{ij}}$ 被计算为两个指数因子的乘积，这两个指数因子分别随报告历史性($t_{\text{now}} - t_j$)和在步骤 2 中计算的报告上下文距离的减小而减小。这一方案使得旧报告和距离较远的报告的重要性逐渐降低。

$$w_{R_{ij}} = \lambda^{d_{ij}} \theta^{(s+1)(t_{\text{now}} - t_j)} \tag{3-5}$$

式中，λ、θ 是[0,1]内的参数，表示系统的"记忆"。λ、θ 越小，则系统认为旧(或上下文距离更远)报告的重要性越低。

$s = 1/2 \times (N_j^2 - N_j)$ 是从 N_j (报告 R_{ij} 中的见证节点给出的分数)计算出的参数，当该分数等于-1 时，s 等于 1，而当该分数等于 0 或 1 时，s 等于 0。这样，负分的权重比中性或正分的权重增加了一倍。

步骤 4：计算每个代理节点 P_i 的信任度 T_i。在这一步里，系统使用加权平均的方法合并有关评估代理节点 P_i 的所有意见。通过以下方式获得所寻求的协助服务的代理节点 P_i 的信任度 T_i：

$$T_i = \frac{1}{\sum\limits_{j=1}^{n} w_{R_{ij}}} \times \sum\limits_{j=1}^{n} (w_{R_{ij}} \text{QR}_j N_j) \tag{3-6}$$

式中，QR_j (已发布有关代理节点 P_i 的报告 R_{ij} 的节点 j 的推荐质量)是分配给见证节点的可信度评分，取决于其历史报告的准确性。它的范围为[-1,1]，其中 1 表示这是一个非常值得信赖的节点，而-1 则相反。$w_{R_{ij}}$ 是在步骤 3 中计算的权重。

步骤 5：为请求节点提供评分最高的代理节点 P_i。在计算了所有选定候选者的信任等级后，信任管理器会根据所寻求的协助服务和评估代理节点的相应当前状态，通过向请求节点安全地提供最佳评分节点列表来响应请求节点。

3. 事务和评估阶段

为了提供其计划的协助服务，客户端节点依赖于从信任管理器获得的协助节点列表。在事务结束时，客户端节点能够评估从每个协助节点接收到的服务，并向信任管理器发送报告。在该报告中，奖励(正面分数)或惩罚(负面分数)参与节点。用来评估提供的协助服务的技术取决于服务的类型，它可以从客户端节点本地观察结果中得出，也可以从协助过程中涉及的其他对等方(如邻居节点或目标节点)收到的反馈中得出。例如，在路由服务中，源节点能够检测行为异常的节点(如拒绝中介数据包的节点)，这些节点可以被本地监视程序观察到；然后，源节点就可以将该信息传输到信任管理器。在协作密钥建立服务的情况下，客户端节点无法在本地收集有关帮助其与远程实体进行密钥交换的代理节点的信息。但是，在密钥交换结束时，作为常规密钥建立协议的一部分，远程节点为客户端节点提供反馈，其反馈指定了参与代理的节点和/或参与密钥交换但提供虚假信息的代理节点的列表。同样，客户端节点可以使用类似 CoAP 的轻量级协议将此列表传输到信任管理系统。因此，在信任管理系统中处理接收到的报告非常重要，要充分注意提供该报告的节点的信誉。这就是下一个"学习阶段"的目的。

4. 学习阶段

信任管理系统的学习阶段是一个认知过程。这个阶段是将认知过程从适应过程中予以区分的阶段。在安全场景下，这表示自适应安全性在于通过应用新的安全策略对环境的变化做出动态反应，而认知安全性则引入了学习步骤，其中对强制措施的执行进行了评估，最终将改变系统行为，以便在发生相同情况时可以采取不同的措施。典型的认知过程是一个包括四个步骤的循环，即观察、计划、行动和学习，这些步骤直接对应于信任管理系统中建议的阶段。在这一方法中提出的学习阶段包括两个步骤：推荐质量更新步骤和信誉更新步骤。

(来自见证节点的)推荐质量更新步骤如下。

信任管理器通过已收到的评估协助节点的报告了解其行为。然后，信任管理器可以在相似的上下文条件下更新已经发送了同一代理节点报告的所有节点的可信度。其基本思想很简单：对先前被标记为"不良"的代理节点给予为良好评分的节点将被视为差推荐者(无论其在协助服务方面的可信性如何)，它的推荐质量(QR)将会降低(接近-1)。同样，对先前被标记为"良好"的节点给予良好评分的节点将被视为好推荐者，而 QR 将会提高(接近1)。这可以通过对已发送有关该协助节点的可用报告的每个节点上的可信度进行加权平均来实现。这一加权平均函数有两个作用。首先，它避免了 QR 的过度变化。例如，一般的好推荐者发布错误的报告时不会突然被分类为差推荐者，但是其最近的历史记录中其 QR 的增加将减少。其次，加权平均函数允许精确选择节点 QR 的程度，要么面向 1(好的推荐者)，要么面向 0(报告不可使用的数据)，或者面向-1(恶意报告与发生的情况相反)。在这一点上，加权很重要，对于上下文相差较大的服务而言，一个旧报告相对于一个新报告将会受到较轻的惩罚。当发出报告的节点的 QR 被用来更新已发送关于同一代理节点的报告的节点的 QR 时，也应当在权重计算中着重考虑：诋毁一个很好的推荐者比反驳一个几乎不可信的推荐者更应受到惩罚。

设 X 为见证节点，它可以帮助信任管理器评估节点 P，该节点 P 随后用作协助节点 F 的代理。根据节点 P 是否已成功完成分配的任务，节点 F 向信任管理器发送报告 R_F，包含评估分数 N {-1：差；0：中性；1：好}。

信任管理器使用此报告来更新在代理选择阶段作为推荐者的节点的推荐质量 QR (这意味着此节点发出的报告在步骤 2 中被判定是相关的)。X 则属于上述这样一个节点。在学习阶段中所完成的步骤如下。

(1) 系统为所有见证节点检索 n 个存储的质量推荐分数(即其推荐质量的历史记录)。X 形如 QR^X ($QR_1, \cdots, QR_{n-1}, QR_n$)，其中 QR_1 是最后更新的(最新的)质量推荐分数。

(2) 系统从接收到的报告 R_F 中提取注释 N，并检索与 R_X 对应的权重 w_{R_x}。

(3) 计算 QR_F，这表示 QR 应当朝着哪个方向发展。计算如下：

$$QR_F^X = C_F \times r \begin{cases} r = -\left| N^X - N^F \right| + 1 \\ C_F = w_{R_x} \times QR_1^F \end{cases} \tag{3-7}$$

在式(3-7)中，r 是根据 N^X (先前由 X 给出的注释)和 N^F (刚刚由 F 给出的注释)计算得出的，所以当这些注释相同时，r 等于 1；当它们相反时，r 等于-1；当它们相差 1 时，r

等于 0。因此，r 是加权平均函数应向见证节点 X 的 QR 倾斜的值，因为当旧记录与新记录相符时，后者必须趋向于 1，而当矛盾时则趋向于-1。

根据加权平均法，C_F 是 r 的权重。如上所述，当 X 先前发送的报告的权重较高时，C_F 会增加(如果 X 的错误属于相似的上下文，则 X 的错误容忍度较小)。如果 F 是一个好的推荐者，则 C_F 也会增加，如 QR_n^F 因子(节点 F 的当前推荐质量)所示。最后，系统计算节点 X 的新推荐质量 $\mathrm{N\_QR}^X$ 如下：

$$\mathrm{N\_QR}^X = \frac{1}{\sum_{i=1}^{n} c_i + |C_F|} \times \left(\sum_{i=1}^{n} c_i \mathrm{QR}_i + \mathrm{QR}_F^X \right) \tag{3-8}$$

式(3-8)中的 r (以包括其加权因子的 QR_F 描述)已经得到了讨论。其他的 QR_i，代表 X 推荐质量的历史。它们所对应的权重是 c_i，推荐质量越新，权重越高。c_i 的定义为

$$c_i = \theta^{\left(t_{0R_1} - t_{\mathrm{QR}_i}\right)} \tag{3-9}$$

计算完成后，$\mathrm{N\_QR}$ 值将添加到 QR 历史列表中，并存储在信任和信誉管理器中作为推荐质量在未来的处理过程中使用。$\mathrm{N\_QR}$ 可以下降到零以下，这意味着见证节点报告的是真实服务质量的相反结果。这时可以使用报告结果的相反值。

协助节点的信誉更新步骤如下。

尽管信任度衡量节点在特定上下文中完成特定任务的能力，但信誉是指节点为各种服务提供帮助后对网络的信任度的全局看法。协助节点 P_i 的信誉等级计算如下：

$$\mathrm{Rep}_{P_i} = \left(\sum_{j=1}^{n} c_j N^{F_j} \mathrm{QR}_j^F \right) \tag{3-10}$$

式中，N^{F_j} 是请求节点 F_j 获得 P_i 的帮助以获取特定服务后给出的分数；QR_j^F 是其推荐质量；加权因子 c_j 用于逐渐忘记旧的反馈。

在每次交互后更新网络中节点的信誉等级很重要，能够识别通常被认为不可信的协助节点。在接收到来自请求节点 F 的反馈后，信任管理器会考虑其评估结果，以重新计算所涉及的协助节点的信誉等级。如果其中之一的信誉等级降至某个阈值以下，则会中断其行为，并将其添加到信誉不良的节点列表中。信任管理器还将其报告给网络运营商，然后网络运营商可能会检查其行为异常的原因。导致节点可能会提供错误的信息或不良的服务的原因有很多种，如故意的、恶意的不当行为或故障或环境变化等。

3.2.3　性能分析

基于上下文感知的方法在实验中得到了验证。在图 3-3 中描述了一个网络模型，是从设想的 IoT 范例推导出来的。这一模型中考虑了一个本地 IoT 基础设施，该基础设施将具有不同功能(例如，电池供电的设备和不受约束的节点，这些节点可以是有线供电或具有能量收集能力)。这些节点连接到 Internet，并能够通过分散模式与不属于同一基础结构的外部节点进行通信。在该基础结构中存在一个本地信任管理系统，该系统用于管理多个网络服务的节点之间的协作。

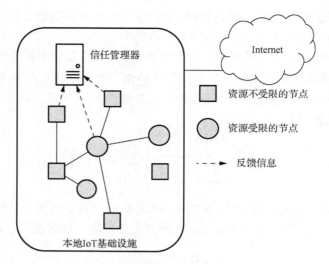

图 3-3   实验所参考的网络模型

1. 初始设置和推荐质量演变

实验中所使用的配置如表 3-1 所示。

表 3-1   实验参数配置

参数	配置	参数	配置
节点数	200	恶意协助节点比例	10%
受限节点数	100	初始推荐质量	1
无力的见证节点数量	20	服务数	6

受限的节点无法向其他节点提供帮助，但是能够评估自身所提供的协助服务并将报告发送给信任管理器。在实验中，每个模拟节点的特征在于一组属性，例如，表 3-2 是节点 12 所具有的一组属性。

表 3-2   实验中节点的属性集

节点 ID	12	节点 ID	12
位置	(600,20,0)	服务	$\{s_2,s_4\}$
能量水平	100	恶意节点	否
初始推荐质量	1	真正推荐质量	0.8

该节点位于位置坐标(600,20,0)，并具有最大能量级别。它能够为 s_2 和 s_4 提供帮助。从系统的角度来看，其初始推荐质量设置为 1，以便逐渐进行调整以显示其作为见证节点的真实可信度。同时，设置了真正的推荐质量 R_QR(在此示例中为 0.8)，它对信任管理器透明，它定义了在报告有关其他节点的评估时每个节点的固有行为。

正如在方案的设计中提到的，将接收到的有关其他节点的报告用作信任管理器中的输入，以计算信任度。因此，推荐质量对直接信任计算的影响清晰可见，使节点做出可靠的决策，并为请求节点提供最佳协助服务；需要丢弃差的/说谎的推荐节点并提升有效的推荐节点，以使计算出的信任度与协助节点的实际可信度匹配。

这提供了一种简单的方法来检查信任管理系统是否行为正常：如果是，则插值推荐的质量应趋于真实推荐质量。对于一个完美的推荐者(即推荐质量为 1)而言，其由信任管理系统识别并分配的推荐质量也应当是 1；若一个节点被预设为一个完美推荐者，但是在工作中由于无力的见证节点产生的错误而导致信任管理系统降低了其推荐质量，因为节点本身是诚实的，所以推荐质量会在波动后迅速回升至 1；考虑一个良好但并不完美的节点，其推荐质量为 0.77，这意味着该节点会产生 23%的错误推荐，这时该节点的真正推荐质量不但受无力的见证节点的影响，同时也受自己错误的影响；而对一个推荐质量更低的节点而言，其评分更多地会受其自身错误的影响，并偶然受到无力的见证节点的错误的影响，由信任管理系统识别的信任值将在 0~1 波动，并偶尔为负值，对于此类节点，系统应将其加以屏蔽。

2. 对攻击的反应比较

为了证明信任管理系统的有效性，实验评估了信任管理系统中可能发生的常见攻击，这些攻击包括通断攻击、诋毁攻击和选择性行为攻击。

1) 通断攻击

通断攻击利用了信任管理系统的遗忘属性，该属性使最新建议更具重要性。不诚实的实体可以利用此属性，并交替表现良好和不良行为，因为它可以通过在一段时间内表现良好并最终重新获得信任来补偿过去的不良行为。为了使信任模型对此类攻击具有鲁棒性，实验对系统进行了调整，以使不良行为被记住的时间长于良好行为：添加了一个加权因子 s，使得负节点与中性节点和正节点相比，存在时间更长。这一设定不鼓励不诚实的节点在不良行为和良好行为之间反复切换，并要求它们执行许多良好的操作来恢复其信任等级。

图 3-4 显示了节点交替更改其行为的情况。在前十次交互中，节点表现良好；然后，节点为后十次交互提供了糟糕的服务，并恢复了正常状态。如果不考虑 s，则系统会花费更多时间来检测节点的不良行为，因为系统会更加强调节点过去的良好行为，因此恶意转换会更长时间地隐藏。一旦系统识别出此不良行为并开始稍微降低其信任等级，该节点就会停止不良行为并重新获取信任。通过使用 s，系统可以更早地检测到节点异常，并降低其信任等级。由于对不良行为的记忆时间更长，因此从系统角度来看，节点重新获得信任需要花费更长的时间。

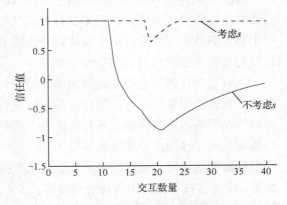

图 3-4　通断攻击中的信任值变化

2) 诋毁攻击

只要在信任管理系统中考虑了来自见证节点的报告，就存在接收错误建议的风险。当恶意节点提供不诚实的建议以降低诚实方的信任度时，就会发生诋毁攻击。信任管理系统通过从常规信任值中分别构建或更新信任推荐值来防御这种攻击。通过检查当前评估与在代理选择阶段使用的先前推荐之间的一致性来更新推荐质量。在学习过程中，可以通过将其不诚实的建议与其他人的评估相比较，从而检测到恶意的见证节点，进而逐渐降低其推荐质量并减少其未来建议的影响。如图 3-5 所示，在不考虑推荐质量的情况下，诚实节点(细线图)的信任等级在受到诋毁攻击(实验中，由十个见证节点组对其进行负面评估)的影响时会显著下降。在评估节点的报告时考虑节点的推荐质量，系统可以通过将不诚实的建议与其他人的评估相比对来降低这些恶意见证节点的推荐质量。这一信任模型(粗线图)首次降低了节点的信任等级，但通过减少恶意节点提供的错误报告的影响，迅速恢复了其信任度。

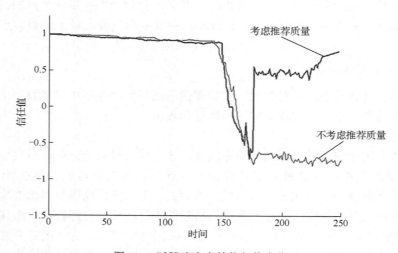

图 3-5　诋毁攻击中的信任值变化

3) 选择性行为攻击

虽然不诚实的节点在通断攻击中会随着时间在不良行为和良好行为之间进行切换，但它在服务之间也可能交替出现不良行为和良好行为，这种攻击称为选择性行为攻击。节点对于简单服务表现良好，对于其他对资源要求很高的服务则表现很差，从而将平均信任值保持为正值，而节点将自私地节省能源。

现有的信任模型会遭受这种攻击，因为它们依赖于唯一的信任值，该值在全局上表征包括所有协助服务的节点。信任管理系统通过实现一个功能模型来防御选择性行为攻击，该功能模型将与所有协助服务相关的多个信任值分配给一个节点。在要求苛刻的协助服务中始终表现不佳的节点将收到不良评分，这个不良评分不会因为该节点在简单服务中的行为良好而得到补偿。从短期来看，这意味着执行这种攻击的节点将不再被选择用于重要的服务，使得这种攻击将不再能造成损害。从长远来看，如果不良评分的累积达到预定阈值，则此类行为可能会触发系统管理员的操作。

在图 3-6 中考虑一种情况，在资源需求型服务中对不诚实节点的信任值进行评估。可以看到，在全局信任值下被考虑的该节点在执行此服务时设法隐藏了其不良行为。由于它在简单服务中因良好行为而获得的评分能够补偿收到的不良评分，因此它保持了总体较高的信任值(细线)。但是在执行此特定服务时，尽管它在其他服务中表现良好，信任模型(粗线)也成功降低了节点的信任值。

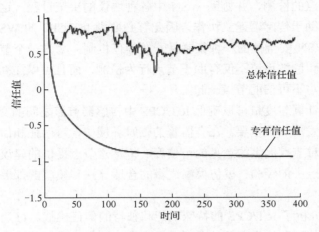

图 3-6　选择性行为攻击中的信任值变化

　　本节介绍的实践方法在 2013 年由 Saied 等[10]设计，这是一种面向上下文感知和多服务的物联网信任管理系统：当新的信任报告到达中心化的信任管理器时，信任管理器会自动执行信任更新，因此这是一种事件驱动的信任更新。

3.3　基于模糊信誉的时间驱动信任更新实践

3.3.1　模糊信誉

　　信息物理系统(Cyber-Physical Systems，CPS)通常由大量与物理环境紧密耦合的分布式计算设备组成。CPS 和物联网(IoT)一直是密切相关的，因为它们都使用物理对象和事件，包括无线传感器网(WSN)、基于 RFID 的系统、移动电话等。网络物理互联网可以粗略地看作一个互连了多个异构 CPS 的大规模通用网络，以确保网络物理设备在全局范围内的互操作性。物联网和 CPS 无法从物理世界本身感知物理信息。智能事物通常用 RFID 标签标记或配备传感器，并且传感器被广泛认为是 IoT/CPS 的神经末梢，传感器或传感器嵌入式物体通常可以形成采用 ZigBee、Wi-Fi、蓝牙等无线多点网络。在未来的 IoT/CPS 中，大量的嵌入式设备或者移动计算设备将通过 WSN 互连，组成各种自治子系统，为最终用户提供智能服务。到目前为止，IoT/CPS 可以从 WSN 中受益，因为传感器和 RFID 阅读器是从物理世界获取感测数据的最有效工具，从而使 IoT/CPS 的无处不在的计算成为现实。

　　但是，与传统计算机网络相比，这样的网络提出了一些新的挑战，即智能节点受硬件限制，在计算和能源方面非常受限。与其他使用专用节点支持基本功能(如数据包转发、路由和网络管理)的网络不同，在 IoT/CPS 的 WSN 中，这些功能由所有可用节点执行。这一显著差异是对节点不当行为增加敏感性的核心。由于这类 WSN 的无线特性，节点也很有可能被攻击者捕获，从而导致其与网络中其他节点不合作或产生不当行为，甚至成为恶意节点。

促进不可信节点的检测，并协助 WSN 中各种协议的决策过程，这对执行特定任务至关重要，因为它有助于传感器建立协作。因此有必要为 IoT/CPS 的 WSN 提供一种信任和信誉机制。提高 WSN 安全性的一种策略是开发信任机制，允许一个节点评估其他节点的可信度。这种信任和信誉系统不仅有助于节点行为检测，而且可以提高网络性能，因为可信的节点可以避免与不可信的节点一起工作。

信任和信誉的计算与度量可以确保 IoT/CPS 中传感器节点之间的交互安全，对于信任和信誉管理机制的发展至关重要。在有监督的临时环境中，对信任和信誉的计算与度量涉及复杂的问题，如对节点提供的意见的可信度、传感器节点提供的建议的诚实性或评估希望与之互动的节点过去的经验。模仿模糊逻辑的合适算法和模型的部署可以帮助解决这些问题。

在 3.3 节中，分析了 IoT/CPS 的特殊功能和独特的信任挑战，讨论了 IoT/CPS 中信任和信誉的概念以及信任和信誉之间的关系，提出了一种基于模糊理论的 IoT/CPS 信任度和信任模型 TRM-IoT，以根据 IoT/CPS 的行为加强物联网之间的协作。

3.3.2　TRM-IoT：IoT/CPS 的信任模型

不能简单地通过使用传统的信任机制来建立传感器节点之间的信任。在人类社会中，两个人之间的信任是根据其行为随时间的信誉评估而建立的。当面对不确定性时，个人依靠过去表现良好的其他人的行为和评估来建立信任。信任是社交和业务关系中的一种模糊的、动态的和复杂的概念之一。在面向服务的网络环境中，测量信任度和预测信任度的困难导致许多问题。这些问题包括如何在信任动态中衡量个人的意愿和能力，以及如何为个人分配具体的信任等级。IoT/CPS 的无线网络具有多个显著特征，如动态拓扑、带宽约束、可变容量链接、能量受限的操作以及有限的物理安全性。由于这些特征，IoT/CPS 的 WSN 特别容易受到通过恶意节点发起的各种攻击，不可靠的无线连接容易受到干扰和窃听。移动设备的带宽、计算能力和电池电量的限制可能导致它们在安全性与资源消耗之间进行权衡。动态性使评估节点行为变得困难，因为这种网络中的路由经常更改。传感器或传感器嵌入的物体更有可能形成无线多点网络。因此，它们不能依靠中央机构和基础架构进行密钥管理。

TRM-IoT 通过在 IoT/CPS 的 WSN 中开发传感器节点群体来解决信任和信誉问题，其动机是为传感器节点或传感器嵌入式节点开发基于行为与基于模糊理论的信任和信誉模型。其中每个节点通过对其他节点的建议进行直接观察和建立个人之间关于附近其他节点的间接信誉，从而为彼此之间的节点建立直接信誉。两种信誉一起使用，可以帮助节点评估其他传感器节点的可信度，检测恶意节点并协助无线网络内的决策。该模型可以在任何 WSN 路由协议中使用，以使在 IoT/CPS 基础架构中的节点之间加强合作并与非合作节点进行对抗。

IoT/CPS 中有限的电池寿命、内存空间和计算能力等资源约束使得无线传感器网络容易受到攻击，且很难对其进行保护。因此，检测被破坏的节点，以避免被破坏或恶意节点所误导，是相当关键的。然而，大多数低成本的微型传感器节点不易被窜改，且容易被攻击者破解，即使采用加密机制也难以检测到恶意节点。因此，基于行为的信任和信誉机制可用于有效解决此问题。出于这种动机，人们提出了一种基于行为的 IoT/CPS 信任和信誉概念。信任和信誉的管理模型与信任和信誉的创建、更新以及删除有关。

首先，必须存在一个有效的轻量级身份验证机制，以确保所有身份都是可信的。这意味着根据密码原语，每个传感器节点的身份都是唯一且可信的。其次，任务评估组件评估节点的性能，包括传感器节点和传感器嵌入式设备节点。这里的任务包括数据处理和路由。然后，评估组合组件负责旧信任度和来自第三节点的间接信息的结果组合，以形成新的信任度，以用于将来的任务分配和评估。

在整个方案中，假设 IoT/CPS 的 WSN 由数百个相对活跃的传感器节点组成。在不失一般性的前提下，还考虑了一些请求轻量级通用服务的传感器节点和一些提供这些服务的节点。同时还假设 WSN 中的每个传感器节点仅知道其邻居节点，而对 WSN 的整个拓扑一无所知。此外，拓扑被认为是相对高度动态的，有许多节点加入或离开群体。所提出模型旨在帮助请求特定服务的传感器节点找到通向另一个提供相应服务的传感器节点的最可信的路由。可以认为方案中的不可信节点不仅有意提供欺诈性服务，还因硬件故障或性能下降而提供了错误的服务。

在方案中，节点做出的决定取决于根据他人过去的行为所计算的期望值。通常，这种信息称为信誉，是 IoT/CPS 信任服务提供者和推荐者所依赖的最重要的因素之一。

1. 信任与信誉的定义

虽然人类在日常生活中体验和依赖信任，但要准确定义信任却非常具有挑战性。这一方案对信任和信誉采用以下定义。

定义 3-1　信任是个体 A 期望另一个个体 B 执行其利益所依赖的既定行动的主观概率。

定义 3-2　信誉是个体相信某事物的特点、地位或对它的普遍评价。

信誉仅存在于以不同方式互相评价其成员的群体中。因此，信誉是关于一个人之前对他人的行为和经历的经验信息。先前的研究指出信任和信誉之间存在显著差异。信任是一种基于各种因素或证据的主观现象。实际上，第一手经验总是比第二手信任推荐或信誉更重要。由于 IoT/CPS 数据收集层中的节点通常是异构的并且是移动的，因此建立信任模型可以极大地刺激分布式计算和通信实体之间的协作，促进对不可信实体的检测，并协助各种协议的决策过程。

在上述定义的基础上，可以为 IoT/CPS 提供以下更详细的信任和信誉定义。

定义 3-3　在 IoT/CPS 无线网络中，节点 S 对另一个节点 P 的信任是节点 S 通过与节点 P 的交易获得积极成果的主观期望。

定义 3-4　在 IoT/CPS 中，节点 S 的信誉是对其在无线网络中的可信度的全局认可。此外，可根据其过去和当前的行为来评估可信度。

这一信任的定义描述了依赖节点对服务或资源提供节点的信任，尤其在依赖节点是寻求免受恶意或不可靠服务提供者的保护的用户时是非常重要的。

2. 信任与信誉之间的关系

信任和信誉一词有着紧密的联系。特别是在 IoT/CPS 的 WSN 中，信任通常被定义为相对于某些传感器节点的抽象获取属性，这是由此类传感器节点拥有的信誉度所导致的。通过长期的良好行为，可以提高信誉等级；因此，信任关系将很容易建立。在现实生活中，信任是满足某些期望属性要求的结果。

信誉的概念与信任的概念紧密相连，但两者之间存在着明显的区别。一个节点 S 可以信任另一个节点 P，因为它的信誉很好。同样，节点 S 尽管信誉不佳，也可以信任节点 P。信誉通常受观察到的过去行为的启发。信任反映了依赖方对实体信任度的主观看法，而信誉则是整个社区都能看到的分数。信任被视为主观概率值，而信誉在特定社区环境中被视为客观和公认的价值。

3. 模糊信任模型描述

实体的信任度是实体服务的质量指标，用于预测实体的未来行为，如果它足够可信，则认为该实体将为将来的交易提供良好的服务。在大多数信任模型中，可信度的范围假定为[0,1]。由于研究模糊问题的关键是利用模糊集理论建立隶属函数(隶属度)，因此必须首先建立模糊信任的数学模型。设 $SN = \{SN_1, SN_2, \cdots, SN_n\}$ 是模糊信任模型的一个问题域，$SN_i(i = 1, 2, \cdots, n)$ 是对应域中的子集。然后可以得到下面的映射：

$$\begin{cases} \text{MappingFuction:SN} \times \text{SN} \to [0,1] \\ (SN_i, SN_j) \to \psi(SN_i, SN_j) \in [0,1] \end{cases} \tag{3-11}$$

式中，MappingFunction 为 $SN \times SN$ 到[0,1]的模糊关系映射；$\psi(SN_i, SN_j)$ 为 SN_i 和 SN_j 之间的信任程度。在模糊信任模型中，使用邻居监视进程来收集邻居节点的数据包转发行为的信息。网络中的每个传感器节点维护一个数据转发信息表，如下：

$$\text{DFT}_{i,j} = \langle \text{Source}, \text{Destination}, \text{RF}_{i,j}, F_{i,j}, \text{TTL} \rangle \tag{3-12}$$

式中，Source 为信任评估的评估节点；Destination 为被评估的目标节点；$\text{RF}_{i,j}$ 为节点 SN_i 与节点 SN_j 成功交易的次数；$F_{i,j}$ 为正交易。上述描述是这一工作中的模糊信任模型。

4. 信任评估指标

信任关系基于协议中实体先前的交互所创建的证据或信誉。在基于模糊信誉的时间驱动信任更新的方法中，每个节点都采用邻居监视进程收集有关邻居节点的数据包转发行为的信息。此外，每个节点都能够在混杂模式下监听其邻居节点的传输。每个节点独立地监听其邻居节点的数据包转发活动，这种监听与正确转发的数据包占固定时间窗口内要转发的数据包总数的比例有关。然后，网络中的每个节点都维护一个数据转发信息表，该表通过监听其邻居节点来获取并存储数据转发信息。

基于模糊信誉的时间驱动信任更新的方法使用以下信任评估指标建立和验证提出的信任管理模型。

(1) 端到端包转发率(EPFR)。EPFR 定义为目标节点的应用程序层接收的数据包数与源节点的应用程序层发送的数据包数之比。EPFR 可以通过以下公式计算：

$$\text{EPFR} = \frac{\sum_i^k \text{RECV}_i}{\sum_i^n \text{SEND}_i}, \quad 0 \leqslant k \leqslant n \tag{3-13}$$

其中，RECV_i 和 SEND_i 分别为第 i 个目标节点和第 i 个源节点接收和发送的包；k 为成功收到数据包的次数；n 为数据包的总发送次数。

(2) 能耗分析(AEC)。IoT/CPS 基础设施中 WSN 设计的关键标准是能耗。TRM-IoT 模型对能耗指标的定义如下：

$$\text{AEC} = \frac{\sum_{i=1}^n \text{consume}_i}{\sum_{i=1}^n \text{send}_i + \text{recv}_i + \tau} \tag{3-14}$$

其中，send_i 和 recv_i 分别为第 i 个传感器节点发送和接收消息时的能耗；consume_i 为消耗的总能量成本，即相应传感器节点的信任值和信誉值；τ 为用于维持节点本身正常运行的其他能耗。

(3) 数据包传送率(PDR)。PDR 受数据包丢失和数据包重传的影响。数据包丢失可能有多种原因，但在 TRM-IoT 模型中仅关注中间节点有意丢弃接收到的数据包而不是将其转发到下一跳节点的行为。

5. 信誉评估

节点 SN_i 通过对每个数据包转发过程打分为正或负，来评估试图进行相关事务的节点 SN_j 的信誉。使用 Con 描述整个指标的评估过程，以便判断此事务是否成功。Con 可以通过式(3-15)计算得到：

$$\text{Con} = \begin{bmatrix} \text{EPFR}, \text{AEC}, \text{PDR} \end{bmatrix} \cdot \begin{vmatrix} \alpha \\ \beta \\ \gamma \end{vmatrix} = \alpha \cdot \text{EPFR} + \beta \cdot \text{AEC} + \gamma \cdot \text{PDR} \tag{3-15}$$

式中，α、β、γ 为不同资源对应的权重。

参数 $\text{Sat}_{\text{threshold}}$ 用来描述满意度。这意味着，如果 $\text{Con} < \text{Sat}_{\text{threshold}}$，则节点 SN_i 对节点 SN_j 的信誉评估为负；如果 $\text{Con} \geqslant \text{Sat}_{\text{threshold}}$，则节点 SN_i 对节点 SN_j 的信誉评估为正。

节点 SN_i 关于节点 SN_j 所有交互的信誉评估定义如下：

$$\delta = \frac{F_{i,j}}{\text{RF}_{i,j}} \in [0,1] \tag{3-16}$$

信誉评估是信任管理的基础。在 TRM-IoT 的信任模型中，评估信誉时要考虑三个指标，即 EPFR、AEC 和 PDR。

6. 局部信任评估

从不同的角度来看，信任通常可以分为不同的类别：直接信任和间接信任。如果节点 SN_j 对于节点 SN_i 是可信的或不可信的，则意味着在节点 SN_j 与节点 SN_i 之间必须存在信任和信誉模型。如果信任关系声明基于对节点 SN_j 的直接观察的信誉，则上述相应模型是直接信任模型。

由于直接信任关系也具有一些重要的模糊属性，因此可以使用模糊理论来描述直接信任模型。根据数据转发信息表，可以将基于模糊信誉隶属度的直接信任评估定义为

$$T_{i,j}^d = \frac{\delta}{\delta + \alpha(1-\delta) + \dfrac{\lambda}{\mathrm{RF}_{i,j}}} \tag{3-17}$$

式中，α 为可以通过调节来惩罚恶意节点行为的权重；λ 为权重 α 的不确定性信任。

由于节点的行为并不总是恒定的，而是经常随时间或其他因素而变化，因此重要的是，最近的事件比历史的事件更可信。设 $T_{i,j}^d(t-1)$ 为最近的信任评估，而 $T_{i,j}^d(\Delta t)$ 为时间间隔 Δt 内的过去信任评估，可以结合最近发生的事件和历史事件更新 $T_{i,j}^d(t)$：

$$\begin{cases} T_{i,j}^d(t) = \omega_1 \cdot T_{i,j}^d(t-1) + \omega_2 \cdot T_{i,j}^d(\Delta t) \\ \omega_1 = 1 - \dfrac{1}{2}\zeta, \quad \forall \zeta \in [0,1] \\ \omega_1 + \omega_2 = 1 \end{cases} \tag{3-18}$$

因此，$T_{i,j}^d(t)$ 的新信任值取决于三个因素：$T_{i,j}^d(t-1)$、$T_{i,j}^d(\Delta t)$ 和 ζ。然后可以得到局部信任评估更新公式：

$$T_{i,j}^d(t) = \left(1 - \frac{1}{2}\zeta\right) \cdot T_{i,j}^d(t-1) + \frac{1}{2}\zeta \cdot T_{i,j}^d(\Delta t) \tag{3-19}$$

然而，仅基于一些交互来确定移动传感器节点行为好还是坏是过于武断的。因此，必须设定一个交互作用时间 $C_{\mathrm{threshold}}$ 的交互作用阈值。可以通过以下方式计算模糊直接信任评估：

$$T_{i,j}^d = \begin{cases} \dfrac{1}{2}\left(1 + \dfrac{\delta}{C_{\mathrm{threshold}}}\right), & \mathrm{RF}_{i,j} < C_{\mathrm{threshold}} \\[4mm] \dfrac{\delta}{\delta + \alpha(1-\delta) + \dfrac{\lambda}{\mathrm{RF}_{i,j}}}, & \mathrm{RF}_{i,j} \geqslant C_{\mathrm{threshold}} \end{cases} \tag{3-20}$$

当节点 SN_i 和节点 SN_j 没有直接关系并且不能建立直接通信信道来交换数据时，节点 SN_i 可以基于第三方节点 SN_k 的推荐信任来评估节点 SN_j 的信任。推荐信任和信誉模型可以分为两类：传递与共识推荐信任和信誉模型。模糊传递推荐信任和信誉模型定义了节点 SN_i 和节点 SN_j 之间的推荐程度。

使用 $RR_{i,j}$ 表示请求建议的数量，$HR_{i,j}$ 表示积极建议的数量，$CR_{shreshold}$ 表示推荐次数的阈值，将模糊推荐信任模型的函数定义为

$$T_{k,j}^r = \begin{cases} \dfrac{1}{2} \times \left(1 + \dfrac{\eta}{CR_{threshold}}\right), & RR_{i,j} < CR_{threshold} \\[4mm] \dfrac{\eta}{\eta + \alpha(1-\eta) + \dfrac{\lambda}{RR_{i,j}}}, & RR_{i,j} \geqslant CR_{threshold} \end{cases} \tag{3-21}$$

式中，$\eta = \dfrac{HR_{i,j}}{RR_{i,j}} \in [0,1]$。

不同的传感器节点可以在同一节点上提供各种建议，即不同的节点可能对同一传感器节点具有不同甚至相反的信任评估。假设节点 SN_k 向节点 SN_j 提供推荐信任评估 T_{kj}^r，节点 SN_t 向节点 SN_j 提供推荐信任评估 $T_{t,j}^r$，则分别有两个直接信任关系，即节点 SN_i 和节点 SN_t 之间、节点 SN_i 和节点 SN_j 之间的关系。

在这里，可以结合两个推荐信任评估和两个直接信任评估，对节点 SN_j 进行相对客观的评估：

$$T_{i,j}^i = (D(SN_i, SN_k) \wedge R(SN_k, SN_j)) \bigcup (D(SN_i, SN_t) \wedge R(SN_t, SN_j)), \\ \forall SN_k, SN_t \in SN \tag{3-22}$$

因此，可以类似地将 n 级模糊共识推荐信任和信誉模型的函数定义为

$$T_{i,j}^i = \underbrace{(R \circ D) \cup (R \circ D) \cup \cdots (R \circ D)}_{n} \tag{3-23}$$

综上所述，模糊局部信任关系可以通过基于直接和间接信任评估的组合来计算：

$$\begin{cases} T_{i,j} = X \cdot T_{i,j}^d + Y \cdot \sum_k \left(T_{i,k}^d \cdot T_{k,j}^r\right), & 1 < Y < X < 0 \\ X + Y = 1 \end{cases} \tag{3-24}$$

式中，X、Y 分别为直接信任值和间接信任值在整个模糊局部信任值中的权重；$1 < Y < X < 0$ 表示与间接建议相比，模糊局部信任评估更侧重于直接观察。由于 IoT/CPS 中的节点可以动态加入 WSN 或退出 WSN，因此可以推理出时间较长的历史建议在式(3-24)中应具有相对较小的权重。

7. 全局信任评估

节点 SN_i 不仅可以通过节点 SN_j 直接观察到，还可以通过询问其"熟人"获得间接的经验。因此，节点 SN_i 和 SN_j 之间存在两种模糊信任模型，即模糊直接信任模型和模糊间接信任模型。如果一个节点想要与另一个节点获得更准确的信任值，则它必须集成更多的直接和间接经验。直接信任可能会随时间变化，而为了获得最准确的信任值，必须发现最广泛的间接信任集。TRM-IoT 将模糊全局信任关系定义为模糊直接信任关系、1 级模糊间接信任关系、2 级模糊间接信任关系和 n $(n \rightarrow \infty)$ 级模糊间接信任关系的并集。

考虑一个在 $n+16$ 个节点的网络中节点 SN_i 与节点 SN_j 之间的模糊全局信任评估，如图 3-7 所示。在这个例子中，源节点 SN_i 具有到目标节点 SN_j 的五条路由。如果想在它们之间获得最准确的信任评估，则必须包含和评估这五个路由。因此，可以通过以下公式计算模糊全局信任评估：

$$
\begin{aligned}
T_{i,j} &= D + R \circ D + R^2 \circ D + R^3 \circ D + \cdots + R^n \circ D \\
&= (\mathrm{SN} + R + R^2 + R^3 + \cdots + R^n) \circ D
\end{aligned}
\tag{3-25}
$$

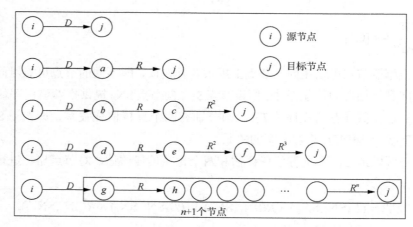

图 3-7　节点 SN_i 与节点 SN_j 之间的模糊全局信任评估

显然，节点 SN_i 可以对节点 SN_j 进行模糊全局信任评估，其计算公式为

$$
T_{i,j} = \lim_{x \to \infty} \left[(\mathrm{SN} \cup R \cup R^2 \cup \cdots \cup R^n) \circ D \right]
\tag{3-26}
$$

IoT/CPS 的 WSN 具有动态拓扑、带宽限制、可变容量链接、能源受限的操作以及有限的物理安全性。动态性使行为的评估变得困难，因为这种网络中的路由经常更改。在这种情况下，模糊全局信任评估反映了社区与正在评估的相应节点之间的过去交互。此评估对于社区的所有成员节点都是全局可用的，并且每次成员节点发布新的传感器节点评估时进行了更新。

3.3.3　性能评估

1. 实验设置

TRM-IoT 在 NS-3 模拟器上进行了仿真实验。每次运行都从 WSN 中随机选择源和目标对。由于将 TCP 确认和重传作为数据包交付成功和失败事件的指示，仿真实验中使用了 AODV 协议作为通信协议。在仿真实验中，将传感器节点分为两种类型：正常节点和恶意节点。此外，根据路由发现、路由维护和数据转发中的行为，恶意节点可以进一步分为两类。对于第一种类型(类型 1)：恶意节点不执行程序包转发功能。对于第二种类型(类型 2)，恶意节点不参与路由发现阶段。如图 3-8 所示，在每次运行中根据设置百分比随机选择那些恶意节点。

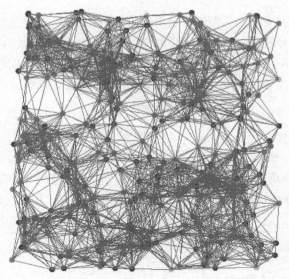

图 3-8　仿真实验中恶意节点和不良节点的随机分布

　　信任和信誉关系是在仿真实验开始时就随机初始化的。因此，经过几轮通信后，可以为 IoT/CPS 的 WSN 建立类似的基于行为与模糊理论的信任和信誉模型，其中，每个节点通过对设置的个体之间的直接观察和间接信誉，在彼此之间建立直接信誉，间接信誉则取决于其他人对附近其他节点的推荐。

2. 端到端包转发率

　　端到端包转发率(EPFR)定义为目标节点的应用程序层接收的数据包数与源节点的应用程序层发送的数据包数之比。该参数显著反映了数据包处理过程中处理过程恶意节点的比例对丢包率、路径中断修复、发送缓冲区溢出、接口队列溢出、冲突 MAC 数据包和端到端数据包的影响。数据包丢失的原因涵盖了丢包、路由故障、拥塞和无线信道丢失等。

　　如图 3-9 所示，一些传感器节点被随机设置为恶意节点。恶意传感器节点的比例增加了，从 10%增加到 60%，而网络的其他节点则表现得很好，结果表明，某些个体自私节点显然导致了 EPFR 的线性回归。

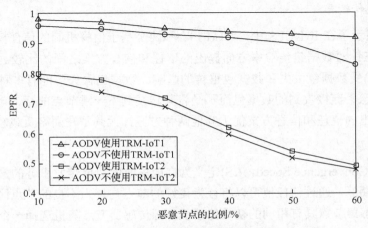

图 3-9　EPFR 与恶意节点比例之间的关系

　　因此，安全机制主要关注类型 1，以正确执行数据包转发功能。当 60% 的节点遵循类型 1 和 2 时，EPFR 分别降低至 0.53 和 0.82。但是，当正常节点的数量少到一定程度(如 50%)时，相应的 EPFR 将大大降低。通过检查 EPFR，与原始 AODV 协议相比，可以看到 TRM-IoT 在实验中体现出的改进。此外，随着恶意节点比例的增加，类型 2 对 EPFR 的影响要小于类型 1。

　　3. 能耗分析

　　如图 3-10 所示，使恶意节点的数量在总数的 10%～60% 变化，每次实验运行时增加 10%，而网络的其他节点行为良好。由于任何恶意节点都不参与 AODV 协议的路由发现阶段，或者不诚实执行数据包转发，因此恶意节点的 AEC 小于其他正常节点的 AEC。

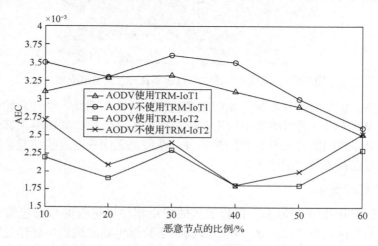

图 3-10　AEC 与恶意节点比例之间的关系

　　实验结果表明，即使类型 1 的单个恶意节点严重影响网络性能，能够提升节点传输数据包次数的信任和信誉机制也是 WSN 中非恶意路由的基本安全需求。TRM-IoT 模型有效地对恶意节点进行了多维数据集处理，并显著降低了良好传感器节点的能耗。

　　4. 数据包传输率

　　图 3-11 显示了在 IoT/CPS 中，TRM-IoT 和两个基于信誉机制的信任模型(DRBTS 和 BRTM-WSN)在针对数据包传输率方面提出的信任和信誉方案之间的比较。实际上，数据包传输率(PDR)受数据包丢失和数据包重传的影响。数据包丢失可能有多种原因。实验关注中间节点有意丢弃接收到的数据包而不是将其转发到下一跳节点的行为。从图 3-11 中可以看到，所提出的信任和信誉方案优于其他两种方案，尤其是在网络负载较高的情况下。

　　5. 收敛速度

　　收敛速度(Convergence Speed，CS)定义为完成失败的数据转发事务的最少周期数。经过几个事务周期后，通过信任值可以将行为良好的节点与行为不良的节点区分开。在初始阶段，所有传感器节点具有相同的初始信任值，源传感器节点随机选择一个节点进行数据包转发。在处理少量事务后，好的节点可以比其他坏的恶意节点获得更高的信任值。

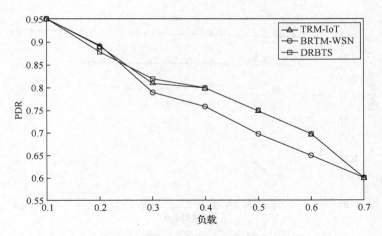

图 3-11　数据包传输率与负载之间的关系

正常节点的所有数据包转发的失败次数反映了 CS 随仿真周期的变化。由于正常节点始终选择具有较高信任值的另一个节点，因此周期数越少，模型的收敛速度越快。

图 3-12 描述了 TRM-IoT 在 WSN 中的 8 个周期后几乎完全消除了数据包的失败转发。然而，类型 1 的自私节点故意丢弃接收的数据包而不是转发它们，并且正常数据包转发的失败率增加，该系统不能很好地收敛，与类型 2 的自私节点相比，收敛速度较慢。

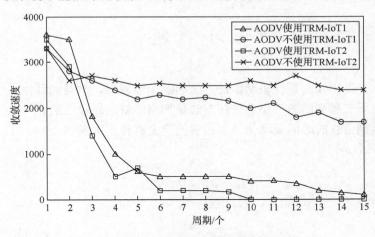

图 3-12　收敛速度与周期的关系

6. 检测概率

检测概率(Detection Probability，DP)表示信任和信誉模型是否可以更好地处理来自第三方的错误建议。在图 3-13 中，DRBTS 模型的性能优于 BRTM-WSN 模型。这是因为 DRBTS 模型可以更好地处理来自第三方的错误建议。

此外，TRM-IoT 模型的性能优于其他两个现有模型。这主要是因为 TRM-IoT 模型在评估信任和信誉时会考虑可能的估计误差。

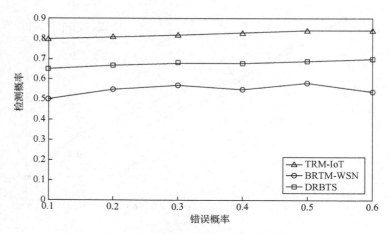

图 3-13　检测概率与错误概率的关系

Chen 等[11]在 2011 年设计了基于模糊理论的相似信任模型，其中每个节点通过对其他节点的建议进行直接观察和建立个人之间关于附近其他节点的个人间接信誉，从而为节点彼此之间建立直接信誉。两种信誉一起使用，可以帮助节点评估其他传感器节点的可信度，检测恶意节点并协助无线网络内的决策。其中，局部信任或本地信任是周期性进行更新的，因此是一种典型的时间驱动的信任更新方法。

习　　题

1．基于上下文感知的事件驱动信任方法的 5 个步骤中，学习起到什么作用？
2．基于上下文感知的事件驱动信任方法是如何缓解通断攻击的？
3．基于模糊信誉的时间驱动信任和信誉的定义有什么区别？
4．试解释式(3-17)。

第 4 章　物联网中的信任传播

4.1　信任传播的概念

当物联网中的实体完成对其他实体的信任评估,或信任评估更新后,需要将新的信任值通知给其他实体,或与其他实体交换。信任传播关注的主要是在物联网实体之间交换信任证据和信任值等信息,主要包括集中式的信任传播、分布式的信任传播以及相对新颖的基于安全多方计算的信任传播。

(1) 集中式信任传播:需要在网络环境中设置一个中心实体,如云服务器或者逻辑上的信任管理模型中心等。在集中式的信任传播中,信任更新也是在中心实体上集中完成的,当物联网实体需要更新其目标的信任值时,依据信任更新方式(事件驱动/时间驱动)向中心实体请求新的信任值或信任证据。

(2) 分布式信任传播:物联网设备在无需中心实体的情况下自主向其他遇到或互动的设备传播其信任观察结果。在 MANET 或 WSN 环境中,很难设置一个全局的中心实体,因此更适应分布式的信任传播机制。

需要注意的是,这两种信任传播机制并非互斥的,即两者可以在同一个物联网环境中共存以及协作。例如,尽管在 WSN 中设置一个全局的管理中心实体很困难,但是可以将WSN 划分成若干区域,在每个区域中设置一个局部管理中心实体负责这一区域的信任传播,即实现局部的集中式信任传播,而从全局看仍是分布式的信任传播。基于安全多方计算的信任传播方法在 4.3 节中以实例加以阐述。

4.2　基于动态信任管理协议的分布式信任传播方法

4.2.1　系统模型

物联网(IoT)的基础建立在智能对象无处不在这一前提下,具有广泛的适用性。物联网的一个重要特征是,大多数智能对象都是人携带或与人相关的异构设备。因此,在物联网应用的设计阶段,必须考虑使用设备的用户之间的社交关系。社交物联网的概念分析了各种类型的社交关系,如父母对象关系、托管与合作关系、所有权关系等。此外,物联网中的设备通常会暴露在公共区域并通过无线进行通信。因此,物联网对象容易受到恶意攻击。在这一节中,主要介绍一种针对恶意节点和不合作节点的物联网系统动态信任管理协议,旨在增强物联网应用的安全性并提高其性能。基于动态信任管理协议的目标是设计和验证动态信任管理协议,该协议可以动态调整信任设计参数设置,以响应不断变化的环境。

物联网环境中的安全管理至关重要。但是，在物联网环境中用于增强安全性的信任管理方面的工作有限，尤其是在处理作为物联网社区合法成员的行为异常的节点时。有研究者提出过一个基于模糊信誉的物联网信任管理协议，但是这一信任管理协议考虑了一个特定的 IoT 环境，该环境仅包含具有 QoS 信任度量标准(如数据包转发/传递比率和能耗)的无线传感器。在另一个同时考虑了社会信任和 QoS 信任度量的信任管理协议中，使用直接观察和间接推荐来更新信任值，但是，这一协议只考虑了静态环境(如静态的恶意节点数量)，因此不适用于环境条件不断变化的 IoT 环境(如不断增加的不良节点数量/活动、行为变化、快速成员关系变化和快速交互模式变化)。

本节介绍的方法包括以下内容。首先，为物联网系统开发了一个动态信任管理协议，以处理状态或行为可能动态演变的恶意节点。其次，对动态信任管理协议的收敛性、准确性和弹性特性进行了形式化的处理，并通过仿真验证这些期望的特性。这一信任管理协议能够适应不断变化的环境条件。最后，以服务组合作为物联网应用，能够证明这一动态信任管理协议可适应动态变化的环境，自适应地调整最佳信任参数设置，以最大限度地提高应用性能。

图 4-1 说明了具有社会交互实体的物联网的系统模型。在这一模型中，考虑的是一个没有集中可信权威的物联网环境。每个节点都能够自主地、独立地与其他节点交互、执行计算、存储信息。每个设备(节点)都有一个所有者，一个所有者可以拥有多个设备。

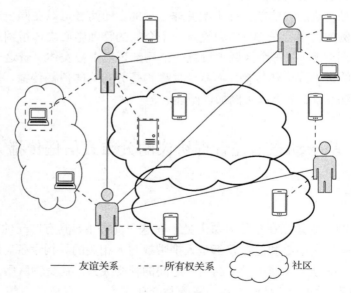

—— 友谊关系　　---- 所有权关系　　☁ 社区

图 4-1　物联网的系统模型

每个所有者都有一个朋友列表，代表着它的社交关系。在特定的社区或工作环境中，设备由其拥有者携带或操作。属于类似社区集的节点可能具有类似的兴趣或类似的功能。该模型区分了不合作节点(Uncooperative Nodes)和恶意节点。一个不合作节点为自己的利益行事，因此，如果它与服务请求者没有很强的社交关系(如友谊)，它可能会停止向服务请求者提供服务。恶意节点的目的是破坏物联网的基本功能。此外，它还可以执行以下与信任相关的攻击。

(1) 自我推销攻击(Self-Promoting Attacks)：通过为自己提供良好的推荐信息来提升自己的重要性，从而被选择为服务提供者，但随后停止提供服务或提供故障服务。

(2) 诋毁攻击：破坏行为良好的节点的信誉(通过为行为良好的节点提供糟糕的推荐信息实现)，从而减少选择良好节点作为服务提供者的机会。

(3) 好意攻击(Good-Mouthing Attacks)：提高恶意节点的信誉(通过为它们提供好的推荐信息实现)，从而增加恶意节点被选择为服务提供者的机会。

节点的信任值是基于直接观察和如推荐之类的间接信息进行评估的。一个节点对另一个节点的信任值在遇到交互事件时更新。每个节点将独立执行信任协议，并将基于为评估信任属性而设计的特定检测机制，对遇到的节点执行直接信任评估。

4.2.2　动态信任管理协议

动态信任管理协议在分布式的前提下，还保证了弹性机制，即一个节点只对它最感兴趣的有限的节点集进行信任评估。信任管理协议是基于节点相遇和基于节点活动的，这意味着信任值的更新是事件驱动的。两个节点相遇或参与直接交互活动时，可以直接观察对方并更新彼此的信任评估，这些信任评估结果将作为推荐信息交换给其他节点。

这一信任管理协议使用了包括诚实性(Honesty)、协同性(Cooperativeness)和社区利益(Community-Interest)等多个信任属性。其中诚实性表示一个节点是否诚实。协同性表示受信者与信任者是否存在社会合作关系。社区利益表示信任者和受信者是否处于相同的社会社区/群体(如托管或共同工作关系或者具有相似的能力)。在时间 t 处，节点 i 对节点 j 的信任评估用 $T_{ij}^{X}(t)$ 表示，其中 X 表示诚实性、协同性或社区利益等信任属性中的一种。$T_{ij}^{X}(t)$ 是[0,1]内的实数，其中 1 表示完全信任，0.5 表示不确定，0 表示不信任。当节点 i 在时间 t 遇到另一个节点 k 或直接与另一个节点 k 交互时，节点 i 将更新其信任评估 $T_{ij}^{X}(t)$，具体如下：

$$T_{ij}^{X}(t) = \begin{cases} (1-\alpha)T_{ij}^{X}(t-\Delta t) + \alpha D_{ij}^{X}(t), & j = k \\ (1-\gamma)T_{ij}^{X}(t-\Delta t) + \gamma R_{ij}^{X}(t), & j \neq k \end{cases} \quad (4\text{-}1)$$

式中，Δt 为自上次信任评估更新以来经过的时间。如果受信者节点 j 即是节点 k 自身，则节点 i 将基于直接观察($D_{ij}^{X}(t)$)来建立对节点 j 的新信任评估和根据过去的经验用旧的信任评估来更新($T_{ij}^{X}(t)$)。这里使用参数 α ($0 \leqslant \alpha \leqslant 1$)权衡这两个信任值并考虑随时间的信任衰减，即旧信任值的衰减和新信任值的贡献。较大的 α 表示信任评估将更多地依赖直接观察。这里基于在时间段 $[0,t]$ 内累积的直接观察指示节点 i 对节点 j 的信任值。当节点 i 和节点 j 在广播范围内(Radio Range)交互或相遇的情况下，基于直接观察 $D_{ij}^{X}(t)$ 获得每个信任分量的计算步骤如下。

1. 诚实性分量 $D_{ij}^{\text{honesty}}(t)$

诚实性分量表示根据节点 i 对节点 j 的直接观察,节点 i 相信节点 j 是诚实的。节点 i 通过记录其所观察的节点 j 在时间段 $[0,t]$ 中可疑的不诚实经历,并使用一组异常检测机制来评估 $D_{ij}^{\text{honesty}}(t)$,如差异较大的推荐、不同时间段内不同的数据包发送间隔、重传和延迟等。如果计数超过系统定义的阈值,则认为节点 j 在时间段 $[0,t]$ 内完全不诚实,即 $D_{ij}^{\text{honesty}}(t)=0$;否则,将 $D_{ij}^{\text{honesty}}(t)$ 计算为 1 减去计数与阈值的比率。在这一问题上有一个假设:被损害的节点必须是不诚实的。这种检测机制基于非零的假正概率(False Positive Probability)(p_{fp})和假负概率(False Negative Probability)(p_{fn})。系统定义的阈值是一个设计性参数,用于计算 p_{fp} 和 p_{fn} 。

2. 协同性分量 $D_{ij}^{\text{cooperativeness}}(t)$

节点 j 的协同程度由节点 i 基于在时间段 $[0,t]$ 内对节点 j 的直接观察评估。可以使用设备所有者之间的友谊关系来描述协同性,即朋友之间可能会相互合作。节点 i 对节点 j 的协同信任度(Cooperativeness Trust)计算为共同好友数量与节点 i 和 j 的好友总数的比值,即 $\dfrac{|\text{friends}(i) \cap \text{friends}(j)|}{|\text{friends}(i) \cup \text{friends}(j)|}$,其中 $\text{friends}(i)$ 表示节点 i 的朋友集,一个特殊情况是节点 i 应当包含在其自己的朋友列表中(即 $i \in \text{friends}(i)$),以便处理两个节点是彼此唯一的朋友的情况。当节点 i 和节点 j 相遇并直接交互时,可以交换各自的朋友列表,节点 i 可以验证节点 j 是否与其有共同朋友。因此,对协同性的直接观察将更接近实际情况。

3. 社区利益分量 $D_{ij}^{\text{community-interest}}(t)$

社区利益提供的节点 j 的共同利益或相似能力由节点 i 根据时间段 $[0,t]$ 内对节点 j 的直接观察评估。节点 i 对节点 j 的社区利益信任度计算为共同社区/群体利益数量与节点 i 和 j 的社区/群体利益总数之比,即 $\dfrac{|\text{community}(i) \cap \text{community}(j)|}{|\text{community}(i) \cup \text{community}(j)|}$,其中 $\text{community}(i)$ 表示节点 i 的社区/群体集合。当节点 i 和节点 j 遇到并直接交互时,它们可以交换其服务和设备配置文件。节点 i 可以验证节点 j 及其本身是否在特定社区/群体中。因此,对社区利益的直接观察将接近实际情况。

而当节点 j 和节点 k 不是同一节点时,节点 i 不会直接观察节点 j ,并将使用其过去的经验 $T_{ij}^{X}(t-\Delta t)$ 和节点 k 的推荐($R_{kj}^{X}(t)$ 其中 k 是推荐者)以更新($T_{ij}^{X}(t)$)。此处使用参数 γ 权衡推荐与过去的经验,并考虑随着时间的推移信任衰减:

$$\gamma = \frac{\beta D_{ik}^{X}(t)}{1 + \beta D_{ik}^{X}(t)} \tag{4-2}$$

在这里引入另一个参数 β ($\beta \geqslant 0$),指定间接推荐对 $T_{ij}^{X}(t)$ 的影响,以使分配给间接推荐的权重标准化为 $\beta T_{ik}^{X}(t)$ 。推荐信任的贡献随着 $D_{ik}^{X}(t)$ 或 β 增加而成比例地增加。这里并

没有将 $D_{ik}^{X}(t)$ 的权重比设置为 1，而是允许通过调整 β 的值来调整权重比，并测试其对诽谤性攻击影响，如好意和诋毁攻击。这里 $D_{ik}^{X}(t)$ 是节点 i 对节点 k 的推荐信任(节点 i 判断节点 k 是否提供正确的信息)。节点 k 向节点 i 提供的有关节点 j 的推荐 $R_{kj}^{X}(t)$ 取决于节点 k 是否是正常节点。如果节点 k 是一个正常节点，则 $R_{kj}^{X}(t)$ 等于 $D_{ik}^{X}(t)$。如果节点 k 是恶意节点，则当节点 j 是正常节点时，它可以通过诋毁攻击提供 $R_{kj}^{X}(t)=0$，而当节点 j 是恶意节点时，它可以通过好意攻击提供 $R_{kj}^{X}(t)=1$。

协议的收敛性、准确性和弹性在面临攻击时是可以得到保证的。设节点 j 在时间 t 的真实状态由 $G_j(t) \in [0,1]$ 表示。在时间 t 处，节点 i 对节点 j 的直接观察是通过区间 $[0,1]$ 内的随机变量建模，$D_{ij}(t) \sim N(G_j(t),\sigma)$，其中 σ 为标准差。在时间 t，节点 i 更新对节点 j 的信任值。假设在时间 t 处，节点 i 遇到或直接与节点 j 交互的概率为 p_0，而节点 i 遇到或直接与其他 N_T-2 个节点交互的概率为 $p_1, p_2, \cdots, p_{N_T-2}$(其中 $p_0+p_1+p_2+\cdots+p_{N_T-2}=1$)。因此，可以将节点 i 在时间 t 对节点 j 的预期信任评估计算为

$$
\begin{aligned}
T_{ij}(t) &= p_0\left[(1-\alpha)T_{ij}(t-\Delta t)+\alpha D_{ij}(t)\right]+\sum_{m=1}^{N_T-2} p_m\left[(1-\gamma_m)T_{ij}(t-\Delta t)+\gamma_m R_{k_m j}(t)\right] \\
&= \left[p_0(1-\alpha)+\sum_{m=1}^{N_T-2} p_m(1-\gamma_m)\right]T_{ij}(t-\Delta t)+p_0\alpha D_{ij}(t)+\sum_{m=1}^{N_T-2} p_m\gamma_m R_{k_m j}(t) \\
&\stackrel{\text{def}}{=} q_0 T_{ij}(t-\Delta t)+\sum_{m=1}^{N_T-1} q_m R_{k_m j}(t) \\
&= q_0^n T_{ij}(0)+\sum_{l=0}^{n}\sum_{m=1}^{N_T-1} q_0^L q_m R_{k_m j}(t-l\Delta t)
\end{aligned}
\tag{4-3}
$$

式 (4-3) 中的描述有所简化，如 $q_0 \stackrel{\text{def}}{=} p_0(1-a)+\sum_{m=1}^{N_T-2} p_m(1-\gamma_m)$，$q_m \stackrel{\text{def}}{=} p_m\gamma_m$，$q_{N_T-1} \stackrel{\text{def}}{=} p_0\alpha$，$R_{k_{N_T}-1 j}(t) \stackrel{\text{def}}{=} R_{ij}(t)=D_{ij}(t)$。符号 γ_m 用作节点 i 朝向节点 k_m 使用的 γ 值。

引理 4-1　只要 $0<\alpha \leqslant 1$ 或 $\beta>0$，协议中的信任评估就会收敛到真实情况。

证明　在式(4-3)中，如果 $0<\alpha \leqslant 1$ 或 $\beta>0$，则 $0\leqslant q_0<1$。q_0^n 将随着 n 或时间 t 的增加而单调减少为 0。因此，$T_{ij}(t)$ 的期望值(即 $E(T_{ij}(t))$)随着 n 或时间 t 的增加单调收敛于

$$
E\left[\sum_{l=0}^{n}\sum_{m=1}^{N_T-1} q_0^l q_m R_{k_m j}(t-l\Delta t)\right]=G_j(t)
$$

，直到真实状态发生变化。在动态环境中，每当真实状态发生变化时，收敛过程就会重复一次，即如果真实状态在时间 t 上改变，则在时间 t (即 $T_{i,j}(t)$)处的信任评估将被设置为新的初始值，并且信任评估将朝着新的真实状态收敛，直到真实状态再次改变。

引理 4-2　协议信任收敛速度随着 α 或 β 增加而增加。

证明　在式(4-3)中，随着 α 或 β 增大，q_0 的值减小，并且 q_0^n 的斜率绝对值(作为 n 或时间 t 的函数)增大。基于引理 4-1 的结论，收敛时间随着 α 或 β 增加而变短。

引理 4-3 协议收敛之后，信任评估的方差随着 α 或 β 增加而增加。

证明 在式(4-3)中，信任评估 $T_{ij}(t)$ 的方差是 $\mathrm{Var}[T_{ij}(t)] = \sum_{l=0}^{n}\sum_{m=1}^{N_T-1}(q_0^l q_m)^2\sigma^2$。如果 n 足够大(即 $E[T_{ij}(t)]$ 收敛到 $G_{ij}(t)$)，$\mathrm{Var}[T_{ij}(t)]$ 随着 α 或 β 增加而增加。

引理 4-4 如果恶意节点的百分比为 λ，检测机制的假负概率和假正概率分别为 p_{fn} 和 p_{fp}，则协议中信任评估的均方误差(MSE)小于信任收敛之后的均方误差(MSE) $\dfrac{\lambda}{1-\lambda}\dfrac{p_{\mathrm{fn}}}{1-p_{\mathrm{fp}}}$。MSE 随着 α 增加或 β 减小而减小。

证明 在式(4-3)中，信任收敛后，有

$$E\big[T_{ij}(t)\big] = E\left[\sum_{l=0}^{n}\sum_{m=1}^{N_T-1}(q_0^l q_m R_{k_m j})(t-l\Delta t)\right]$$

$$\stackrel{\mathrm{def}}{=\!=\!=} C\left\{\alpha G_j(t) + \frac{\beta}{1+\beta}\big[\lambda p_{\mathrm{fn}}E[R_{kj}(t')] + (1-\lambda)(1-p_{\mathrm{fp}})G_j(t)\big]\right\}$$

其中，$t' \leqslant t$，且 C 对 $R_{kj}(t')$ 和 $G_j(t)$ 是恒定的。因此，无论恶意节点提供什么样的推荐，对真实状态的信任评估的 MSE 都满足 $\dfrac{\lambda p_{\mathrm{fn}}}{(1-\lambda)(1-p_{\mathrm{fp}})+\alpha\dfrac{1+\beta}{\beta}} \leqslant \dfrac{\lambda}{1-\lambda}\dfrac{p_{\mathrm{fn}}}{1-p_{\mathrm{fp}}}$，并且 MSE 随着 α 增加或 β 减小而减小。

4.2.3　性能分析

本节给出通过物联网设备执行这一动态信任管理协议所获得的仿真结果，并在物联网环境中的一个服务组合应用中演示协议的有效性。实验所使用的参数如表 4-1 所示。

表 4-1　实验中的参数设置

参数名称	取值	参数名称	取值
N_T	50	$p_{\mathrm{fp}}, p_{\mathrm{fn}}$	5%
N_M	5	N_G	10
λ	[0%,90%]	β	[0,1]
N_H	20	T_S	100h
α	[0,1]		

实验考虑一个 $N_T=50$ 异构智能对象/设备的物联网环境。这些设备随机分配给 $N_H=20$ 个所有者。设备之间的社会合作关系以设备所有者之间的友谊关系(矩阵)为特征，即如果设备 i 和 j 的所有者是朋友，则 ij 位置为 1。设备由其所有者在一个或多个社交社区或组中使用。一个设备最多可以属于 $N_G=10$ 个社区或群体。考虑随机路径点移动模型，其中节点随机移动，在无线电范围内相遇或直接相互作用。总仿真时间为 100h。考虑在所有设备

中随机选择恶意节点的百分比 $\lambda \in [0\%, 90\%]$ 的敌意环境。正常或良好的节点遵循提出的信任管理协议，而恶意节点通过提供虚假的信任推荐(好意、诋毁和自我推销攻击)来破坏信任管理。所有设备的初始信任值设置为未知，信任值为 0.5。

协议的设计用于动态信任管理。在实验中，首先用静态环境测试协议，即节点的 Ground Truth(真实值)状态不会随时间变化，然后用动态环境测试协议，即节点的 Ground Truth 状态会随时间变化。

1. α 对信任评估的影响

首先研究参数 α 对信任评估的影响。实验选择了 5 个不同的 α 值(0.1、0.3、0.5、0.7 和 0.9)，并将 β 的值固定为 0 以隔离其影响。

图 4-2 显示了 α 在静态环境中对信任评估的影响，在静态环境中，Ground Truth(真实值)不会随时间 t 增加而改变。图 4-2 分别显示了对不诚实(即 Ground Truth = 0)、诚实(即 Ground Truth = 1)、协同性和社区利益的信任评估。可以看到，对于所有四种情况，信任评估都随着时间的增加而接近基本 Ground Truth 状态(引理 4-1)。此外可以观察到，随着 α 值的增加，信任评估会更快地收敛到 Ground Truth(引理 4-2)，但是信任波动会变得更大(引理 4-3)。原因是新的直接观察比过去的信任信息可以更好地反映实际节点状态。在信任评估中使用更多新的直接观察(较高 α)可以帮助信任迅速收敛到实际节点状态。

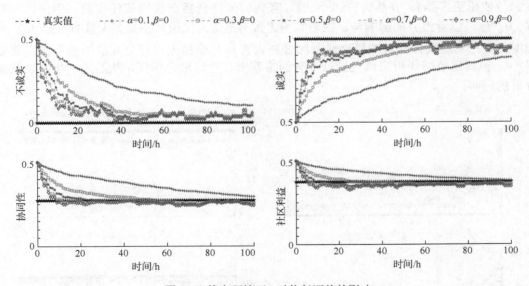

图 4-2　静态环境下 α 对信任评估的影响

实验同时考虑了一个不断变化的环境。其中一个节点最初是良好的，然后被破坏。图 4-3 显示了在此设置中对诚实度的信任评估结果。可以看到，在状态改变后，信任评估收敛到新的 Ground Truth 状态。另外，随着增加 α 的值，信任评估会更快地收敛到新的 Ground Truth，但是波动更大。实验结果与动态环境中的引理能很好地相关。

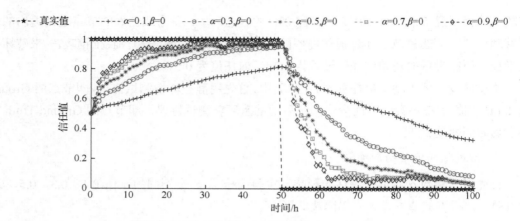

图4-3　动态环境下α对(诚实度)信任评估的影响

2. β对信任评估的影响

接下来研究参数β对信任评估的影响。将α的值固定为 0.5，以隔离其影响，并通过选择五个不同的β值(0、0.1、0.2、0.5 和 1)来进行实验。图 4-4 分别显示了β在静态环境中对不诚实(Ground Truth = 0)、诚实(Ground Truth = 1)、协同性和社区利益的信任评估。可以看到，对于所有四个案例，随着时间的增加，信任评估都接近 Ground Truth 状态。同时，随着β的增加，信任评估会更快地收敛到 Ground Truth，但是信任波动会变得更大。原因是使用更多推荐(β越大)有助于通过有效的信任传播来实现信任收敛。但是，只要$\beta > 0$，就可以看出β的影响与α的影响相比微不足道。原因是在具有大量节点的 IoT 环境中，委托人遇到推荐者的机会通常比委托人直接与受托人进行交互的机会更多。只要$\beta > 0$，协议就能够使用来自大量推荐者的推荐来有效地聚合信任，从而进一步减少增加β值的影响。

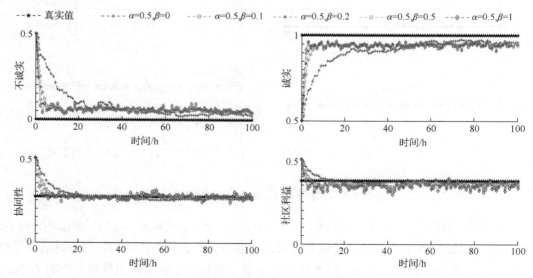

图4-4　静态环境下β对信任评估的影响

图 4-5 显示了β动态环境中对(诚实度)信任评估的影响。在 Ground Truth 状态发生变

化之后，信任协议迅速收敛到新的 Ground Truth 状态。最初在信任评估中使用推荐($\beta > 0$)有助于信任收敛。但是，如果基础信任状态动态变化，则使用推荐对信任收敛速度的贡献不大。其背后的原因是，如果一个诚实的推荐人在受托人状态改变后没有与受托人互动，那么他会提供过时的、不准确的信任推荐。由于信任者不会将这些不正确的推荐从好的推荐人中排除，因此会阻碍信任的收敛。一种解决方案是仅在推荐人最近与受信者交互时才选择推荐人，并使用统计方法排除推荐离群值。

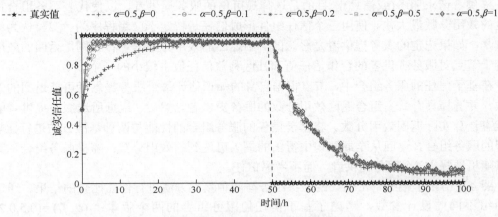

图 4-5　动态环境下 β 对(诚实度)信任评估的影响

3. 协议对信任攻击的弹性

实验进一步验证了信任协议对信任攻击的弹性。选择参数 $(\alpha, \beta) = (0.5, 0.5)$，并考虑五个不同的敌意环境，其中恶意节点的百分比 λ 分别为 10%、30%、50%、70% 和 90%。恶意节点是随机选择的，并且会执行好意和诋毁攻击。

图 4-6 显示了五种敌意环境下对不诚实(真实值 = 0)、诚实(真实值 = 1)、协同性和社区利益的信任评估结果。可以看到，信任评估很快收敛，当 $\lambda \leqslant 50\%$ 时，它非常接近 Ground

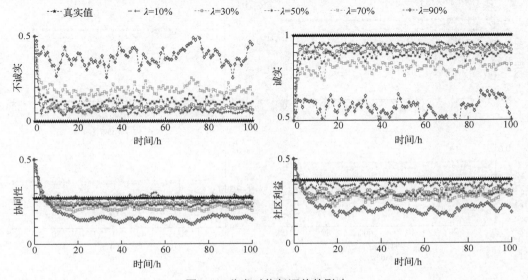

图 4-6　敌意对信任评估的影响

Truth 状态，显示出对信任攻击的弹性。随着 λ 的增加，由于来自恶意节点的错误推荐增多，信任评估的 MSE 也增加。正如引理 4-4 预测，当 $\lambda = 70\%$ 和 $\lambda = 90\%$ 时，MSE 分别达到 12% 和 40%。

4. 动态信任管理应用：基于信任的服务组合应用

实验考虑了物联网环境中基于信任的服务组合应用。在此应用场景中，节点向 N_M 个服务提供者请求服务(或信息)，目的是选择最可信的服务提供者，以使代表服务组合良好程度的效用分数最大化。使用三个信任组件形成信任是特定于应用程序的。实验认为信任形成是：如果选定的服务提供者是恶意的，则返回的效用分数为零；否则，返回的效用分数等于节点对服务提供者的合作信任值和社区利益信任值中较小的一个。

在基于信任的服务组合中，节点根据自身的知识估计每个服务提供者可能返回的效用分数，并选择具有最高组合返回效用分数的服务提供者。然后，根据所选服务提供者的实际状态计算实际返回效用分数。将基于信任的服务组合的性能与两种基准方法进行比较：理想的服务组合，返回从全局知识中得出的最大可达到的效用分数；随机服务组合，其中节点随机选择 N_M 个服务提供者，而不考虑信任。

图 4-7 给出了根据基于信任的服务组合与两种基准方法进行性能比较的结果。通过选择两组不同的设计参数，考虑了基于信任的服务组合的两个版本： $(\alpha, \beta) = (0.5, 0.2)$ 和 $(\alpha, \beta) = (0.5, 0)$。实验结果显示，随着恶意节点百分比的增加，每个协议获得的效用分数会降低，因为好的服务提供者会减少。还观察到，基于信任的服务组合显著优于随机服务组合，并接近理想服务组合可实现的最大性能。此外，可见两种基于信任的服务组合方法的效用分数曲线上都有一个交叉点。在交叉点之前，设置为 $(\alpha, \beta) = (0.5, 0.2)$ 的基于信任的服务组合表现更好，而交叉点之后，设置为 $(\alpha, \beta) = (0.5, 0)$ 基于信任的服务组合表现更好。

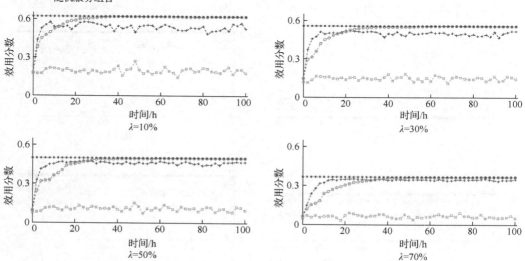

图 4-7 服务组合中的性能比较

原因是虽然使用推荐有助于信任快速收敛，但因为诋毁和好意攻击，它也引入了信任偏见。可以观察到交叉点随着恶意节点百分比的增加而增加。具体来说，交叉点是在 t=12h(λ=10%)、t=18h(λ=30%)、t=26h(λ=50%)和 t=32h(λ=70%)。因此，在敌意性(以恶意节点的百分比表示)随时间变化的动态 IoT 环境中，能够通过选择最佳设计参数设置(α, β) 来最大化服务组合应用程序性能，从而实现了动态信任管理。

2012 年 Bao 等[12]提出了这种用于物联网系统的动态信任管理协议，这是一项使用分布式信任传播方法的代表性工作，其中每个节点自动执行信任评估，同时每个节点维护自己对其他节点的信任评估，并将其传播给其他与之进行交互的节点。在 Bao 的方法中，并没有一个中心化的信任管理节点存在，是一种典型的分布式信任传播方法。

4.3　基于安全多方计算的信任传播方法

4.3.1　安全多方计算的概念

在信任传播的过程中，参与节点需要共享自己所拥有的信息，这使得传播过程会在某种程度上造成隐私泄露，因此隐私问题应当在信任传播中得到考虑。显然，无论集中式还是分布式的信任传播方法，都缺乏对隐私保护的考虑。有研究人员从密码学技术出发，提出了基于安全多方计算的信任传播方法，它能够在保护隐私的前提下实现节点之间的信息交换，即信任传播。

安全多方计算可以在没有可信第三方的条件下，解决一些由多参与者共同参与造成的棘手问题，主要用来解决一组互相不信任的参与者之间的隐私保护问题，能够确保多名互相不信任的参与者之间共同完成计算任务而不会泄露各自的隐私信息。安全多方计算的基础是 1983 年提出的 Asmuth-Bloom 秘密共享方案，包括以下步骤。

初始化：设秘密分发者为 DC，P_i 是参与者，t 为门限值，秘密为 s。秘密分发者 DC 选择大素数 $q(q>s)$、整数 A，以及严格递增正整数序列 $d=\{d_1,d_2,\cdots,d_n\}$，且 d 满足如下几个条件：

$$\begin{cases} M = \prod_{i=1}^{t} d_i > q\prod_{i=1}^{t-1} d_{n-t+1} \\ 0 \leqslant A \leqslant M/q-1 \\ d_1 < d_2 < \cdots < d_n \\ \gcd(d_i,d_j)=1, \quad i \neq j \\ \gcd(d_i,q)=1, \quad i=1,2,\cdots,n \end{cases} \tag{4-4}$$

秘密分发：秘密分发者 DC 计算 $\begin{cases} z = s + Aq \\ z_i = z \bmod d_i, \quad i=1,2,\cdots,n \end{cases}$，并将 (z_i,d_i) 发送给 P_i，作为 P_i 的秘密份额。

秘密恢复：参与者可通过交换秘密份额恢复秘密 s。任意选取 t 个参与者 $P_i(i=1,2,\cdots,t)$ 恢复秘密。通过相互交换秘密后，P_i 建立同余方程组：

$$\begin{cases} z \equiv z_1(\bmod d_1) \\ z \equiv z_2(\bmod d_2) \\ \qquad \vdots \\ z \equiv z_t(\bmod d_t) \end{cases} \tag{4-5}$$

根据中国剩余定理可得唯一解 $z = \sum_{i=1}^{t} \dfrac{D}{d_i} e_i X_i \bmod D \,(i=1,2,\cdots,t)$，进而可求出共享秘密 $s = z \bmod q$。

4.3.2　信任评估方案

信任评估方案引入了带有时间戳的信任向量，并构建由多维向量组构成的信任矩阵用以定期记录受信者的可信行为，从而为受信者建立一种可信的评估机制，并将评估结果存储到区块链中作为查证的依据。在确保受信者可信的前提下，通过秘密共享技术构建了安全可信的签名方案。其架构图如图 4-8 所示。

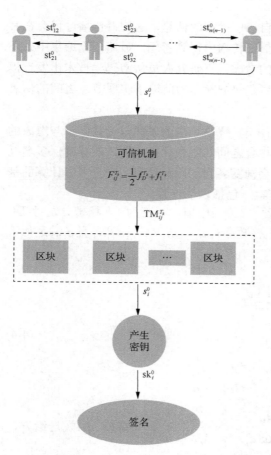

图 4-8　基于安全多方的信任评估架构

在这一方案中，参与者随机选取秘密标记信息 st_{ij}^0，并计算秘密标记 s_i^0。参与者通过秘密标记 s_i^0 验证信息来源的真实性，并建立可信机制量化参与者的可信度，将可信度量值存储到区块链上用于后期的追溯和审计。在参与者可信的情况下，参与者接收来自其他参与者的信息并产生自己的密钥用于签名。其详细流程如下。

1. 密钥生成

（1）初始化：设 $P_i(i=1,2,\cdots,n)$ 是 n 个参与者的集合，t 为门限值，g 为有限域 $\mathrm{GF}(p)$ 上的生成元，p 和 q 是两个大素数，并满足 $q/(p-1)$，$d_i(i=1,2,\cdots,n)$ 是一组严格单调递增的正整数序列，q 和 d 满足 Asmuth-Bloom 方案，待签名信息为 m，$D = \sum_{i=1}^{n} d_i$，公开 n、t、g、p、d 和 D。

(2) 产生秘密标记信息：每个参与者 P_i 随机选取秘密标记信息 $\mathrm{st}_{i1}^0, \mathrm{st}_{i2}^0, \cdots, \mathrm{st}_{in}^0$，这些值满足 Asmuth-Bloom 方案的要求，计算秘密标记 $s_i^0 = \mathrm{st}_{i1}^0 + \mathrm{st}_{i2}^0 + \cdots + \mathrm{st}_{in}^0 = \sum_{j=1}^{n} \mathrm{st}_{ij}^0$，并将 st_{ij}^0 发送给 $P_j (j = 1, 2, \cdots, n)$，同时 P_i 保留 st_{ii}^0，广播 $g^{\mathrm{st}_{ii}^0}$ 和 $g^{s_i^0}$。此时，P_i 保存了一份秘密标记信息组成的向量 $\mathrm{st}_{ij}^0 = \left[\mathrm{st}_{1j}^0, \mathrm{st}_{2j}^0, \cdots, \mathrm{st}_{ij}^0, \cdots, \mathrm{st}_{nj}^0 \right]$ 和 s_i^0。

(3) 产生身份标记信息：参与者 P_i 选择随机数 a_i，计算 $a = \sum_{i=1}^{n} a_i$，并广播 g^{a_i} 和 g^a。这里，设 $\mu_i = a + s_i^0$，$\mathrm{ID}_i = \mu_i \pmod{d_i}$，则它有唯一的解为 $\mathrm{ID} = \sum_{i=1}^{n} \frac{D}{d_i} e_i \mu_i \bmod D$，其中 e_i 满足 $\frac{D}{d_i} e_i \equiv 1 \bmod d_i$。因此，参与者的身份验证信息为 (ID, μ_i)。

(4) 计算验证信息：设 $\lambda_i^0 = s_i^0 + \mathrm{st}_i^0$，$\delta_i^0 = \mu_i + \mathrm{st}_i^0$，$\omega_i^0 = s_i^0 q + a$，根据广播信息 $g^{s_i^0}$、$g^{\mathrm{st}_i^0}$ 和 g^a，如果 $\left(g^{(\delta_i^0 - \lambda_i^0)} \bmod p \right) \cdot \left((g^{s_i^0})^q \bmod p \right) \bmod p = \left(g^{(\omega_i^0)} \right) \bmod p$，则参与者 $P_j (j \neq i)$ 接收参与者 P_i 发送的信息 st_{ij}^0。

(5) 产生密钥：P_i 收到其他参与者的秘密标记信息 $\mathrm{st}_{ij}^0 (i = 1, 2, \cdots, n)$ 并生成个人私钥：$\mathrm{sk}_i^0 = \left(\sum_{j=1}^{n} \mathrm{st}_{ij}^0 + a_i \right) \bmod d_i$，则参与者公钥为 $\mathrm{pk}_i^0 = g^{\mathrm{sk}_i^0} \bmod p$，组公钥为 $G_{\mathrm{pk}} = \prod_{i=1}^{n} g^a \bmod p$，组私钥为 $G_{\mathrm{sk}} = \sum_{i=1}^{n} a_i \bmod p$。

2. 建立信任评估机制

为确保参与者的可信性，建立动态信任评估机制，动态更新参与者的秘密标记信息并生成带时间戳的信任向量作为参与者可信的基础，并由信任向量构成信任矩阵(Trust Matrix，TM)。其构建过程如下。

如图 4-9 所示，信任评估函数主要包含两个方面：直接信任和间接信任。直接信任是指参与者身份的可信性，间接信任是指参与者之间交互信息的可信性。其中身份的可信性通过等式 $g^{\mu_i} = g^a \cdot g^{s_i^0}$ 判断，交互信息的可信性通过等式 $\left(g^{(\delta_i^0 - \lambda_i^0)} \bmod p \right) \cdot \left((g^{s_i^0})^q \bmod p \right) \bmod p = \left(g^{(\omega_i^0)} \right) \bmod p$ 判断。当等式成立时，取值为 1，否则为 0，并将信任度量值组成信任矩阵用于审计和追溯。其具体执行过程如下。

信任评估函数：$F_{ij}^{T_k} = \frac{1}{2} \left[f_D^{T_k} + f_I^{T_k} \right]$，这里 $f(x) = [x]$ 为取整函数，T 为更新周期。可信评估函数由参与者的直接信任和间接信任两部分构成。f_D 为参与者 P_i 在第 k 个周期的直接信任，这里 $\mathrm{ID}_i = \mu_i \pmod{d_i}$ 为参与者的身份信息。f_I 为参与者 P_i 在第 k 个周期的间接信任。直接信任 f_D 和间接信任 f_I 的取值属于集合 $A = \{0, 1\}$，$F_{ij}^{T_k}$ 的取值范围

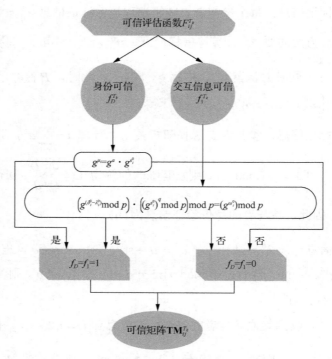

图 4-9　信任评估机制

为 $B = \left\{0, \dfrac{1}{2}, 1\right\}$。若等式 $g^{\mu_i} = g^a \cdot g^{s_i^0}$ 成立，则直接信任 $f_D = 1$，否则为 0。若等式 $\left(g^{(\delta_i^0 - \lambda_i^0)} \bmod p\right) \cdot \left((g^{s_i^0})^q \bmod p\right) \bmod p = \left(g^{(\omega_i^0)}\right) \bmod p$ 成立，则间接信任 $f_I = 1$，否则为 0。

此时，P_i 将第 k 个周期的评估结果生成信任向量：

$$\text{TV}_i^{T_k} = \left[F_{i1}^{T_k}, F_{i2}^{T_k}, \cdots, F_{in}^{T_k}\right] \tag{4-6}$$

这里默认 $F_{ii}^{T_k} = 1$。

将第 k 个周期所有参与者 $P_i (i = 1, 2, \cdots, n)$ 的信任向量组成信任矩阵，因此第 k 个周期所有参与者的评估结果为

$$\text{TM}_{ij}^{T_k} = \begin{bmatrix} F_{11}^{T_k} & F_{12}^{T_k} & \cdots & F_{1n}^{T_k} \\ F_{21}^{T_k} & F_{22}^{T_k} & \cdots & F_{2n}^{T_k} \\ \vdots & \vdots & & \vdots \\ F_{i1}^{T_k} & F_{i2}^{T_k} & \cdots & F_{in}^{T_k} \end{bmatrix} \tag{4-7}$$

因此，在第 k 个周期时，参与者 P_i 对其他 $n-1$ 个参与者的评估结果为

$$\text{TM}_i^{T_k} = \begin{bmatrix} F_{i1}^{1} & F_{i2}^{1} & \cdots & F_{in}^{1} \\ F_{i1}^{2} & F_{i2}^{2} & \cdots & F_{in}^{2} \\ \vdots & \vdots & & \vdots \\ F_{i1}^{T_k} & F_{i2}^{T_k} & \cdots & F_{in}^{T_k} \end{bmatrix} \tag{4-8}$$

在第 $k+1$ 个周期时，P_i 更新信任矩阵：

$$\mathrm{TM}_i^{T_k} = \begin{bmatrix} F_{i1}^1 & F_{i2}^1 & \cdots & F_{in}^1 \\ F_{i1}^2 & F_{i2}^2 & \cdots & F_{in}^2 \\ \vdots & \vdots & & \vdots \\ F_{i1}^{T_k} & F_{i2}^{T_k} & \cdots & F_{in}^{T_k} \end{bmatrix} \rightleftharpoons \begin{bmatrix} F_{i1}^{T_{k+1}} & F_{i2}^{T_{k+1}} & \cdots & F_{in}^{T_{k+1}} \end{bmatrix} = \mathrm{TV}_{ij}^{T_{k+1}}$$

$$\Rightarrow \mathrm{TM}_i^{T_{k+1}} = \begin{bmatrix} F_{i1}^1 & F_{i2}^1 & \cdots & F_{in}^1 \\ F_{i1}^2 & F_{i2}^2 & \cdots & F_{in}^2 \\ \vdots & \vdots & & \vdots \\ F_{i1}^{T_{k+1}} & F_{i2}^{T_{k+1}} & \cdots & F_{in}^{T_{k+1}} \end{bmatrix} \tag{4-9}$$

当参与者不可信时，不能参与签名。

3. 产生签名

产生签名分为四个步骤：

(1) $P_i(i=1,2,\cdots,t)$ 选择随机数 l_i，并计算 $\eta_i = g^{l_i \cdot \frac{\sum\limits_{j=1}^{t} F_{ij}^{T_k}}{n}} \bmod p$，$\eta_i$ 发送给 P_j 并广播；

(2) 当参与者 P_j 收到 η_i 时，P_j 计算 $\eta = g^{\frac{1}{t}\sum\limits_{i=1}^{t}\left(l_i \cdot \sum\limits_{j=1}^{t} F_{ij}^{T_k}\right)} \bmod p = \prod\limits_{i=1}^{t} g^{l_i \cdot \frac{\sum\limits_{j=1}^{t} F_{ij}^{T_k}}{t}} \bmod p = \prod\limits_{i=1}^{t} \eta_i \bmod p$；

(3) P_i 计算部分签名 $S_i^0 = m \cdot \eta \cdot l_i + w_i^0 \bmod D$，所以参与者的部分签名为 (m, η, S_i^0)，这里 $w_i^0 = \frac{D}{d_i} e_i sk_i^0 \bmod D$；

(4) P_i 计算签名 $S = \left(\sum\limits_{i=1}^{t} S_i^0 \bmod D\right) \bmod q$，所以消息 m 的最终的签名为 $\mathrm{sig}(m) = (m, \eta, S)$。

4. 签名验证

P_i 用组公钥 G_{pk} 验证等式 $g^S \equiv u^{m \cdot \eta} \cdot G_{\mathrm{pk}} \bmod p$。如果等式成立，则签名有效。

5. 动态更新

由于存在移动攻击，攻击者可以通过长期稳定的攻击来获取参与者的专用密钥。然而，动态更新参与者的密钥可以有效地防止移动攻击并提高安全性。该解决方案可以使系统公钥在整个更新过程中保持不变，保留了使用系统公钥访问历史签名信息的功能。这里，将更新周期设置为 T。每一个周期 T 内，参与者更新秘密标记信息 st_{ij}^0，并更新私钥 $sk_i^{T_k}$。更新完成后，参与者还可以根据签名过程生成签名。

6. 基于区块链的可审计机制

如图 4-10 所示，参与者首先选择出代理，由代理将信任矩阵加密并存储到区块链中，当有申请者需要查验时，向代理发起申请并从区块链中下载相应周期的信任矩阵，代理将相应周期的组私钥发给该申请者，申请者通过解密即可得到原始信任矩阵并予以验证。其详细实施过程如下。

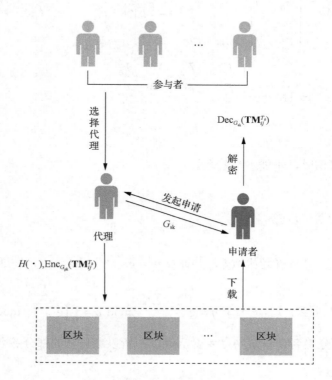

图 4-10　基于区块链的审计流程

1) 半可信代理的选择

参与者通过竞标出价选择出半可信代理。每个参与者秘密出价得到一个标准数据 $H = (h_1, h_2, \cdots, h_n)$，$n$ 个参与者合作保密计算获得各自的出价 h_i 排序，最后由出价最高者作为代理。

(1) 参与者 $P_i(i = 1, 2, \cdots, n)$ 商定一个全集 $A = [1, N]$，满足 $H \subseteq A$，每个参与者在全集 A 中构造一个 N 维向量 $\boldsymbol{B}_i = (b_{i1}, b_{i2}, \cdots, b_{ij}, \cdots, b_{iN})$，其中对于每一个 $j \in A$，定义
$$b_{ij} = \begin{cases} 1, & j = h_i \\ 0, & j \neq h_i \end{cases}。$$

(2) P_i 用系统公钥加密 $\boldsymbol{B}_i$ 得到 $E(\boldsymbol{B}_i) = \boldsymbol{B}_i^* = (b_{i1}^*, b_{i2}^*, \cdots, b_{iN}^*)$，并将 $\boldsymbol{B}_i^*$ 发给 P_{i+1}。P_{i+1} 收到 P_i 发送来的 $\boldsymbol{B}_i^*$ 后，进行如下计算：P_{i+1} 根据 $\boldsymbol{B}_{i+1} = (b_{(i+1)1}, b_{(i+1)2}, \cdots, b_{(i+1)N})$ 得到 $\boldsymbol{B}_{i+1}^*$，其中对于任意 $j \in A$，有 $b_{(i+1)j}^* = \begin{cases} b_{(i+1)j}, & b_{(i+1)j} = 1 \\ b_{ij}^*, & b_{(i+1)j} = 0 \end{cases}$，进一步可得到 $E(\boldsymbol{B}_{i+1}) = \boldsymbol{B}_{i+1}^* = (b_{(i+1)1}^*, b_{(i+1)2}^*, \cdots, b_{(i+1)N}^*)$。

然后，P_{i+1} 将 $\boldsymbol{B}_{i+1}^*$ 发送给 P_{i+2}。依次类推，最终 P_n 得到 $\boldsymbol{B}_n^* = (b_{n1}^*, b_{n2}^*, \cdots, b_{nN}^*)$ 并公布。最后，参与者 P_i 计算公式

$$R_i = \sum_{j=1}^{h_i} b_{nj}^* \tag{4-10}$$

得到最终的出价排序，由出价最高者 P_r 作为代理。

2) 区块链审计

P_r 作为代理，将第 $T_k (k=1,2,\cdots,n)$ 个周期的信任矩阵 $\mathrm{TM}_{ij}^{T_k}$ 用系统公钥加密得到密文 $\mathrm{Enc}_{G_{\mathrm{pk}}}(\mathrm{TM}_{ij}^{T_k})$，并对密文进行哈希处理得到 $H(\mathrm{Enc}_{G_{\mathrm{pk}}}(\mathrm{TM}_{ij}^{T_k}))$，将最后得到的哈希值(又称为散列值)存放到区块链中。当有需求时，参与者 P_k 或其他参与者向代理发起申请，代理 P_r 将组私钥发送给申请者 P_k，P_k 从区块链上下载数据并用私钥解密得到信任矩阵 $\mathrm{TM}_{ij}^{T_k}$。

4.3.3　方案分析

1. 正确性分析

这一方案可以从理论上进行正确性的分析和证明，由以下定理描述。

定理 4-1　参与者共同计算出的签名有效。

证明　首先有 $\mathrm{sk}_i^{T_k} = \left(\sum_{j=1}^{n} \mathrm{st}_{ij}^{T_k} + a_i \right) \mathrm{mod}\ d_i$。

令

$$\beta = \sum_{j=1}^{n} \mathrm{st}_{ij}^{T_k} q + a_i \tag{4-11}$$

所以有

$$\mathrm{sk}_i^{T_k} = \beta\ \mathrm{mod}\ d_i \tag{4-12}$$

根据中国剩余定理，可得到同余方程组：

$$\begin{cases} \mathrm{sk}_1^{T_k} \equiv \beta\ \mathrm{mod}\ d_1 \\ \mathrm{sk}_2^{T_k} \equiv \beta\ \mathrm{mod}\ d_2 \\ \quad\vdots \\ \mathrm{sk}_t^{T_k} \equiv \beta\ \mathrm{mod}\ d_t \end{cases} \tag{4-13}$$

得到唯一的解：$\beta = \sum_{i=1}^{t} \dfrac{D}{d_i} e_i \mathrm{sk}_i^{T_k}\ \mathrm{mod}\ D$。

因为 $w_i^{T_k} = \dfrac{D}{d_i} e_i \mathrm{sk}_i^{T_k}$，故

$$\beta = \sum_{i=1}^{t} w_i^{T_k}\ \mathrm{mod}\ D \tag{4-14}$$

当 $t>2$ 时，有 $m\cdot\eta\cdot\sum_{i=1}^{t}l_i+\beta<D$ ，所以有

$$
\begin{aligned}
S &= \left(\sum_{i=1}^{t}S_i^{T_k}\bmod D\right)\bmod q \\
&= \left[\sum_{i=1}^{t}(m\cdot\eta\cdot l_i+w_i^0\bmod D)\right]\bmod q \\
&= \left(m\cdot\eta\cdot\sum_{i=1}^{t}l_i+\sum_{i=1}^{t}w_i^0\bmod D\right)\bmod q
\end{aligned}
\tag{4-15}
$$

由式(4-11)、式(4-14)，可得到

$$
\begin{aligned}
s &= \left[m\cdot\eta\cdot\sum_{i=1}^{t}l_i+\sum_{i=1}^{t}\left(\sum_{j=1}^{n}st_{ij}^{T_k}q+a_i\right)\right]\bmod q \\
&= \left(m\cdot\eta\cdot\sum_{i=1}^{t}l_i+\sum_{i=1}^{t}a_i\right)\bmod q
\end{aligned}
\tag{4-16}
$$

所以有

$$
g^s\equiv g^{m\cdot\eta\cdot\sum_{i=1}^{t}l_i+\sum_{i=1}^{t}a_i}\bmod p\equiv g^{m\cdot\eta\cdot\sum_{i=1}^{t}l_i}\cdot g^{\sum_{i=1}^{t}a_i}\bmod p\equiv\eta^{m\cdot\eta}\cdot G_{pk}\bmod p
\tag{4-17}
$$

定理 4-2　通过信任评估函数可以正确有效地判断参与者的可信性。

证明　根据信任评估函数 $F_{ij}^{T_k}=\frac{1}{2}\left[f_D^{T_k}+f_I^{T_k}\right]$ ，直接信任 $f_D^{T_k}$ 通过验证等式 $g^{\mu_i}=g^a g^{s_i^0}$ 来验证参与者身份的可信性。由于 $\mu_i=a+s_i^0$ ，因此，很容易验证得到 $g^{\mu_i}=g^{a+s_i^0}=g^a g^{s_i^0}$ 。

间接信任 $f_I^{T_k}$ 通过验证等式 $\left(g^{(\delta_i^0-\lambda_i^0)}\bmod p\right)\cdot\left((g^{s_i^0})^q\bmod p\right)\bmod p=\left(g^{\omega_i^0}\right)\bmod p$ 来验证参与者的行为可信性，由于 $\lambda_i^0=s_i^0+st_i^0$ ， $\delta_i^0=\mu_i+st_i^0$ ， $\omega_i^0=s_i^0 q+a$ ，以及 $\mu_i=a+s_i^0$ ，所以有

$$
\begin{aligned}
\left(g^{(a+s_i^0+st_i^0-s_i^0-st_i^0)}\bmod p\right)\cdot\left((g^{s_i^0})^q\bmod p\right)\bmod p &= \left(g^a\bmod p\right)\cdot\left((g^{s_i^0})^q\bmod p\right)\bmod p \\
&= \left(g^a\cdot g^{s_i^0\cdot q}\right)\bmod p \\
&= \left(g^{a+s_i^0\cdot q}\right)\bmod p \\
&= g^{\omega_i^0}\bmod p
\end{aligned}
\tag{4-18}
$$

因此，信任评估函数 $F_{ij}^{T_k}=\frac{1}{2}(f_D^{T_k}+f_I^{T_k})$ 可信有效。

定理 4-3　通过秘密比较数组 $H=(h_1,h_2,\cdots,h_n)$ 的大小可以正确有效地选择出代理。

根据向量 $B_i=(b_{i1},b_{i2},\cdots,b_{ij},\cdots,b_{iN})$ 的构成方式可知，对于任意的 $j\in A$ ，若 $j=h_i$ ，则有

$b_{ij} = 1$；若 $j \neq h_i$，则有 $b_{ij} = 0$。依次类推得到 $\boldsymbol{B}_n^* = (b_{n1}^*, b_{n2}^*, \cdots, b_{nN}^*)$，参与者根据公式 $R_i = \sum_{j=1}^{h_i} b_{nj}^*$ 可计算得到最终的排序结果，出价最高者被选为代理。

2. 安全性分析

1) 签名算法安全性分析

本方案基于中国剩余定理求解，至少需要 t 个同余方程才能求解，少于 t 个方程则无法求解。因此，恶意攻击者必须在同一周期 T_k 内同时获得 t 个或多于 t 个的参与者才可求解出签名信息。

在密钥生成阶段，若有恶意攻击者试图通过窃取参与者的私钥参与签名，根据私钥计算公式 $\mathrm{sk}_i^0 = \left(\sum_{j=1}^n \mathrm{st}_{ij}^0 + a_i \right) \bmod d_i$，攻击者需同时获得 n 个参与者的秘密标记信息 st_{ij}^0 和 P_i 的身份标记信息 a_i。这里 $\sum_{i=1}^n \mathrm{st}_{ij}^0$ 由 n 个参与者秘密选取计算获得，而 a_i 同样也由参与者秘密选取。攻击者需在同一个周期内同时获得 n 个参与者的秘密标记信息 st_{ij}^0 和参与者 P_i 的身份标记信息 a_i，才能计算得到 sk_i^0，这对攻击者来讲是不可能的。攻击者可能通过截取公开信息 $g^{\mathrm{st}_{ij}^0}$、g^{s^0} 和 g^{a_i} 获得 st_{ij}^0 和 a_i，然而，通过 $g^{\mathrm{st}_{ij}^0}$、g^{s^0} 和 g^{a_i} 求解 st_{ij}^0 和 a_i 是离散对数难题，攻击者不可能通过这种方法计算得到它们。因此，攻击者无法通过计算 $g^{\mathrm{st}_{ij}^0}$、g^{s^0} 和 g^{a_i} 获得私钥。

组公钥 $G_{\mathrm{pk}} = \prod_{i=1}^n g^a \bmod p$ 和组私钥 $G_{\mathrm{sk}} = \sum_{i=1}^n a_i \bmod p$ 由参与者的身份信息生成。组公钥 G_{pk} 属于公开信息，攻击者可能通过获得组公钥计算组私钥，然而由 $G_{\mathrm{pk}} = \prod_{i=1}^n g^a \bmod p$ 求解 a 同样也是离散对数难题，故攻击者无法获得系统私钥。

在签名阶段，攻击者可能通过拦截广播信息 η_i 计算 l_i 和 $F_{ij}^{T_k}$，而 $\eta_i = g^{\frac{\sum_{j=1}^t F_{ij}^{T_k}}{n}} \bmod p$，通过计算 η_i 求 l_i 和 $F_{ij}^{T_k}$ 依然是离散对数难题，攻击者无法获得 l_i 和 $F_{ij}^{T_k}$。

2) 不可伪造性分析

不可伪造性是指一些恶意攻击者不能通过窜改或者伪造来改变合法的签名。

如果攻击者想要伪造签名，首先要获得参与者的私钥标记信息 sk_i^0，由于 $\mathrm{sk}_i^0 = \left(\sum_{j=1}^n \mathrm{st}_{ij}^0 + a_i \right) \bmod d_i$，根据参与者的身份验证等可知，必然有 $s_i^{T_i} \neq s_i^{T_k}$，$a_i' \neq a_i$，$\mu_i' \neq \mu_i$，故有 $\mathrm{ID}_i' \neq \mathrm{ID}_i$，即参与者身份验证信息不可信。因此，根据信任评估机制可以很容易地判断出该参与者行为不可信，所以攻击者无法伪造参与者私钥。

假设有恶意参与者试图伪造信任评估函数 $F_{ij}^{T_k}$，由于信任评估函数 $F_{ij}^{T_k} = \frac{1}{2}(f_D^{T_k} + f_I^{T_k})$，由 $f_D^{T_k}$ 和 $f_I^{T_k}$ 两部分组成，直接信任 $f_D^{T_k}$ 通过 $g^{\mu} = g^a g^{s^0}$ 判断得到，间接信任通过

$\left(g^{\left(\delta_i^0-\lambda_i^0\right)}\bmod p\right)\cdot\left(\left(g^{s_i}\right)^q\bmod p\right)\bmod p=\left(g^{\left(\omega_i^0\right)}\right)\bmod p$ 而得到，若攻击者单纯窜改结果，很容易发现通过等式验证不成立。另外，将信任评估函数存储到区块链中，保证了信任评估值的公开透明性和可溯源性，具有可审计查证功能，因此，即使有恶意攻击者窜改了信任评估值，通过区块链存证系统查询验证，也很容易发现信任评估的异常情况。

3) 抵抗移动攻击

移动攻击意味着只要攻击者成功地入侵系统并控制其中的一个参与者，攻击者就可将攻击目标成功地转移到系统中的其他参与者。当然移动攻击者可能在短时间内无法完全成功入侵系统并控制其他参与者，但是如果有足够的时间持续攻击，则攻击者可能通过攻击获得 t 个以上的参与者的信息，从而成功破坏系统的安全性。

为了防止移动攻击的发生，该方案动态更新参与者秘密标记和私钥，随着周期 T_i 的增加定期更新，攻击者只有在有限的同一个周期时间段内成功入侵系统并同时控制 t 个以上参与者才能攻破系统的安全性，这对攻击者来讲是困难的。

3. 性能分析

这一方案能够动态评估参与者的可信行为，具有可审计性、前向安全以及动态更新的特性。另外，这一方案采用秘密共享技术，主要涉及模乘、模加、模幂以及一次模逆计算，很大程度上降低了计算复杂度和时间成本，与基于拉格朗日插值多项式、双线性对的签名方案相比，效率有所提升。

图 4-11 显示了参与者数量固定不变，门限值变化的情况下这一方案的时间消耗。方案的时间消耗随着门限值 t 的增加而增加，这是因为签名过程中参与者的数量 n 与时间呈正相关关系。这一方案基于中国剩余定理，门限值与时间消耗基本呈线性关系。

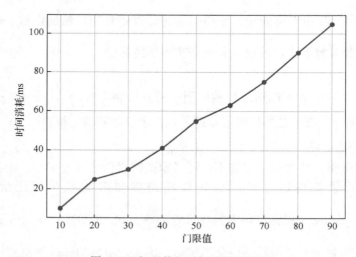

图 4-11　门限值与时间消耗的关系

图 4-12 显示了门限值 t 固定，参与者数量 n 增加的情况下这一方案的时间消耗。方案的时间消耗随着参与者数量 n 的增加而增加，同理，这是因为签名过程中参与者的数量 n 与时间消耗呈正相关关系。但是可以看出，随着参与者数量的增加，时间消耗增加有限。

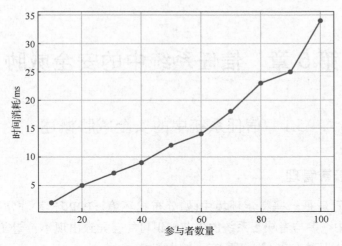

图 4-12　参与者数量与时间消耗的关系

　　王韫烨等[13]在 2020 年设计的这个方案是使用安全多方计算进行信任评估的代表性工作之一，基于安全多方计算交换安全信息，实现信任评估，同时使用区块链进行信息存储和审计，是一种结合了安全多方计算以及集中式方法的信任传播实践。

习　　题

　　1．基于动态信任管理协议的分布式信任传播方法中，α 和 β 在信任评估收敛的过程中起到了什么作用？

　　2．在基于动态信任管理协议的分布式信任传播方法中，动态信任管理协议中使用的几个信任分量分别代表什么？

　　3．基于安全多方计算的信任传播方法中运用区块链技术的优势何在？

　　4．基于安全多方计算的信任传播方法为什么具有不可伪造性？

第 5 章 信任系统中的安全威胁

5.1 信任系统中的安全威胁概述

5.1.1 信任与信誉管理

信任和信誉管理是一些特定环境中(如分布式环境、P2P 环境)非常有用与强大的工具,在这些环境中,参与者缺乏系统的先前知识可能会导致出现不希望发生的情况,特别是在用户根本不认识对方或不认识所有人的虚拟社区中。

在这种情况下,信任和信誉模型的应用更为有效,能够帮助节点找出最值得信赖或最有信誉的参与者进行交互,从而防止选择欺诈者或恶意参与者。

大多数信任和信誉模型遵循以下四个步骤。

(1) 通过询问其他用户的意见或建议,收集社区中某个参与者的信息。

(2) 正确地聚合所有接收到的信息,并以某种方式计算网络中每个节点的分数。

(3) 选择社区中最值得信赖或最有信誉的实体提供某种服务,并与之进行有效的互动,事后评估用户对所接收服务的满意度。

(4) 根据获得的满意度,进行惩罚或奖励,从而调整存入选定服务提供者的全局信任(或信誉)。

但是,与其他安全系统一样,信任和信誉系统也面临不同的安全威胁,而且并不是所有的模型都能缓解在这些场景中可以发现和应用的所有可能的威胁。在设计和开发一个基于分布式和异构系统的新的信任和信誉模型时,这是一个不容低估的问题,因为对这些威胁的不准确管理可能会导致重要的安全缺陷和弱点。

Mármol 等[14]在 2009 年总结了信任和信誉系统中常见的安全威胁并进行了分类。在之前的章节中,曾多次出现多种信任攻击方法,如诋毁攻击、信任提升攻击等,这些攻击都可以在下面介绍的威胁和分类中找到对应之处。在后续的章节中,将针对不同攻击及其具体应对方法展开讨论。

5.1.2 安全威胁

本章所述的安全威胁基于以下背景:多个参与者(实体、节点、节点、代理、用户等)属于一个虚拟社区(P2P、WSN、Ad hoc、多代理系统等),其中社区提供了一组特定的服务。当要求一个特定参与者提供一项它所能提供的服务时,该特定参与者可以以一种善意的方式有效地提供所能提供的服务,或者相反,它也可以采取欺诈或恶意的行为以提供一种差的服务,从而获利。

1. 恶意节点

威胁说明：当恶意节点被选为服务提供者时，总是提供糟糕的服务，如图 5-1 所示(黑色代表恶意节点，白色代表善意节点)。

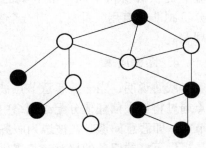

讨　　论：这是信任和信誉体系中最简单的威胁。每种信任和信誉模型都会处理这种攻击。

解决方案：防止此类不当行为的方案是降低那些总是提供糟糕服务的参与者的信任或信誉水平，从而将其归类为恶意节点。

图 5-1　恶意节点

2. 恶意集体

威胁说明：恶意节点通过将最大信任值分配给网络中的其他恶意节点来形成恶意集体，当恶意集体中的恶意节点被选为服务提供者时，该节点总是提供不好的服务。如图 5-2 所示，虚线箭头连接表示节点为对方节点分配高信誉值。

讨　　论：很少有信任和信誉模型来处理恶意节点间串通的问题，存在着重要的安全缺陷。

解决方案：要想缓解这一威胁，首先需要做的就是以某种方式管理好每一个用户在提供服务时的善良性，而且还有它们在推荐其他节点时的可靠性。因此，提供不公平评级的用户也将不被作为服务提供者。

3. 伪装的恶意集体

威胁说明：当恶意节点被选为服务提供者时，在 p 的概率下，提供的服务质量较差。恶意集合仍是由恶意节点通过将最大信任值分配给网络中的其他恶意节点形成的，如图 5-3 所示。

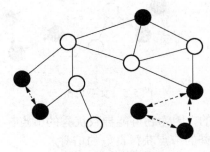
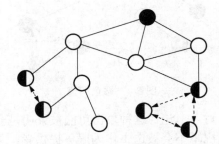

图 5-2　恶意集体　　　　　　　　　图 5-3　伪装的恶意集体

讨　　论：在许多情况下，这是一种并不容易缓解的威胁，因为它的弹性主要取决于恶意节点所遵循的行为模式。也就是说，它不等于对抗振荡模式(即在一个时间周期内是善意的节点，并且在下一个周期中是完全恶意的节点，如此循环)，而有可能对抗增减模式(节点的恶意性在一定时间周期内增减)，甚至随机模式(节点的恶意性完全随机，没有规律)。此外，在许多模型中，多变的行为甚至没有被视为一种威胁。这些模型不会惩罚这种行为，而是试图调整节点的信任和信誉，使之符合其真实和当前的状态。

解决方案：要解决的第一个问题是以某种方式区分推荐者身份下的节点中的信任和服务提供者身份下同一节点中的信任。当试图避免恶意实体的不公平评级时，这种区分机制非常有用。此外，当一个节点的这种变化的行为模型被发现时，可以给予惩罚和规避。

4. 恶意间谍

威胁说明：当一些恶意节点被选为服务提供者时，总是提供不好的服务，这些恶意节点通过将最大信任值分配给网络中的其他恶意节点，形成一个恶意集体。其他不同的恶意节点，即恶意间谍，在被选为服务提供者时总是提供良好的服务，但是它们也会给那些总是提供不好的服务的恶意节点提供最大的评级值，如图 5-4 所示，其中灰色节点表示恶意间谍。

讨　论：在这种威胁下，恶意间谍可能会获得较高的信任和信誉，因为它们总是提供良好的服务，从而能够轻易地破坏系统中应用的信任和信誉机制。大多数时候，这种攻击并没有一种简单易行的有效处理方法。

解决方案：与以前的威胁一样，准确管理节点(不仅是服务提供者，也是推荐者)的可靠性，可能会有效地帮助防止此类威胁。但是可能需要更长的时间(因此，需要更多的努力和更多的资源)以便能够同时识别恶意节点和恶意间谍。

5. 女巫攻击

威胁说明：攻击者在网络中初始化了数量不成比例的恶意节点。每次选择其中一个节点作为服务提供者时，它都会提供一个不好的服务，然后断开连接并用新的身份替换，如图 5-5 所示。

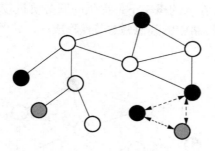

图 5-4　恶意间谍

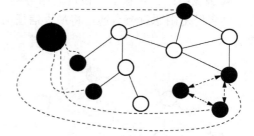

图 5-5　女巫攻击

讨　论：这种攻击可能被证明是会造成问题的，因为它可能导致优秀的节点在大多数情况下不会被选中作为服务提供者，从而阻止优秀的节点获得良好的信誉。

解决方案：对于这种威胁，最常见的解决方案之一是将成本与社区中新身份的产生联系起来。这种成本不一定是经济成本，但也可以是时间或资源方面的成本。另一种解决方案是利用系统中具有管理(虚拟)身份的中心实体，确保社区中的每个参与者都有唯一且不变的身份。

6. 中间人攻击

威胁说明：恶意节点可以截获从善意服务提供者到服务请求者的消息，并用不好的服务重写这些消息，从而使善意节点的信誉降低，这样的恶意节点称为中间人。该恶意节点

甚至可以恶意修改来自诚实节点的建议, 以利于它自己的利益,
如图 5-6 所示。

讨　　论: 传统上讲, 中间人攻击是一个与信誉无关的威胁。
大多数场景中都考虑或假设了提供服务或推荐的节点的真实性。
然而, 如前所述, 如果这一攻击发生, 则会对系统造成很大的损
害和影响。

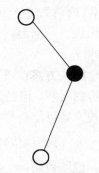

图 5-6　中间人攻击

解决方案: 避免这种攻击的一个简单方案是使用加密方法来
验证系统中的每个用户(可能使用数字签名或任何类似的机制)。但
是, 应用这样的解决方案并不总是可行的, 尤其是在像无线传感
器网络这样的高度分布式环境中。

7. 降低可信节点的信誉

威胁说明: 当恶意节点被选为服务提供者时, 它总是提供不好的服务, 该节点通过将
最大信任值分配给网络中的其他恶意节点, 从而形成恶意集合。此外, 它们给那些善良的
且确实提供了很好的服务的同伴最差的评价, 如图 5-7 所示, 其中浅灰色虚线箭头表示恶
意评级。

讨　　论: 这种攻击比恶意集体和恶意间谍更恶劣, 因为在这种情况下, 善意的节点
也会受到恶意节点的不公平评级。在这种情况下, 如果一个节点与恶意节点进行交互, 则
可以将其标识为恶意的, 但如果选择一个节点, 这个节点实际上是善意的, 但其信誉已被
恶意节点压低, 则该节点可能不会被选为进行交互的节点。

解决方案: 在这种情况下, 对参与者在提供服务时给予的信任和其建议的可靠性进行
差异化管理非常有用。

8. 部分恶意的集体

威胁说明: 当恶意节点被选为某些服务提供者时, 总是提供不好的服务。然而, 当被
选为其他不同的服务提供者时, 它们总是提供良好的服务。也就是说, 对于某些服务, 它
们的行为是正确的, 而对于其他特定的服务, 它们的行为是恶意的。同时, 恶意节点仍通
过将最大信任值分配给网络中的其他恶意节点的方法形成恶意集合, 如图 5-8 所示。

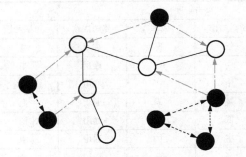

图 5-7　降低可信节点的信誉

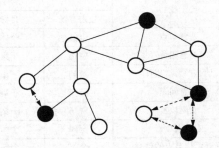

图 5-8　部分恶意的集体

讨　　论: 有些信任和信誉模型对这种攻击缺乏考虑, 因为它们只对对等方的信任和

信誉(或两者之一)进行全局计算，而不管它们提供的服务是什么。在这种情况下，可能会出现一些问题，即使节点可能提供一些欺诈(良好)服务，也会认为节点完全或相当善意(恶意)。

解决方案：通过考虑节点提供的每一项服务的不同得分，这种威胁在大多数情况下都会得到缓解。但是这种方案并不总是可行的，因为在某些环境(如提供大量服务的环境)下，这种方案可能会导致一些可伸缩性问题。

9. 恶意预信任节点

威胁说明：一些或所有预先受信任的善意节点成为恶意节点，可能在被选为服务提供者时总是提供不好的服务，或者总是使用最大信任值对提供不良服务的恶意节点进行信任提升，如图 5-9 所示，其中大的白色节点表示预信任的节点，灰色节点表示预信任节点变成恶意节点，小的白色节点表示善意节点，黑色节点表示恶意节点。

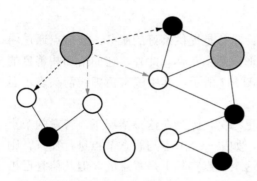

图 5-9　恶意的预信任节点

讨论：在系统中执行任何事务/交易之前，寻找可信任的节点集合并不总是可行的。一些模型将其策略建立在这类参与者的基础上。然而，虚拟社区中的每个用户都会在某个时候表现出不恰当的行为。如果这种情况发生在预信任的节点上，那么前面提到的那些模型将面临风险。

解决方案：建议在任何时候都根据虚拟社区中每个用户的行为来决定哪些对等节点属于预信任的组。

5.1.3　安全威胁分类

本节描述与信任和信誉系统的一般安全威胁相关的几个属性或维度。这些维度能够将之前讨论的威胁进行分类，如表 5-1 所示。

表 5-1　安全威胁分类

安全威胁	攻击维度					
	攻击意图	目标	所需知识	成本	算法依赖	可探测性
恶意节点	全部	个体	低	低	通用	高
恶意集体	赞扬	子集	中	中	通用	中
伪装的恶意集体	赞扬	子集	中	中	通用	低
恶意间谍	赞扬	子集	高	高	通用	低
女巫攻击	赞扬	子集	低	中	通用	低
中间人攻击	全部	个体	中	中	通用	中
降低可信节点的信誉	全部	全部	高	高	通用	低
部分恶意的集体	全部	子集	高	高	通用	低
恶意预信任节点	全部	子集	高	高	专用	低

1. 攻击意图

在试图颠覆信任和信誉体系时，对手可能有几个不同的攻击意图。其中有两个直观攻击意图：虚假地赞扬一个实体，以增加其在系统中的信誉；或者反过来，用类似的方法降低一个可靠实体的信誉。还有一种可能的攻击意图，即破坏整个信誉系统，导致用户降低对它的信任，最终停止使用它。

例如，恶意集体、伪装的恶意集体和恶意间谍会试图不公正地赞扬和提高某些实体的信誉，而这些实体实际上并不足以拥有如此高的信誉。

2. 目标

一些安全威胁集中在系统的用户或实体的子集上，而其他威胁则集中在特定的个人用户上，甚至有些威胁不做此类区分，而是适用于整个社区。从这个意义上讲，恶意节点和中间人攻击可以归类为个人攻击，而降低可信节点的信誉会影响到社区的所有成员。其他威胁的目标由属于该系统的实体子集组成。

3. 所需知识

一个重要问题是，在这些场景中，为了有效地执行攻击，需要从系统中收集大量的信息。因此，一些威胁需要对整个系统或某些特定实体有全面的了解，而其他一些威胁则只需要对信任和信誉系统(其用户、应用的信任和信誉模型、评级分布等)有一点了解就可以正常工作。例如，共谋攻击需要更多关于系统的信息(共谋的每个成员都需要知道其余成员)，而个体攻击，如恶意节点或 Sybil 攻击，则不然。如果攻击者还需要知道每个成员对每一个给定服务的善意程度，那么执行攻击所需的知识就更多。

4. 成本

攻击成本越低，其应用就越有利。执行攻击的成本不一定是纯经济层面的，它也可以用资源或时间需求来衡量。因此，一些攻击将具有更高的相关成本，所以很难适用，而其他低成本的攻击则很容易适用，因为它们相应的成本将使它们有价值。如表 5-1 所示，应用攻击的成本与其所需知识直接相关。唯一两个维度不匹配的情况是 Sybil 攻击，因为尽管它(几乎)不需要了解系统，但是可以轻松地创建出数量不成比例的实体来对社区造成真正重要的损害。

5. 算法依赖

一些攻击利用特定的信任和信誉算法或模型漏洞对系统造成严重损害。另外，其他攻击更为普遍，因此适用于更广泛的场景或环境。大多数所描述的信任和信誉系统的安全威胁都可以应用于几乎任何场景或环境中。但是恶意预信任是一种与特定攻击相关的攻击，仅适用于那些实际使用预信任对等节点的信任和信誉算法或模型。

6. 可探测性

对信任和信誉系统的攻击希望尽可能少地被发现。攻击被探测到得越晚，可能造成的损害越大。这就是为什么大多数威胁行为都试图尽可能不引起怀疑，即它们不会引起系统的剧烈变化，而只是使其轻微地改变。从某种程度上说，攻击或威胁的可探测性是衡量其恢复能力和有效性的一个指标。因此，在先前显示的要探测的威胁中，最容易被探测到的威胁是恶意节点。随着攻击者之间的协作以及他们收集到的有关系统的知识的增加，这些攻击变得越来越不可探测，这就是为什么所有基于共谋的威胁通常更难对付。

5.2　一种在信誉模型中应对叛徒攻击的方法

5.2.1　WSN 中的叛徒攻击

无线传感器网络(WSN)的特性(如无线通道、能量受限和分布式协作)使其易于受到安全攻击。而信誉模型则提供了表示、评估和分布网络内信任的方法，并且在保护 WSN 服务方面起着重要作用，其中服务意味着传感器所需要的协议和应用程序，如路由、数据聚合、位置确定等。例如，信誉模型 RFSN 和 ATSN 用于数据聚合，RBTS 协助传感器选择信标节点以确定位置，BTRM 帮助传感器找到可信的路由路径。但是大部分方案着重于将信誉模型应用于 WSN，很少有方案认真考虑信誉模型本身的漏洞，从而使攻击者可能利用该漏洞来破坏信誉模型，进而诱使传感器做出完全错误的决策。

漏洞之一是当攻击者参与 WSN 服务时，他们会通过在一段时间内提供正确的服务来建立较高的信誉，然后开始为了攻击利益而背叛。这种攻击称为叛徒攻击。通过刻意建立高信誉，叛徒欺骗其他传感器信任他们，然后进行恶意行为。当信誉下降时，他们会定期重复上述过程。因此，没有将叛徒传感器与良性传感器区分开的信誉模型会变得非常容易受到叛徒攻击。

上述叛徒攻击旨在操纵叛徒自身的信誉。此外，攻击者还可以通过传播不公平的推荐来操纵其他传感器的信誉。此外，不公平推荐产生了演变版本，攻击者首先提供公平推荐，以使其他传感器相信他们的推荐，然后开始提供不公平推荐以绕过检测机制。这种攻击的思想类似于上述叛徒攻击，并且是在推荐级别而非服务级别发生的另一种叛徒攻击。攻击者可能会交替传播公平和不公平的推荐，以混淆检测机制。因此，它们仍然可以操纵其他传感器的信誉，并使良性传感器看起来是恶意的，而恶意传感器看起来是良性的。

由于前者叛徒攻击发生在服务级别，后者叛徒攻击发生在推荐级别，因此可以将前者称为服务叛徒攻击，而将后者称为推荐叛徒攻击，它们甚至可以组合在一起造成更大的伤害。例如，一群叛徒发起服务叛徒攻击，通过交替提供恶意和正确的服务来获得攻击利益。当他们的信誉下降时，与他们勾结的另一组叛徒通过推荐叛徒攻击来提升其信誉并降低良性传感器的信誉。接下来，这两个小组的职责互换。因此，第一组在服务级别上恢复其信誉，而第二组在推荐级别上恢复其信誉。在这种攻击下，信誉模型受到严重干扰，从而可能导致传感器做出错误的决策。

在 WSN 的代表性信誉模型中，BTRM 没有考虑叛徒攻击，这使它们容易遭受叛徒攻击。RFSN 和 DRBTS 采用老化方案来定期降低信誉指标，以抵制叛徒攻击。ATSN 采用自适应遗忘方案来抵抗通断攻击(即叛徒攻击的一类)。在这两种方案中，与较旧的行为相比，较新的行为对信誉评估的影响更大。此外，在其他分布式系统的信誉模型中抵抗叛徒攻击的研究也主要基于类似的思想。例如，衰落因子、加权因子和遗忘因子与 RFSN 中的老化方案相似；自适应衰落因子和影响指数减小方法与 ATSN 中的自适应遗忘方案相似。

但是，老化方案和自适应遗忘方案都源自对应用程序环境动态特性的处理。它们不能有效地处理叛徒传感器，因为它们无法捕捉到叛徒的特征(这些特征既合理又棘手)，也不能将叛徒传感器与良性传感器区分开，特别是当叛徒传感器通过以不同的模式反复波动在时域中操纵信誉模型时。此外，大多数考虑叛徒攻击的方案都只关注服务叛徒攻击，而很少研究推荐叛徒攻击及其攻击弹性方案。尽管可以借用老化方案和自适应遗忘方案来处理此攻击，但其缺点与处理服务叛徒攻击的缺点相似。

本章介绍了一种轻量级的攻击弹性方案来提高 WSN 信誉模型的鲁棒性。这一方案同时考虑服务和推荐叛徒攻击，将叛徒视为理性参与者，并基于名为 Cobweb 定理的经济定理对其进行建模，该定理可以准确地将叛徒的行为形式化。而且受宏观经济控制的启发，该方案采用了一种调整函数，使 Cobweb 模型更容易保持稳定状态，从而可以准确地评估叛徒的信誉。此外，该方案可以将叛徒传感器与良性传感器区分开，然后根据信誉波动分析进行惩罚。

5.2.2　叛徒攻击和攻击复原方案

1. 基于 Cobweb 定理的叛徒攻击模型

每个传感器在系统中担当两个角色，即服务参与者和推荐参与者。因此，传感器的信誉可以分为服务信誉和推荐信誉，以评估其相应的作用。

尽管两类叛徒攻击是在不同级别上发生的，但它们都通过不一致的行为(即波动)在时域中操纵信誉模型。两种叛徒攻击都可以通过相同的模式执行，如固定波动、随机波动或增减波动，分别如图 5-10 所示(每个模式的波动周期可以固定或随机)。因此，可以通过一种方法对它们进行建模。

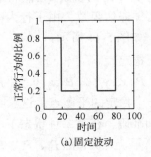
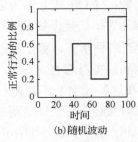
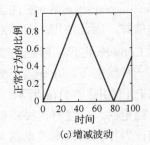

(a)固定波动　　　　　　　(b)随机波动　　　　　　　(c)增减波动

图 5-10　叛徒攻击的模式

通过分析波动模式，可以发现叛徒是理性的参与者，他们在信誉低时表现为正常，而在信誉高时表现为恶意，试图从攻击中获取利益。这种动态现象类似于生产者在经济市场中的行为，生产者试图通过根据商品的价格改变其数量来追求经济利益。

如果将叛徒的行为及其信誉模型中的信誉值分别映射到经济市场中商品的价格和数量，那么叛徒的行为与信誉值之间的响应关系就很好地符合了一个名为 Cobweb 定理的经济定理。因此，可以将叛徒视为理性参与者，并基于 Cobweb 定理对叛徒进行建模。

定义两个函数 f 和 h，以描述传感器正常运行的概率与其信誉之间的响应关系。设传

感器在时间 t 的信誉值为 x_t，其行为正确的概率为 y_t（$t=0,1,2,\cdots$）。叛徒的行为取决于其目前的信誉。

$$y_t = f(x_t) \tag{5-1}$$

假设它反映了叛徒选择的决策模式(即固定波动、随机波动、增减波动或其他模式)，将其命名为决策函数。当叛徒的信誉较低时，它以较大的概率正常运行，反之亦然。因此，下降曲线 f 用于表示决策功能，如图 5-11 所示。

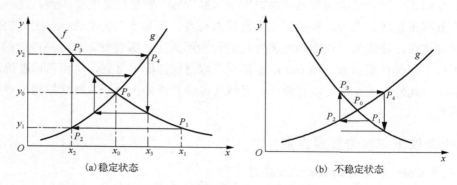

图 5-11　叛徒攻击的 Cobweb 模型

此外，无论什么样的信誉模型，评价新的信誉都需要两个基本信息，即最近的行为和过去的信誉。服务信誉和推荐信誉可以通过类似的方法进行评估。可将传感器在 $t+1$ 时刻的信誉评价为

$$x_{t+1} = h(w_1 y_t + w_2 x_t), \quad w_1 y_t + w_2 x_t = g(x_{t+1}) \tag{5-2}$$

式中，y_t 为最近的行为；x_t 为过去的信誉；w_1 和 w_2 分别为 y_t 和 x_t 的权重，它们满足 $0 < w_1$，$w_2 < 1$，$w_1 + w_2 = 1$；g 是 h 的逆函数；函数 h 或 g 称为信誉评估函数。由于行为得当会导致较高的信誉，因此使用上升曲线 g 表示信誉评估函数，如图 5-11 所示。

根据 Cobweb 定理，叛徒主要有两种状态：稳定和不稳定。

在第一种状态下，叛徒的行为和信誉沿着 $P_1(x_1,y_1)$、$P_2(x_2,y_1)$、$P_3(x_2,y_2)$、$P_4(x_3,y_2)$ 收敛到点 P_0，如图 5-11(a)所示，在这种状态下，P_0 是一个稳定的平衡点。这意味着叛徒的身份是稳定的，这使得信誉模型对叛徒身份的评价更加准确。在第二种状态下，叛徒的信誉值和行为正常的概率波动越来越严重，如图 5-11(b)所示，其状态沿 P_1、P_2、P_3、P_4 点与 P_0 偏离，在这种状态下，P_0 是一个不稳定平衡点。收敛于平衡点 P_0 的条件可以用下述定理描述。

定理 5-1　收敛于平衡点的条件为 $-1 < \beta(w_2 - \alpha w_1) < 1$，其中 α 和 $1/\beta$ 分别表示曲线 f 和 g 在点 P_0 附近的斜率(绝对值)。

证明　点 P_0 附近的曲线 f 和 g 近似于直线。可将式(5-1)和式(5-2)更改为

$$y_t - y_0 = -\alpha(x_t - x_0)$$

$$x_{t+1} - x_0 = \beta(w_1 y_t + w_2 x_t - y_0) \tag{5-3}$$

根据式(5-3)，可以得到差分方程：

$$x_{t+1} + (\alpha\beta w_1 - \beta w_2)x_t = (\alpha\beta w_1 + 1)x_0 + \beta(w_1 - 1)y_0 \qquad (5\text{-}4)$$

其特征根为

$$\lambda = \beta(w_2 - \alpha w_1) \qquad (5\text{-}5)$$

为了使 P_0 成为一个稳定的平衡点，λ 应在单位圆内。

稳定的条件为

$$-1 < \beta(w_2 - \alpha w_1) < 1 \qquad (5\text{-}6)$$

虽然理论上的均衡存在，但叛徒会尽其所能破坏稳定的条件。因此，信誉模型应尽量扩大这一稳定性条件，使叛徒更容易停留在稳定状态，从而能够准确地评估其信誉。

2. 信誉评估引擎

为了解决 Cobweb 模型在市场中价格和数量的波动，政府经常采取宏观经济控制方法，即通过对价格或数量采取调整措施来干预市场以保持市场稳定。在此基础上，这一方法还进行了调整以应对 Cobweb 模型的信誉波动，增加了 Cobweb 模型的稳定性。由于每个传感器都有两个角色，所以通过一种抵制叛徒攻击的方法分别调整服务和推荐信誉。

由于决策功能由叛徒决定，所以只能调整信誉评估功能。从式(5-2)扩展，针对服务和推荐信誉的信誉评估引擎为

$$x_{t+1} = h(w_1 y_t + w_2 x_t - p) \qquad (5\text{-}7)$$

其中，p 为基于信誉波动的调整函数。信誉波动具有以下属性：如果传感器以较大的频率或幅度波动，则更有信心将其视为叛徒。为了捕捉这些属性，引入了波动概率(简称 FP)和波动幅度(简称 FM)两个指标，分别预测信誉波动的频率和幅度。然后适应函数形式化为

$$p = p(\text{FP}, \text{FM}), \begin{cases} \text{FP} = p_1(x_{t+1}, x_t, x_{t-1}, \cdots, x_0), & 0 < \text{FP} < 1 \\ \text{FM} = p_2(x_{t+1}, x_t, x_{t-1}, \cdots, x_0), & 0 \leqslant \text{FM} < 1 \end{cases} \qquad (5\text{-}8)$$

为了验证该调整函数对 Cobweb 模型稳定性的促进作用，可以使用一个简单的函数 $p(\text{FP}, \text{FM}) = \text{FP} \cdot \text{FM}$ 来反映信誉波动的性质。假设 FP 为概率 w ($0 < w < 1$)，波动幅度 $\text{FM} = x_{t+1} - x_t$，这意味着波动幅度发生在这一时期，那么式(5-2)变成

$$x_{t+1} = h[w_1 y_t + w_2 x_t - w(x_{t+1} - x_t)] \qquad (5\text{-}9)$$

定理 5-2 式(5-9)比式(5-2)更容易收敛于平衡点。

证明 根据式(5-9)，式(5-3)为

$$x_{t+1} - x_0 = \beta[w_1 y_t + w_2 x_t - w(x_{t+1} - x_t) - y_0] \qquad (5\text{-}10)$$

然后通过式(5-3)和式(5-10)得到差分方程：

$$(1 + w\beta)x_{t+1} + [\alpha\beta w_1 - \beta(w_2 + w)]x_t = (\alpha\beta w_1 + 1)x_0 + \beta(w_1 - 1)y_0 \qquad (5\text{-}11)$$

该差分方程的特征根为

$$\lambda = \frac{\beta(w_2 + w) - \alpha\beta w_1}{1 + w\beta} \tag{5-12}$$

根据 $|\lambda| < 1$ 的稳定条件，可以得到

$$-1 - 2w\beta < \beta(w_2 - \alpha w_1) < 1 \tag{5-13}$$

由于 $w, \beta > 0$，所以式(5-13)的范围大于式(5-6)的范围。因此，式(5-9)比式(5-2)更容易收敛于平衡点。

这说明信誉调整对网络的稳定性具有有利的影响，使信誉模型对传感器的评价更加准确。不过，上面选择的 FP、FM 和调整功能都太简单了，无法捕捉叛徒的特点。

3. 信誉波动分析

在这里分析信誉波动并设计更精确的函数 p_1 和 p_2 来评估波动概率(FP)和波动幅度(FM)。为了判断传感器 j 是否在两个周期之间波动，传感器 i 执行以下波动测试：

$$x_{t+1}^{ij} - x_t^{ij} \leqslant o \tag{5-14}$$

式中，$o \in (0,1)$ 为波动阈值。在测试服务和推荐的信誉波动时，可以选择不同的 o，当当前的信誉值不大于之前的信誉值时，波动测试成功；否则，此时传感器 j 波动过大，测试失败。

然后，为了记录信誉波动的信息，传感器 i 维持 j 的三元组 (ξ, ψ, ζ)。参数 ξ 记录波动测试失败的次数，ψ 记录波动测试成功的次数，ζ 记录过去的总波动幅度。

最初，三元组是 $(1,1,0)$，之后执行一个波动测试，(ξ, ψ) 基于 Beta 函数的贝叶斯方法进行更新。波动的测试结果用于更新计数器 ξ 和 ψ，即

$$\begin{bmatrix} \xi_{t+1}^{ij} \\ \psi_{t+1}^{ij} \end{bmatrix} = \begin{bmatrix} \xi_t^t \\ \psi_t^{yj} \end{bmatrix} + \begin{bmatrix} \text{fail} \\ \text{succ} \end{bmatrix}, \quad \begin{bmatrix} \text{fail} \\ \text{succ} \end{bmatrix} = \begin{bmatrix} 1 \\ 0 \end{bmatrix} \text{ 或 } \begin{bmatrix} 0 \\ 1 \end{bmatrix} \tag{5-15}$$

另外，如果波动测试失败，则对其进行相应的更新。更新原则为

$$\zeta_{t+1}^H = \zeta_t^{ij} + \left(x_{t+1}^{ij} - x_t^{ij} \right) \tag{5-16}$$

因此，可以推导出 FP 和 FM。FP 被定义参数为 (ξ, ψ) 的 Beta 分布的期望，而 FM 被定义为平均波动幅度，即

$$\text{FP} = p_1 = E(\text{Beta}(\xi, \psi)) = \frac{\xi}{\xi + \psi}, \quad \text{FM} = p_2 = \frac{\zeta}{\xi + \psi} \tag{5-17}$$

此外还设计了一个更具体的调整功能，以找出谁更有可能是叛徒，并区分叛徒传感器和良性传感器，这是由叛徒辨别算法完成的，并根据 FP 和 FM 的值来划分情况。首先，如果 FP 和 FM 都是大的(或小的)，则有很大的信心相信该对象是恶意的(或良性的)。其次，如果 FP 小而 FM 大，该对象很可能是叛徒，因为该对象波动幅度大，但波动并不频繁。最后，如果 FP 大而 FM 小，则可以将其视为叛徒，这是因为即使该对象每次都尽量保持较小的波动幅度，但是其波动太频繁。

为了测量 FP 和 FM 的波动水平，计算了其他传感器波动的平均视点。假设传感器 i 维护 n 个传感器信誉波动信息。因此，平均视点可以被测量为

$$e_1 = \frac{1}{n}\sum_{j=1}^{n} \text{FP}^{\parallel} \cdot \text{FM}^{ij}, \quad e_2 = \frac{1}{n}\sum_{j=1}^{n} \text{FP}^{H}, \quad e_3 = \frac{1}{n}\sum_{j=1}^{n} \text{FM}^{ij} \tag{5-18}$$

然后根据平均视点定义调节函数(式(5-19))，调节函数可以反映上述三种情况，即

$$p(\text{FP},\text{FM}) = \max\left(\frac{\text{FP}\cdot\text{FM}}{e_1}, \frac{\text{FP}}{e_2}, \frac{\text{FM}}{e_3}\right)\cdot(\text{FP}\cdot\text{FM}) \tag{5-19}$$

由式(5-18)和式(5-19)可以看出，传感器波动的概率或幅度越大，受到的惩罚就越严重，这样叛徒传感器就能从善意的传感器中辨别出来。这一方案相当有效，只需要三个参数 (ξ,ψ,ζ) 不断更新地执行波动测试。因此它只需要 $O(1)$ 的空间复杂度，因为它不需要永久存储过去的信息。在每个时间段，时间复杂度也为 $O(1)$。该方案的所有算法步骤都可以简化为加、减、乘、除几个基本的数学运算，完全可以在资源受限的传感器上运行。

4. 应用

这一抗攻击方案很容易用于改进 WSN 的信誉模型，这里展示两个例子。

1)从 RFSN 到 TAR-RFSN

RFSN 是一种基于 Beta 分布的 WSN 贝叶斯模型，利用该方案对 RFSN 进行了改进，获得了抗叛徒攻击的 RFSN(简称 TARRFSN)。

将传感器信誉分为服务信誉和推荐信誉两部分。服务信誉 T_1^{ij} 继承了 RFSN 最初提出的信誉概念；推荐信誉 T_2^{ij} 可以根据 Beta 函数进行评估，将偏差检验结果作为输入。服务和推荐信誉的调整如下：

$$T_1^{ij} = E[R_1^{ij}] - p(\text{FP}_1^{ij},\text{FM}_1^{ij}), \quad T_2^{ij} = E[R_2^{ij}] - p(\text{FP}_2^{ij},\text{FM}_2^{ij}) \tag{5-20}$$

式中，FP_1^{ij} 和 FM_1^{ij} 分别为服务信誉的波动度量；FP_2^{ij} 和 FM_2^{ij} 为推荐信誉的波动度量。

2)从 BTRM 到 TAR-BTRM

BTRM 是基于无线传感器网络的蚁群系统的生物启发信誉模型。每个节点为其每个邻居节点维护一个信息素痕迹 $\tau\in[0,1]$，确定了蚂蚁选择某条路线的可能性，可以看作信誉。由于蚁群系统的特征，将信息素痕迹划分为服务和推荐信誉是不可行的。因此，简化了方案，仅分析了信息素痕迹的波动。然后在 BTRM 的惩罚模块中，在每个链接的信息素痕迹上添加了一个蒸发方案，即

$$\tau_{\text{adjusted}}^{ij} = \tau^{ij} - p(\text{FP}^{ij},\text{FM}^{ij}) \tag{5-21}$$

式中，FP^{ij} 和 FM^{ij} 为信息素痕迹的波动度量。

5.2.3 实验分析与讨论

1. 叛徒攻击对信誉模型的影响

首先，实验将叛徒攻击对 RFSN 和 BTRM 的影响与传统攻击(即攻击者只提供恶意服务而不使用叛徒攻击)进行比较。RFSN 和 BTRM 实现的可信服务器选择率分别如图 5-12(a)

和(b)所示。可以观察到,由于传统的攻击方式简单且容易被 RFSN 和 BTRM 检测到,服务级和推荐级的叛徒攻击比传统的攻击影响更严重。而 RFSN 中推荐叛徒攻击比服务叛徒攻击的影响更大;在 BTRM,情况正好相反。这是因为原有的 RFSN 缺乏有效的机制来区分公平推荐和不公平推荐。

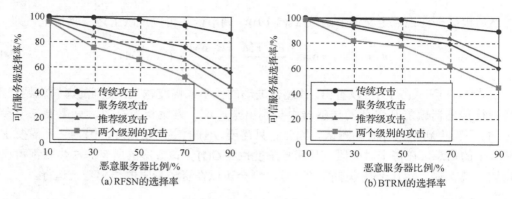

图 5-12　叛徒攻击对信誉模型的影响

由图 5-12 可以得出另一个结论,当攻击者同时进行两种叛徒攻击时,他们对 RFSN 和 BTRM 的干扰比叛徒攻击中的任何一种都要有效。例如,当 70%的服务器同时发起叛徒攻击时,RFSN 和 BTRM 中可信服务器选择率分别为 52.33%和 62.54%。

2. 抵抗叛徒攻击

将抗攻击方案嵌入 RFSN 和 BTRM 中,能够减轻叛徒攻击带来的危害。这里考虑最坏的情况,即叛徒同时进行两种攻击。图 5-13(a)为 TAR-RFSN 和 RFSN 的比较图,折线表示 200 个随机网络以上可信任服务器的平均选择率,误差条表示标准差。可以看到 TAR-RFSN 从可信任服务器的选择率和标准差两个方面改进了 RFSN。例如,当有 70%的叛徒时,TAR-RFSN 的选择率和标准差分别为 89.83%和 2.85%,而 RFSN 的选择率和标准差分别为 52.33%和 6.56%,这表明改进的方案比 RFSN 的方案有更好的性能。TAR-BTRM 的性能也优于 BTRM,如图 5-13(b)所示,结果与图 5-13(a)相似,这是因为方案通过调节函数使传感器网络更加稳定,提高了信誉评价的准确性,通过信誉波动分析区分出叛徒传感器和良性传感器。

为了分析方案的性能,进行了不同的波动模式和周期的实验。这里只呈现 TAR-RFSN 中的结果,因为 TAR-BTRM 中的结果非常相似。图 5-13(c)给出了叛徒采用固定波动模式、随机波动模式和增减波动模式(周期均为 20)时的可信服务器选择率。固定波动模式和随机波动模式的结果是相近的。但若采用增减波动模式,TAR-RFSN 可以更好地抵抗叛徒攻击。这是因为 FP 很好地捕捉了这个模式。该方案可以有效地抵抗更好的叛徒攻击模式(即固定波动模式),如图 5-13(a)、(b)所示。

叛徒可以采取不同的波动周期来避免信誉模型的检测。但是,在这一方案下这种方法是不可行的,如图 5-13(d)所示。例如,考虑有 70%的叛徒的情况,在波动周期较短的情况下(如 5),方案可以检测出叛徒的攻击,因为叛徒的波动频率较大。如果周期很长(如 40),

原始 RFSN 会认为它们是恶意传感器，因为它们在很长一段时间内都处于恶意状态。这意味着叛徒应该仔细选择一个中间时间段。但是，即使选择了正确的时间段(即 25)，可信服务器选择率也可以达到 87.56%，而当周期为 5 时，可信服务器选择率为 92.99%。因此，该方案对不同的叛徒攻击模式和攻击周期具有较强的健壮性。

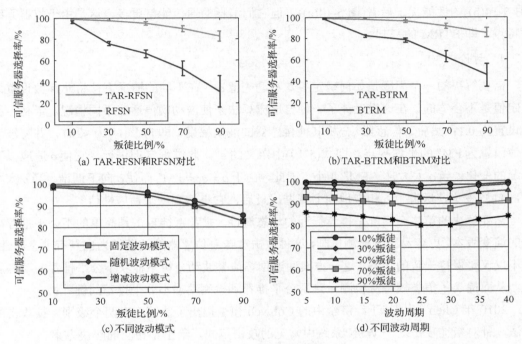

图 5-13　抵抗叛徒攻击

3．通信开销

传感器在处理、存储和通信能力方面受到能源限制。前面已经通过时间复杂度和空间复杂度分析了该方案的处理消耗和内存消耗，下面通过实验对通信开销进行分析，如图 5-14 所示。

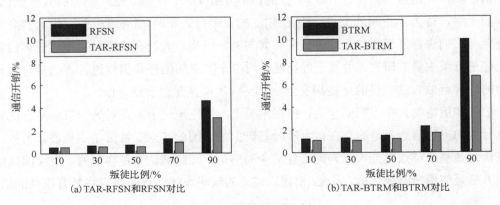

图 5-14　通信开销分析

从图 5-14 中可以得出两个结果。首先，相对于 RFSN 和 BTRM，TAR-RFSN 和 TAR-BTRM 都减少了网络的通信开销，特别是在叛徒较多的情况下。这是因为方案没有引入额外的通信消息，而是提高了可信服务器选择率，因此，需要发送的消息更少。其次，BTRM 和 TAR-BTRM 造成的通信开销分别大于 RFSN 和 TARRFSN。虽然前者 (图 5-14(b))的性能优于后者(图 5-14(a))，但它们消耗的通信能量更多，这是由于蚁群系统的特点，即 BTRM 的基础。

4. 讨论

需要解决的一个问题是如何确定参数波动阈值 o，在不同的情况下，将此参数设置为固定值是不合适的。在这里设计了一种自适应算法来使波动阈值适应不同情况。最初，将其设置为 0.1；然后，传感器 i 分析其他传感器的波动幅度，即 $FM^{ij}(1 \leq j \leq n)$，并将波动阈值设置为 FM^{ij} 的平均视点，即式(5-19)中定义的 e_3，此过程定期进行。它使 o 适应以下情况的变化：当 o 太大时，FM^{ij} 变小。因此，由于 $o = e_3 = \overline{FM}^{ij}$ 而使 o 向下调谐；当 o 太小时，FM^{ij} 变大，因此，o 相应地向上调谐。最后，它将达到一个适应性值。

需要解决的第二个问题是推荐行为的动态属性。推荐叛徒攻击是简单的不公平推荐攻击的演变版本，更容易绕过检测机制，这种攻击意味着传感器的推荐行为也具有动态属性，而不仅仅是保持一致的状态。这一方案通过推荐信誉波动分析来捕获不公平推荐的动态属性，从而提高了信誉模型从检测一致不公平推荐到检测动态不公平推荐的健壮性。

2010 年 Chen 等[15]基于经济学中的 Cobweb 模型提出了能够应对两个级别叛徒攻击的方法，针对叛徒攻击这一 WSN 系统中常见的攻击范式，给出了相应的解决方案。

5.3　基于自组织映射检测信誉系统上诋毁攻击的方法

5.3.1　信誉系统与诋毁攻击

信任和信誉已被建议作为开放与分布式环境(Ad Hoc、WSN、P2P 等)的有效安全机制。从本质上讲，行为不正确的节点(根据已建立的正确行为策略)信誉度较低，因此其余节点将避免与它们进行任何协作，这等效于将其与网络隔离。人们在建模与管理信任和信誉方面已经进行了大量的研究，并且已经证明，对单个节点的信任和信誉进行评级是分布式环境中的一种有效方法，目的是提高安全性，支持决策并促进节点协作。

信任和信誉有许多不同的定义，但在本质上，信任是一个节点对另一节点持有的关于未来行为的一种信念，是建立在自身经验基础上的，因此其主要特征是主观性。另外，信誉被认为是基于节点对他人行为的信任的全局感知，因此被认为是客观的。定义信任值的常用方法是使用策略或凭据，因此，根据已建立的策略系统运行的节点将具有很高的信誉，反之亦然。

信誉系统的替代方案可以是激励系统,在这种情况下,其中对节点有利的是节点以产生的全局收益最优的方式行动。在这些系统中,如果节点行为正常,则会收到某种形式的报酬。理性的节点没有理由偏离均衡行为。当前常见的信誉系统具有如下特征:信息的表示和分类、二手信息的使用、信任和赎回的定义以及二次响应。

在信誉系统的主要威胁中包括串通攻击。在这里需要区分两种相反的情况:投票填充,其中许多实体同意对一个实体给予正反馈,导致它迅速赢得了很高的信誉;相反的情况称为诋毁,攻击者串通向受害者提供负反馈,从而降低或破坏了信誉。这一章涉及的方法主要用于检测诋毁攻击,但类似的原理也可以应用于检测投票填充。

应对恶意攻击的大多数现有解决方案都依赖于预防技术。一种典型的解决方案是依赖于密码学的解决方案。但是,由于存在边信道攻击,攻击者可以轻松地猜测密钥并破坏基于密码的协议。另一种解决方案建议使用受控匿名,其中通信实体的身份彼此未知。这样,每个实体都必须根据所提供的服务质量来提供评级,并且由于它们不能够再识别其受害者,因此可以避免恶意诽谤和负面歧视,但是,这并不总是可行的。从本质上讲,所有这些解决方案都会增加攻击者为了破坏系统而必须采取的措施,但并不能保护系统免受所有攻击。因此,必须有第二道防线来检测攻击并阻止其进一步扩散。由于这些原因,最近用于检测对信誉系统的串通攻击的解决方案开始出现。机器学习一直以来都是一种有吸引力的解决方案,因为它可以很好地应对安全领域中存在的不确定性。具有代表性的是一种分层聚类解决方案。与其他解决方案一样,此解决方案在训练后将包含大部分数据的聚类分配为良好的聚类,但是,这对训练数据施加了限制。还有一种解决方案是基于图论的,该解决方案不使用考虑计数数量的方案,而是使用基于社区的方案,该方案最多可以检测到高达 90% 的攻击者,从而可以正确地运行系统。

但是,这些方案只会增加攻击者为使攻击成功而必须付出的努力。这一节介绍了一种基于机器学习的解决方案,用于检测攻击源。这一方案主要关注在无线传感器或网状网络等分布式系统中使用的信誉系统,这些信誉系统主要用于隔离异常行为,但是,该方案可以很容易地适用于网络中的实体是人类的情况。主要思想在于检测与该实体接触的其他实体在评估一个实体时存在极大的不一致性。这些不一致性被视为数据异常值,并且使用自组织映射进行检测。

5.3.2　提出的方案

1. 特征提取与模型形成

对于每个实体,特征向量是由其他实体给出的推荐构成的,其主要思想是发现建议中的不一致之处。在信誉系统分别考虑每个实体必须提供的不同服务的情况下,对每个服务进行特征化和独立检查,表征基于 k-Grams 的思想,并且使用连续时刻之间的建议在等距的时间内进行表征。这些特征是不同的建议集(k-Grams)及其在特征描述期间发生的次数或频率。例如,表 5-2 是在 10 个采样周期内从五个不同节点为节点 n 发出的建议。

表 5-2　建议示例

采样周期	节点				
	n_1	n_2	n_3	n_4	n_5
1	100	99	100	95	99
2	100	99	100	95	99
3	100	99	100	95	99
4	98	99	98	98	99
5	98	99	98	98	99
6	98	99	98	98	99
7	98	99	98	98	99
8	95	95	97	97	8
9	95	95	97	97	8
10	95	95	97	97	8

在这种情况下，表 5-3 中给出了提取的 k-Grams(即特征)及其对应的特征值。从此示例中可以明显看出，不同 k-Grams 的提取数量不必在所有表征周期中都相同，因此无法使用标准的距离度量方法。提出的模型中实例之间的距离旨在计算两个序列之间的距离。该方案选择的方法从绝对执行时间的角度被证明是最有效的。进行以下假设后，展开的距离函数实际上等于曼哈顿距离：第一个向量中不存在特征，而第二个向量中的特征(反之亦然)实际上存在且其值等于 0，因为可以说它出现的频率为 0。这样，能够得到两个大小相同的向量，且中心到输入的距离在 0(向量具有相同的特征且具有相同的特征值)和 2(向量具有不同的特征，其值大于 0)之间。同样，如果一个向量的特征的设置是另一个向量的特征的设置，则距离将在 0 到 1 之间。

表 5-3　实例的特征描述

特征	发生次数	频率
100 99 00 95 99	3	0.3
98 99 98 98 99	4	0.4
95 95 97 98	3	0.3

在许多情况下，这可能导致产生大量的组合，因此有必要应用以下可能性之一来减少此数量。一种可能性是将范围[0,100]划分为几个等距范围(通常为 3~5 个)，并为属于一个范围的所有值分配唯一的值或含义。这显著减少了可能的 k-Grams 数量。另一种可能性是取属于某个范围的值的平均值。

2. 恶意攻击的检测与隔离

如前所述，攻击可被视为数据异常值，部署集群技术以进行检测。在这项工作中，使用自组织映射(SOM)算法，因为当数据的维数很大时，它们相对快速且开销较低。

使用聚类技术检测离群值有两种可能的方法，具体取决于以下两种可能性：检测属于离群簇或检测属于非离群簇的离群数据。对于第一种情况，可以计算每个节点到其余节点(或其最近邻)的平均距离(MD)。在第二情况下，将每个输入的量化误差(QE)作为距其群中心的距离。如果使用干净的数据训练 SOM 算法，很明显，将有第二种情况。另外，如果在训练过程中存在攻击痕迹，则两种情况都是可能的。因此在训练过程中，可以在有或没有攻击痕迹的情况下检测攻击，这意味着对训练数据没有任何限制。这进一步意味着这一方案避免了对训练数据进行预处理的耗时和容易出错的过程。

第一步，检查每个节点的建议，以便发现不一致之处。考虑到攻击通常会导致创建新的 k-Grams，因此可以合理地假设在攻击者在场的情况下提取的向量不会是正常情况下提取的任何向量的子集，所以距离永远不会小于 1。因此，QE 和 MD 的可疑值都大于 1。检测到可疑值后，则进入第二步。

第二步，找到可疑的来源。首先，计算分配给该节点的所有推荐值的众数、中位数或平均值之间的偏差。其基本原理是大多数节点将分配正确的建议，如果建议不正确，则会导致上述每个值的偏差较大。可以以各种方式进一步使用这些信息，但是该方案选择将其与信誉系统结合使用，以这种方式进行的恶意诽谤将导致信誉降低，并且不会考虑其建议。因此，将计算出的偏差归一化到[0,1]内，以这样的方式，拥有最大偏差的起源实体具有最低信誉(即 0)，而拥有最小偏差的起源实体具有最高信誉(即 1)，其余节点的信誉在 0～1 进行线性插值。

3.　自组织映射算法

自组织映射(SOM)算法遵循 SOM 执行的标准步骤。唯一特定于问题的点是中心，即节点表示和更新。每个中心都被实现为一个集合，其大小可以随时更改，其元素是前面定义的 n-Grams(具有指定的出现次数或频率)。以下列方式执行节点(属于要调整的映射区域)的调整：

(1) 如果节点中存在 n-Grams 的输入实例 $v(t)$，则根据中心更新修改其值；

(2) 如果实例 $v(t)$ 的 n-Grams 在集群中心中不存在，则将该 n-Grams 添加到集群中心，出现次数等于 1。

5.3.3　实验评估

这一方案在一个测试网络中执行并进行了测试。该网络由许多分布式节点组成，它可以模拟许多分布式系统，如无线传感器网络、无线网状网络等。信誉可以通过多种方式计算，这是类信誉服务器的实现。在测试场景中，节点向其邻居分配建议。恶意攻击是在某个时刻启动的，由许多恶意节点组成，这些恶意节点以随机的方式错误地将低信誉分配给某些邻居。测试网络中的时间以时间单位来度量，其中时间单位是将建议发布到其他地方的时间点。

在以下实验中，将介绍该方案在不同情况下的性能，包括不同的攻击强度和攻击起点。有两种典型的情况：第一种情况是攻击将在训练结束后开始，因此训练将使用干净的数据进行；而在第二种情况下，训练数据也包含攻击痕迹。这些实验的目的是表明对训练数据不存在任何限制，并且即使在恶意节点构成网络的重要组成部分的情况下，该方案也能够检测到 100%的恶意节点。

该方案基于 50 个节点，这些节点可以担任 300 个职位中的一个。实验确定了参与恶意攻击的节点的数量，其中每个节点都对其附近的节点中约 10%的节点进行虚假指控。

　　在第一个实验中,攻击是在训练结束后开始的,因此训练使用干净数据进行。图 5-15(a)展示了最具攻击性的攻击情况的信誉演变,当恶意节点占所有节点的 28.6%时呈现了 100%的检测率和 0%的误报率；在图 5-15(b)中,展示了检测率(DR)和误报率(FPR)两者对恶意节点数量的依赖性。随着恶意节点数量的增加,检测率降低,而误报率增加。当未检测到的恶意节点占非孤立节点的大部分时,模拟会在恶意节点总数占非孤立节点总数的 61.5%的那一刻停止。在这种情况下,信誉系统会受到损害,并停止提供正确的信誉值。

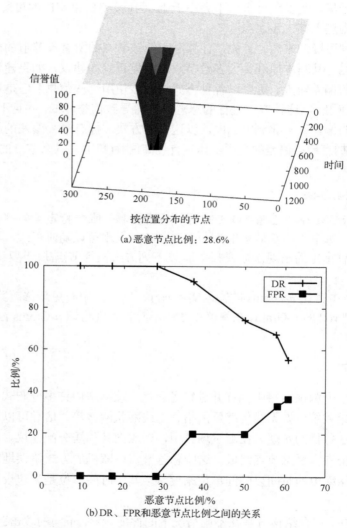

(a)恶意节点比例: 28.6%

(b)DR、FPR和恶意节点比例之间的关系

图 5-15　不同恶意节点比例情况下的实验(使用干净的训练数据)

　　使用包含攻击痕迹的数据训练 SOM 算法的实验结果如下: 当恶意节点占所有节点的 28.6%时,结果如图 5-16 所示。可以观察到随着训练过程中干净数据比例的减少,检测率下降,而误报率却增加了。这是可以预期的,因为不干净的数据在训练数据中所占的比例更大,因此很难区分。

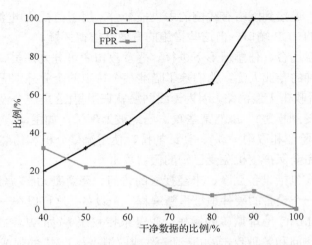

图 5-16　不同干净数据比例情况下的检测率和误报率

Banković 等[16]在 2011 年提出了这种检测和隔离上述恶意节点的解决方案，阻止它们进一步传播其恶意活动，该方案基于自组织映射的异常检测，其重要优点是对训练数据没有限制，因此不需要任何数据预处理。

5.4　检测无线网络上假冒攻击的方法

5.4.1　无线射频网络中的假冒攻击

随着无线系统越来越多地用于关键通信，如何保证电子数据传输的安全成为一个挑战。一般来说，在具有低处理能力、低内存容量和使用不可靠、低带宽的小型设备中很难实现有效的安全性。事实证明，如何使有线技术适应受限的移动/无线环境，增强向后兼容性，并考虑异构性，是一个挑战。

现有的有线入侵检测系统(IDS)可以按数据采集机制(基于主机、基于网络)或检测技术(基于特征、基于异常、基于规范)进行分类。在无线系统中，很难进行这样简单的分类，因为无线系统的特点是不可能有关键的业务集中点、不可能依赖一个集中的服务器、难以保证签名分发的安全以及可能存在恶意主机。

在 WAP(无线应用协议)、WEP(有线等效加密)、TKIP(临时密钥完整性协议)、计数器模式 CBC-MAC、无线 PKI、智能卡中启用 WTLS(无线传输分层安全)等无线技术能够提供不同程度的安全性。然而，具有互联网连接的无线设备(智能手机、PDA 等)正成为恶意代码容易攻击的目标(Cabir、Skulls、Mquito、Wince.Duts、Metal Gear、Lasco、Gavno 等)。但是因为无线安全不同于有线安全，所以不能简单地把有线安全的技术手段移植到无线安全中。事实上，无线网络缺乏适当的安全基础设施，给潜在攻击者提供了方便的传输介质访问。恶意无线接入点值得特别注意，因为它们没有授权操作，它们通常由员工(不了解安全问题)或黑客(为企业网络提供接口)安装。通过使用无线嗅探工具(如 AirMagnet 或 NetStumber)查找恶意攻击者，在设施中漫游，并查找具有授权 MAC 地址、供应商名称或安全配置的接入点；连接到网络有线侧的中央控制台，用于监视(如电波)；通过 TCP 端口扫描程序识别启用的 TCP 端口。但这些措施的有效性值得怀疑。

攻击可以在任意场合、任意情形下进行。恶意攻击者可分为两类。①专注的攻击者：全职的、有奉献精神的专业人士，他们除了瞄准某个特定的企业外别无选择。②机会主义攻击者：这种攻击者攻击无线网络，因为无线网络就在那里(这是一个没有安全功能级别的机会目标，很容易受到损害)。虽然某些攻击已经被处理了，如主动/被动窃听、中间人、重放(包括取消身份验证和取消关联)、会话劫持、使用流量分析和伪装等攻击，但现有的身份验证方案无法完全保护主机免受已知的假冒攻击。

假冒攻击的形式包括设备克隆、未经授权的访问、恶意基站(或恶意接入点)和重放。设备克隆包括用另一个设备的硬件地址重新编程一个设备。这可以在一帧的持续时间内完成，这是一种称为 MAC 地址欺骗的操作，也是未授权服务(如 Wi-Fi/802.11)中的已知问题。它是未经授权访问和各种攻击(如取消关联或取消授权攻击)的促成因素。这个问题在蜂窝网络中已经得到了控制，手机克隆在许多国家已被定为非法。在 Wi-Fi/802.11 网络中，一个设备的身份即它的硬件地址，在无线传输中可以很容易地通过截获帧而被窃取。目前，没有无线接入技术能在无线传输中提供完美的身份隐藏，所以可能会发生设备克隆(包括 MAC 地址欺骗)现象。上述的一些攻击可能会导致服务中断相当长的时间，这是一种至少具有中等影响的威胁。因此，设备克隆是一个重大的安全威胁。

可以冒充合法用户来获得对无线网络的未经授权的访问。Wi-Fi/802.11 和 WiMax/802.16 都引入了用户级授权以缓解威胁。在 WiMax/802.16 中，授权发生在扫描、获取信道描述和能力协商之后。授权有三个选项：基于设备列表、基于 X.509 或基于 EAP。如果仅使用基于设备列表的授权，则很可能发生订阅者模拟攻击。WiMax/802.16 中基于 X.509 的授权使用制造商在设备中安装的证书。如果使用基于 X.509 的授权，订阅者很可能成为冒充攻击的受害者，特别是在证书是硬编码的且不能续订或吊销的情况下。可扩展认证协议(EAP)是一种通用身份验证协议。EAP 可以通过特定的认证方法来实现，如 EAP-TLS(基于 X.509 证书的)或 EAP-SIM。如果使用基于 EAP 的授权，则认为订阅者冒充攻击是可能的。总的来说，在无线网络中未经授权的访问风险是主要或关键的。

恶意基站(或接入点)是模仿合法基站的攻击者站。恶意基站混淆了一组用户(或客户机)，让他们试图通过他们认为合法的基站获得服务，这可能会导致长期的服务中断。实现这种威胁的攻击具有很大的影响。具体的攻击方法取决于网络的类型。在 Wi-Fi/802.11 网络中，即运营商感知的多址接入中，攻击者必须捕获合法接入点的身份，然后它使用合法接入点的身份构建帧，然后，当媒介可用时，攻击者将注入精心编制的消息。在 WiMax/802.16 网络中，这种攻击更难做到，因为 WiMax/802.16 使用时分多址，攻击者必须在模拟基站进行传输时传输。然而，相对而言，攻击者的信号必须以更大的强度到达目标用户，并且必须将模拟基站的信号放在后台。同样，攻击者必须捕获合法基站的身份，然后它使用盗用的身份构建消息。攻击者必须等待，直到分配给模拟基站时隙并在这些时隙中启动攻击和传输。攻击者必须在接收信号强度高于假冒基站的同时进行发射。接收用户减少了他们的增益，并解码攻击者的信号，而不是来自模拟基站的信号。恶意基站很可能产生，因为其中没有技术难题。EAP 支持相互认证，即基站也向用户进行自身认证。当使用 EAP 相互认证时，产生威胁的可能性降低，但不是完全消失，原因与前面提到的基于 EAP 的授权类似，因此，恶意基站是一种风险相当严重的威胁。

重放保护确保消息是新生成的，并且不会被先前拦截消息的攻击者重新传输。为了提高效率，重放保护常常与消息认证相结合。第一代 Wi-Fi/802.11 无线网络采用有线等效加密(WEP)进行加密，WEP 不解决消息认证或重放保护问题。Wi-Fi 保护接入(WPA)和标准 802.11i 在 Wi-Fi/802.11 网络中引入了更强大的保密保护机制。首先，加密密钥的建立使用了基于非对称密钥的技术。其次，WPA 使用时限密钥完整性协议(TKIP)，该协议基于 RC4，但具有较长的不可重用密钥。TKIP 包含一种机制，用于确保消息的完整性并避免重放，即 Michael 机制。802.11i 同时支持 TKIP 和高级加密标准(AES)。WiMax/802.16e 使用数据加密标准(DES)或高级加密标准(AES)对数据流量 PDU 进行加密。AES 包括一种保护数据完整性的机制、身份验证和重放保护的机制，DES 则没有。控制流量的重放保护没有得到同等程度的重视。在 WiMax/802.16 中，管理消息从不加密，也不总是经过身份验证。层管理消息有认证机制：散列消息认证码(HMAC)元组和一键消息认证码(OMAC)元组。OMAC 是基于 AES 的，包括重放保护，而 HMAC 没有。要使用的管理消息的身份验证机制在网络入口协商。可用于身份验证的管理消息的范围在 802.16 的早期版本中受到限制。因此，在 802.16 的早期版本中，管理消息不受完整性保护。管理消息验证中的弱点为如中间人或恶意基站等攻击打开了大门。如果管理消息未分别使用身份验证、HMAC 或 OMAC，则很大可能、可能或不太可能发生重放攻击。在所有的情况下，攻击都可能影响到通信。重放攻击带来的风险是重大的。综上所述，在无线网络中假冒的风险是至关重要的，因为威胁可以具体化为几种形式的攻击，应对这一威胁需要采取相应对策。

5.4.2　使用设备和用户配置文件检测模拟攻击

在 Wi-Fi/802.11 网络中，身份盗窃的一个著名实例称为设备克隆或媒体访问控制(MAC)地址欺骗。这种攻击是通过使用现成的工具(如 NetStumbler)获取合法设备的 MAC 地址来执行的。该地址被编码到另一个设备中，随后用于获得对无线局域网(WLAN)的未经授权的访问。因此，继续使用基于 MAC 地址的访问控制列表(ACL)不再是一种可行的策略。

针对设备克隆和 MAC 地址欺骗问题，有基于身份验证的解决方案和基于入侵检测的解决方案。就解决方案而言，使用公钥密码虽然在理论上是可行的，但也有一定的局限性。由于公钥/私钥对代表静态数据(除非定期更改，而且这不太可能)，因此可以使用"无线传送"和其他机制来发现它，特别是因为用于手持设备的防窜改硬件和软件仍然很昂贵。这种解决方案还有一个缺点是否需要手动将每个 MAC 地址及其相关的公钥输入每个接入点，这需要时间。除非通过自动化降低管理成本，否则此解决方案可能不适用于较小的网络。最后，公钥加密所需的资源级别目前在无线设备中不可用。考虑到这些限制和要求，组织可以选择使用其他方案来解决这个问题。不同于用户的移动性，入侵检测的机制不太容易被冒充或使用伪造的密钥。一方面，作为入侵检测机制，使用入侵者位置和用户移动模式进行入侵检测，这些行为特征和特征更难伪造或复制。另一方面，解决方案要求保持给定 MAC 地址与其对应的配置文件之间的关联，以检测 MAC 地址欺骗。然而，这种方案的局限性在于，IDS 仅根据制造商的标识来区分设备。因此，识别来自同一制造商的设备的需求仍然没有得到满足。下面介绍了射频指纹识别(RFF)和 UMP 在基于异常的入侵检测(ABID)中的应用。

1. 射频指纹识别

RFF 是一种在基于射频的无线设备中捕捉收发器射频能量的独特特性的技术。它由军方率先用于跟踪敌军的行动，随后被一些蜂窝运营商(如 Bell Nynex)作为一种认证机制实施，以打击克隆欺诈。

采用这种技术的主要好处是能增加难度，因为它与收发器打印(即从信号瞬态中提取的一组特征)的复制有关。如图 5-17 所示，信号的瞬态与发送之前的收发器的启动周期相关联，更重要的是它反映了收发器独特的硬件特性。因此，它不容易伪造，除非收发器的整个电路可以被精确复制(如要求盗窃授权设备)。这一特性用于识别基于射频的收发器。更具体地说，首先创建每个收发器的配置文件(使用收发器指纹)，然后将观察到的收发器指纹分类为正常或异常，即它与收发器配置文件匹配或不匹配。

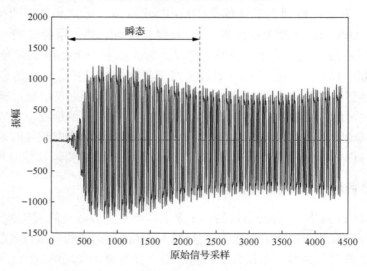

图 5-17　来自于一个 802.11b 收发器的信号

2. RFF 相关工作

自 1995 年以来，人们对射频频率的兴趣持续上升，部分原因是需要识别出故障或非法操作的无线电发射机，以支持无线电频谱管理的实践。有研究者研究了从各种收发器(有些来自同一制造商)捕获的信号的振幅和相位分量，总的结论是所有收发器确实具有一些一致的特征(从振幅和相位分量中得出)，尽管这些特征不一定是唯一的。

在瞬态检测方面，人们已经探索了几种策略。由 Shaw 和 Kinsner 于 1997 年提出的阈值检测方法是基于信号幅度的特性的。另一种基于振幅方差的方法是由 Ureten 和 Serinken 提出的贝叶斯阶跃变化检测器。与以前的方法不同，瞬态检测不需要使用阈值，即它完全基于振幅数据的特性。然而，由于某些类型的信号(如 Wi-Fi/802.11 和蓝牙)的性能不理想，最近人们又提出了一种增强的检测方法，称为 Bayesian Ramp Change Detector。Hall、Barbeau 和 Kranakis 也尝试了使用信号的相位特性来检测瞬态的开始，这种方法可用于 Wi-Fi/802.11 和蓝牙信号。

在分类方面，包括 Shaw、Hunter 和 Tekbas 等在内的许多研究团队都提倡使用基于模式的分类器，如 PNN。Toonstra 和 Kinsner 也探讨了使用遗传算法进行分类。除了获得最佳解决方案外，这种算法还相当耗费资源。因此，使用遗传法可能不适合资源受限的设备。

3．RFF 在 ABID 中的使用

与将 RFF 用于身份识别不同，另一个选择是将其纳入 ABID 系统，如 Hall、Barbeau 和 Kranakis 的研究，其思想是将设备的 MAC 地址与相应的收发器配置文件相关联。此后，如果观察到的来自声明的 MAC 地址的收发器打印与相应的收发器配置文件匹配，则 MAC 地址没有被欺骗。

众所周知，当前的 IDS 根据单个观察结果来判断所观察到的行为/事件是正常的还是异常的。在一个以干扰和噪声为特征的环境中，将决策推迟到多个观测值被分类和组合之前，可以降低不确定性水平。因此，可以使用 Russell 和 Norvig 提出的贝叶斯滤波器来实现这一目标。

在过去，使用静态配置通常是一种规范。然而，由于如收发器老化等因素，需要周期性地捕捉收发器的改变特性。因此，概念漂移(即随时间变化的行为)问题通过不断更新收发器的配置文件来解决。

4．RFF 评估

评估的目的有两个：①主要基于错误警报和检测率评估收发器打印的组成；②确定配置文件更新对这些指标的影响。

图 5-18 描述了 30 个简要收发器中的每一个评估结果。对于给定的收发器，误报率(FPR)定义为报告的异常收发器打印数除以属于该收发器的收发器打印总数。另外，同样地定义检测率，但是使用来自其余收发器的收发器打印。这些收发器用于模拟入侵。此外，95%的置信水平用于呈现分类决策，即正常或异常。

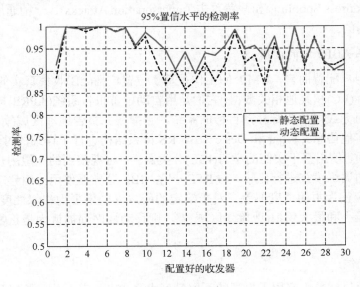

图 5-18　检测率

1) 误报率

这组收发器的 FPR 为 0%。重要的是，这个比率说明了准确描述收发器行为的可行性。此外，当使用静态和动态配置(不断更新)时，可以获得该比率。当使用静态配置时，FPR 提供了一个指示，说明为进行配置而选择的收发器打印的精度。在动态配置的情况下，在动态配置的情况下，使用上/下欧几里得距离阈值和收发器内部可变性(即来自同一收发器的信号之间的可变性水平)是为了保留收发器的一般特性，从而避免引入离群值的异常行为。

2) 检测率

如图 5-18 所示，对于大多数收发器，尤其是收发器 14 和 22，与使用静态配置相关联的检测率通常较低(86%～100%)。现在，用于建档目的的收发器打印的底层集合可能不会反映相应收发器的全部可变性。因此，来自收发器 Y 的收发器打印可能被错误地分类为属于收发器 X，从而导致对 X 的检测率较低。这种错误在某种程度上通过不断更新配置来纠正。在短时间后，它开始反映收发器的当前行为，这是区分来自同一制造商的收发器的关键元素。89%～100%的检测率支持动态配置的使用。

5. UMP 相关工作

在过去，UMP 用来解决基于位置-区域的更新方案的低效性问题，并用于增强 Ad hoc 中的路由。它在 ABID 中使用的情况也有所研究。此外，在蜂窝网络领域，Samfat 和 Molva 以及 Sun 和 Yu 已经评估了将用户配置文件并入 ABID 系统的情况。Samfat 和 Molva 也研究了使用模式在异常检测中的应用。这种方法的新颖之处在于检测过程是实时的，即在典型呼叫的持续时间内执行。Sun 和 Yu 提出了一种在线异常检测方法，该方法与前面提出的方法的关键区别在于使用用户遍历的单元 IDS 序列。这两种方法都考虑到了解决概念漂移的需要问题。这些方法专门针对手机盗窃，因此充分利用了现有的蜂窝网络基础设施。这些方法的一个共同特点是使用模拟数据进行分析和分类。对于应对设备克隆、MAC 地址欺骗(MAC Address Spooling)和假冒攻击(Impersonation Attacks)，一种通用的基于用户的 IDS 机制是有用的。

6. UMP 在 ABID 中的应用

首先，就用户配置而言，UMP 的工作是基于位置广播(LB)收集真实的移动数据。LB 包含经纬度坐标(LC)和其他相关数据，它们是用自动位置报告系统(APRS)捕捉到的。APRS 是一种基于分组无线电的跟踪移动目标的系统，它捕获并报告地理区域(如国家或城市)的位置、天气和其他信息。Filjar 和 Desic 对 APRS 体系结构进行了详细的讨论。

在分类方面，使用基于实例的学习(IBL)分类器。它将观察到的一组用户移动性序列与其个人资料中的训练模式进行比较。与 RFF 一样，IBL 分类器使用一组移动性序列而不是单个序列来适应行为中的适度偏差。对于给定的用户，如果平均相似性度量(NSMP)值落在预先设定的最小和最大阈值(或接受区域)内，则移动性序列被认为是正常的，否则将生成警报。

7. UMP 评估

评估的一个目标是确定用于表征的不同精度水平(PL)与产生的假警报和检测率之间的

相关性。PL 表示 LC 的粒度级别，即用于表示每个坐标的经纬度的小数位数。本方案中使用了 1、2 和 3 位小数的偏最小二乘法。用户内部的可变性随着 PL 的增加而增加。

Markoulidakis 指出，公共交通的所有移动用户(如公共汽车)中，有近 50%可以被描述。这一统计在一定程度上得到了其他研究者的证实。在洛杉矶地区乘坐公共汽车的用户是研究的对象。选择洛杉矶是因为其 APRS 用户密度高，前 50 个的用户(那些传播 LBs 数量最多的用户)被选择参与研究。

这项评估是针对 50 个用户中的每一个用户进行的。对于每个用户，使用 LB 生成的移动序列分为训练、参数和测试数据。通过比较参数数据中的序列和训练数据中的模式来建立基于用户的阈值。为了确定误报率(FPR)，将用户测试数据中的序列与他/她的训练模式进行了比较，得出的 NSMP 值超出了可接受范围，被认为是 FPR。另外，通过比较剩余用户的测试序列和被评估用户的训练模式，得到检测率或真检测(TD)。与 FPR 一样，接受范围以外的所有 NSMP 值都被视为 TD。对应于这些指标，获得了所有用户的统计分析数据。

为了简化分析和后续对结果的讨论，本节定义了三类用户。第一类(40%的用户)代表表现出一致行为，第二类(56%的用户)和第三类(4%的用户)的行为越来越混乱，关注的是每个类用户从该用户中获得的结果。

1) 误报率和检测率

首先分析用户 19 的结果。注意到这三个 PL 都没有 FA。如图 5-19 所示，与给定 PL 相关联的最小阈值随着 PL 的增加而向相似度值的低端移动，如从 PL = 2 到 PL = 3。但是，这三个值(如 2、5 和 16)都大于零。这表明参数数据中的移动性序列与训练数据中的相似。此外，测试数据的移动性序列也类似于用来建立阈值的参数数据中的序列。图 5-20 显示了对应于所用三个 PL 的 FPR 和 TD 的百分比。

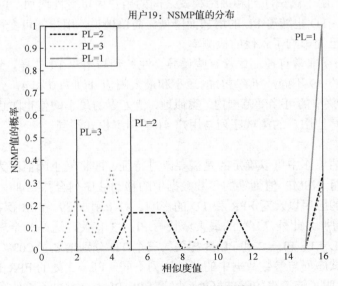

图 5-19　使用不同精度水平的特征

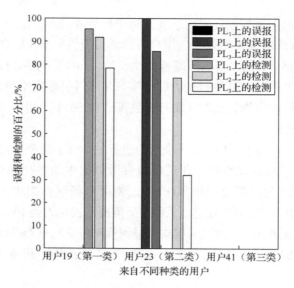

图 5-20　误报率和检测率

TD 随 PL 的增大而减小。进一步的研究表明，考虑到 PL 对 NSMP 分布的影响，这种行为也是适当的。因此，当最小阈值向相似度值低端移动时，将入侵归类为正常行为的概率变得更高，这导致 TD 下降。另外，用户 23 的特性并不是最佳的，最小值为零的阈值表示参数数据中存在序列，而训练数据中没有序列。然而，测试序列与参数集中的测试序列相似，导致零 FPR。此外，最小阈值也允许所有入侵保持不被检测，导致 TD 为零。当 PL 增加到 2，最大阈值变为最小阈值时，测试序列与参数数据中的序列不同变得更加明显，然而，它们与训练模式相似。因此，FPR 变为 100%。PL = 2 处的相应 TD 也增加，因为入侵已经超出了零的最小和最大阈值，现在这种入侵 PL = 2 这个水平被检测到。最后，当 PL 增加到 3 时，由于测试序列和训练模式之间的用户内可变性增加，FPR 的数量减少。正如预期的那样，TD 也随着 PL 的增加而降低。简单地说，用户间可变性的增加，加上预先设定的阈值，已经影响了入侵的检测率。

用户 41 的结果非常有趣，尽管有些误导。注意到与用户 19 一样，这三个 PL 都没有 FA。然而，与用户 19 不同，所有 PL 的最小和最大阈值分别为 0 和 4，允许所有测试序列的 NSMP 值落在狭窄的可接受范围内。类似地，值为零的最小阈值也防止了所有入侵被检测到，即使所有其他用户的测试序列与用户 41 的训练模式不同。

2) 增强特征

从先前的评估工作中可以确定的是需要改进特征，即将最小阈值改为大于零的值。一种简单的策略是将 NSMP 值为零的参数数据中的移动性序列合并到训练数据中。图 5-21 展示了这种策略的应用以及对 FPR 和 TD 的影响。对于用户 19，FPR 保持不变。TD(针对所有 PL)如预期增加。此外，19% 的最大增长与 PL = 3 有关，这是一个理想的结果。就用户 23 而言，与 PL = 1、PL = 2 和 PL=3 相关的三个 TD 分别增加了 20%、33% 和 70%。然而，由于某些测试序列与参数数据中的测试序列不同，PL = 3 处的 FPR 也增加了。最后，用户 41 的结果说明了该策略的潜在好处。尽管 FPR(PL = 1)增加了 5%，但与三个 PL 相关的 TD(85%、100%、100%)有显著改善。

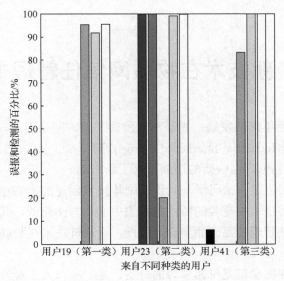

图 5-21　使用增强特征

Barbeau 等设计了这个方案分析移动网络中所面临的假冒攻击，证明了现有的认证方案不能完全保护无线网络中的主机免受假冒攻击，同时方案考虑了两种防御策略：射频指纹识别和用户移动性分析，并分析了这两种策略在无线和移动网络中防御模仿攻击的前景。

习　　题

1．信誉和信任系统所面临的威胁和它们所遵循的步骤之间有关联吗？
2．信任系统中的安全威胁分类的角度有哪些？
3．了解并熟悉 Cobweb 模型。
4．Cobweb 模型能够起到抵抗叛徒攻击作用的根本原因是什么？
5．恶意基站的危害体现在哪里？
6．检测无线网络上假冒攻击的方法中误报率和检测率之间存在平衡吗？

第6章　新技术在物联网信任管理中的应用

随着信息技术在近年来的发展，物联网也出现了新的网络形态，如车联网(Internet of Vehicles)、工业物联网(Industrial Internet of Things)等。与此同时，出现的新技术(如区块链技术、深度学习技术等)也为这些新的挑战带来了新机遇。

区块链技术：区块链是由密码学与共识机制等技术创建的能够存储庞大交易信息的点对点网络系统。区块链技术中重要的特性包括去中心化与防窜改，其中前者与物联网的结构相契合，后者与信任管理的需求相契合。因此，区块链技术在物联网的信任管理中具有极佳的应用前景。

深度学习技术：深度学习是机器学习的分支，是一种以人工神经网络为架构，对资料进行表征学习的技术。机器学习法作为信任聚合的重要方法之一，已经取得了广泛的应用，在本书的第2章中已经简要介绍。而这些年深度学习技术的兴起，也为信任聚合带来了新的方法。

6.1　基于区块链和AI技术的车载网络信任管理系统

6.1.1　车联网中的信任管理

在过去的几年中，可见道路上联网和/或自动驾驶汽车数量的爆炸性增长。新闻报道显示，2015年，通用汽车(GM)公司生产的联网汽车已达100万辆，特斯拉首席执行官埃隆·马斯克估计，到明年年底将有超过100万辆自动驾驶出租车在路上行驶。为了提高这些联网自动驾驶汽车的安全性和效率，它们必须能够感测和收集各种与行驶有关的信息，并通过车载网络进行交流，这是通过增强车载感测、计算和通信能力而实现的。在车载网络中，包括车辆和路边单元(RSU)在内的不同类型的节点可以通过车对车(V2V)和车对基础设施(V2I)通信并共享信息。它们共享的信息通常包含有关道路事故、交通状况(如拥堵、道路建设和危险天气状况)与其他相关运输事件的警报和更新。所有这些交通警报和更新可以使车辆及时了解各种交通状况，从而提高运输安全性和效率。

尽管车载网络可以帮助传播这些类型的重要信息，但在解释和使用它们时仍应谨慎行事，由于移动性高，通常不知道与谁在相邻车辆中进行通信。当恶意车辆已受到对手的攻击和控制时，情况会进一步恶化，这些恶意车辆可能会故意共享虚假的交通警报和更新情况，以使其他车辆感到困惑。例如，恶意车辆共享虚假的交通更新信息显示没有交通拥堵，而实际上却存在一些交通拥堵，通过车载网络传播的虚假交通更新信息会使道路更加拥堵。这清楚地表明，虚假交通更新和警报可能会极大地影响运输系统的安全性和效率。因此，正确评估与交通相关的信息和在车载网络中共享它们的车辆的可信度至关重要。

近年来，人们已经进行了各种研究以开发用于无线网络的有效的信任管理系统，包括车载网络、传感器网络和物联网。尽管这些工作主要关注评估节点(如车辆和传感器等)的信任值，但已有一些研究工作对节点生成的数据的信任值进行了评估。在车辆网络的特定情况下，所有车辆通常都以相对较高的速度持续行驶，从而导致网络拓扑快速变化。因此，对于车辆而言，及时评估与之交互的所有其他车辆的信任值具有挑战性。此外，由于其高度的移动性和动态性，车载网络通常会生成大量数据，如交通警报和车辆与 RSU 报告的更新信息。但是，不完善的报告设备和受到攻击者破坏的恶意交通工具都会削弱这些数据的可靠性，这进一步破坏了在很大程度上依赖于数据正常运行的信任管理系统。因此，为车载网络设计有效的信任管理系统既重要，又具有挑战性。

为了满足这一紧急需求，这一章提出了一种针对车载网络的支持 AI 的信任管理系统，即 AIT。与现有的信任管理系统相比，AIT 系统不依赖于固定公式来评估单个信息的信任等级或计算车辆的总体信任值，相反，新兴的深度学习算法用于自动确定车辆的信任度。

6.1.2　问题定义

本节将更详细地描述将要研究的问题。更具体地说，本节将详细定义系统模型和对手模型。

1. 系统模型

如图 6-1 所示，车载网络中的信任管理系统通常由以下两种类型的节点组成：路边单元(RSU)和车辆。

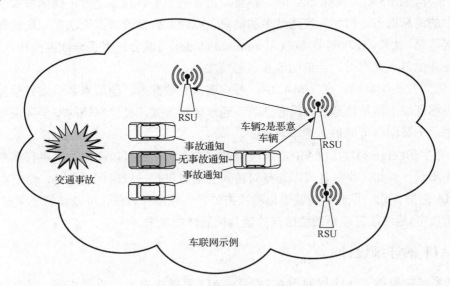

图 6-1　AIT 系统模型

(1) 路边单元：通常具有强大的处理、存储和通信能力，并且位置是固定的。它们可以根据车辆发送的有关其他车辆的消息以及当前的交通状况来跟踪所有当前车辆的信任等级。它们的通信范围很广，覆盖了大部分的道路，这使它们可以从远处接收来自其他

RSU 和车辆的消息。它们收到消息后，将对其进行分析。在评估收到的信息之后，RSU 将调整所有车辆的信任值，以便将其发送给其他 RSU。由于不同的 RSU 可能会从不同的车辆获得有关可疑活动的不同消息，因此它们对车辆信任的评估可能会有所不同。来自所有 RSU 的关于同一车辆的信任值将被取平均值，以确定车辆是否是恶意的。一旦发现是恶意的，车辆的公钥将被吊销，从而阻止其在网络中发送新消息。同时，如果它们想重新获得公钥，它们将向 RSU 发送请求，并且 RSU 将评估其信任值，以决定是否为车辆提供新的公钥。

(2) 车辆：与 RSU 相比，车辆的处理、存储和通信能力有限，并且它们在道路网络中不断行驶。每个车辆被表示为车载网络中的一个节点。车辆可以通过发送消息与其他车辆进行通信，并且它们可以相互传递信息以提供当前的路况更新。如果发现风险，则车辆可以将风险的位置和类型传递给其他车辆或 RSU。每当车辆收到来自另一车辆的通信请求时，都会在该另一车辆上进行信任评估，以确保在通信之前它不是恶意的。如果检测到其他车辆是恶意车辆，则通信请求将被拒绝，并且消息将发送到最近的 RSU 以报告此恶意车辆。

2. 对手模型

在本方案中，假设车辆和 RSU 都可能遭到对手的攻击，然后它们会表现出各种恶意行为，例如，有意共享虚假的交通警报或错误地报告另一车辆为恶意的等行为。更具体地说，主要考虑以下三种类型的恶意攻击。

(1) 简单攻击(SA)：执行 SA 时，恶意攻击者的主要目标是通过不同的方式来干扰车载网络中的消息服务，例如，发送过多的消息，以便其他良性节点无法在这段时间内成功发送任何消息。此外，被攻陷节点(Compromised Nodes)可能会选择丢弃或更改传入的消息，导致当与其他节点共享时，当前的流量状态将失真。

(2) 诋毁攻击(BMA)：在 BMA 中，恶意攻击者故意为其他节点共享虚假信任等级，例如，声称良性车辆是恶意的，反之亦然。通过这种方式，良性车辆的安全凭证可能会被吊销，进而车载网络可能被恶意车辆支配。

(3) 之字形(Zigzag)攻击(ZA)：高级攻击者可能会尝试通过以间歇方式进行恶意攻击来避免被检测到。例如，攻击者可以选择对传入的消息进行一段时间的欺骗，然后在切换到执行 BMA 之前停止一段时间。鉴于每种攻击的发生频率都较低，可以设想之字形攻击(也称为通断攻击)是信任管理系统要捕获的最具挑战性的攻击。

6.1.3　AIT 的详细设计

AIT 系统的整体工作流程如图 6-2 所示。AIT 系统中有五个重要步骤，即交通数据收集和信息生成、本地信任等级(LTL)计算并与本地 RSU 共享、由本地 RSU 计算全局信任等级(GTL)、由区块链进行信任验证和归档，以及由所有 RSU 进行全局信任等级投票和决策。

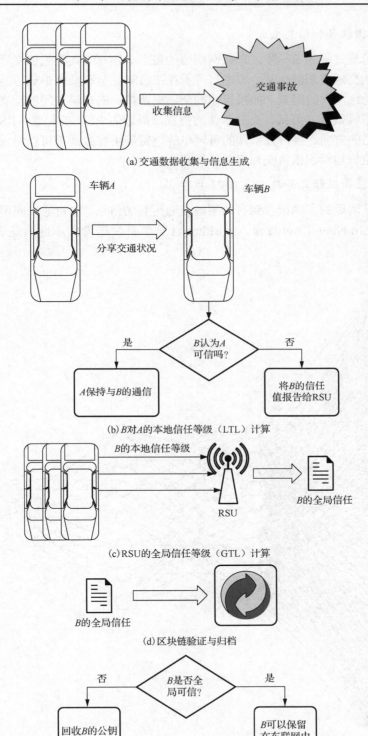

(a)交通数据收集与信息生成

(b)B对A的本地信任等级（LTL）计算

(c)RSU的全局信任等级（GTL）计算

(d)区块链验证与归档

(e)所有RSU对B的全局信任等级投票和决策

图 6-2　AIT 的总体工作流程

1. 交通数据收集和信息生成

作为信任管理过程的第一步，车载网络中的每个车辆都收集附近的交通更新情况，然后生成最能描述交通更新的信息。考虑到可能存在故障甚至恶意的车辆可能共享误导性信息，因此必须考虑不同的因素，如报告相同交通更新情况的车辆之间的距离、发生交通事故的范围内的车辆数量。可见，交通事件的位置、最近的 RSU 的位置、RSU 可以覆盖的通信范围、交通的方向、报告该事件的每辆车的位置等所有数据都可以集成到信息中，以便收件人可以更好地标识报告交通事件的环境。

2. 本地信任等级计算并与本地 RSU 共享

一旦车辆从附近的车辆接收到有关某些交通更新的信息，它将通过应用前馈神经网络算法(Feedforward Neural Network Algorithm)计算信息发送者的本地信任等级(LTL)，如图 6-3 所示。

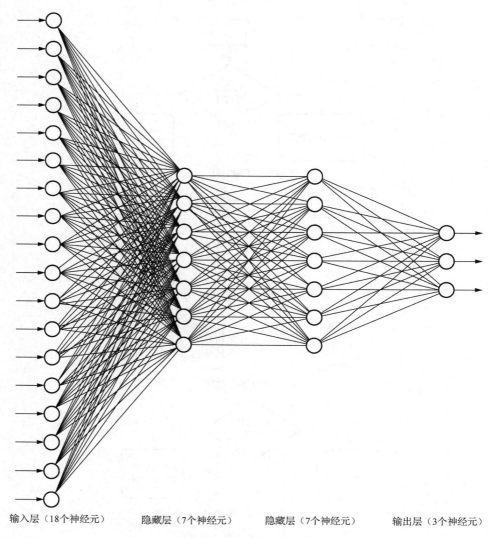

输入层（18个神经元）　　　隐藏层（7个神经元）　　　隐藏层（7个神经元）　　　输出层（3个神经元）

图 6-3　前馈神经网络的结构

如图 6-3 所示，输入层由 18 个神经元组成，如报告车辆的位置、交通事故的位置、交通事故可见的距离以及报告车辆的当前信任评级。表6-1列出了18种输入数据的完整清单。

表 6-1　前馈神经网络的输入

输入	注释
报告车辆的位置的 X 坐标	X 坐标
报告车辆的位置的 Y 坐标	Y 坐标
交通事故的位置的 X 坐标	X 坐标
交通事故的位置的 Y 坐标	Y 坐标
接收信息车辆的位置的 X 坐标	X 坐标
接收信息车辆的位置的 Y 坐标	Y 坐标
交通事故可见的距离	根据交通事故的类型、天气、报告车辆的行驶方向以及能见度图等因素确定
报告车辆的当前信任评级	最新报告和计算的信任值
接收信息的车辆的当前信任评级	最新报告和计算的信任值
离报告车辆最近的 RSU	离报告车辆最近的受信任 RSU 的 ID
最接近接收车辆的 RSU	最接近接收车辆的受信任 RSU 的 ID
交通事故类型	表示交通事故类型的整数
报告车辆的行驶方向	表示为实数 $r \in [0,360)$，其中 0、90、180 和 270 分别表示东、北、西和南
报告车辆的行驶速度	速度以 km/h 为单位
接收车辆的行驶方向	表示为实数 $r \in [0,360)$，其中 0、90、180 和 270 分别表示东、北、西和南
接收车辆的行驶速度	速度以 km/h 为单位
自从报告车辆收到最后一条消息以来经过的时间	以秒为单位(0 表示经过的时间不可用/未知)
当前的车辆的移动性水平	0~1 的实数，用于根据可见性和道路状况的组合来调整局部速度限制。0 表示没有可见性或道路阻塞；1 表示完全可见性，并且在发布的速度限制下可用

前馈神经网络有两个隐藏层，其中有 14 个隐藏神经元。神经网络输出层产生以下三个输出：更新报告车辆的信任等级、下一个消息时间的预测以及消息转发需求的级别，如表 6-2 所示。请注意，前馈神经网络算法的这三个输出将存储在区块链中的块主体中。

表 6-2　前馈神经网络算法的输出

输出	注释
更新报告车辆的信任等级	
下一个消息时间的预测	0 意味着未知
消息转发需求的级别	一个介于 0~1 的实数，表示消息的重要性，其中 0 表示重要性最低，1 表示重要性最高

重要的是要了解哪些权重和偏差会使某个成本函数最小化。最后一个神经元的激活表示为 a，上标 L 表示当前层，那么上一层的激活是 a^{L-1}。可以通过预期输出值减去当前输出值找到每个神经元的差异来计算成本，然后将每个组件之间的差异的平方加到神经网络的所有层上。

式(6-1)描述了如何计算神经网络中的成本。请注意，y_j 代表输出层中的第 j 个输出。假设总共有 L 个隐藏层，则 n_L-1 表示输出层之前的最后一个隐藏层中的神经元。

$$C_0 = \sum_{j=0}^{n_L-1} (a_j^L - y_j)^2 \tag{6-1}$$

计算所有层的成本，对它们求平均值，从而计算出神经网络的总成本。全部成本函数的偏导数等于所有训练样本的平均值，即

$$\frac{\partial C}{\partial \omega^L} = \frac{1}{n} \sum_{k=0}^{n-1} \frac{\partial C}{\partial \omega^L} \tag{6-2}$$

将先前计算的差异的平方求和，然后对结果求平均值，从而得出网络的总成本。接着，可以相应地调整当前神经元的权重和差异。在此成本函数中寻找梯度很重要，因为它暗示了如何更改神经元之间所有连接的所有权重和偏差。在梯度向量中，每个元素都显示了成本函数对每个权重和偏差的敏感程度，它解释了如何获得权重和梯度下降的偏差。

反向传播(Backpropagation)是一种用于计算梯度的算法，用于最小化成本和偏差。成本函数的每个组成部分都显示了成本函数对每个权重和偏差的敏感程度。其中，ω 代表权重。

$$a^L = \sigma(\omega_0^{L-1} a_0^{L-1} + \omega_1^{L-1} a_1^{L-1} + \cdots + \omega_{n-1}^{L-1} a_{n-1}^{L-1} + b) \tag{6-3}$$

对于位于 L 层的神经元 a，定义为 a^L；N 代表层中节点的总数。加权和是由每个单独的权重乘以神经元值 $\omega_0^{L-1} a_0^{L-1}$ 得出的。a^L 是根据上一层中所有激活的某个加权和加上 b（即偏差）来计算的。它们被插入到 sigmoid 函数中，表示为 σ。

如式(6-3)所示，有三个元素可以改变 a^L 的值，它们是权重、偏差和前一个节点的值，下面的等式(6-4)包含所有这三个元素的加权和，把这三个元素的加权和称为 z^L，它表示与上一层激活的权重加当前层的偏差有关的总加权和。

$$z^L = \omega^L a^{L-1} + b^L \tag{6-4}$$

重要的是要弄清楚权重的变化对成本函数的影响有多敏感，即要弄清楚 C 对 ω^L 的偏导数，$\frac{\partial C_0}{\partial \omega^L}$。

$$\frac{\partial C_0}{\partial \omega^L} = \sum_{j=0}^{n_L-1} \frac{\partial z^L}{\partial \omega^L} \frac{\partial a^L}{\partial z^L} \frac{\partial C_0}{\partial a^L} \tag{6-5}$$

这一链式法则功能描述了成本函数对特定权重的敏感程度。它意味着成本函数对于权重的微小变化的敏感性，即使是微小的变化也会造成巨大的影响。其目的是弄清成本函数对权重 ω^L 的微小变化有多敏感。在计算成本函数对激活的敏感程度后，对输入到该层的所有权重和偏差进行重复处理。链式法则的第二项也称为 sigmoid 函数，它是人工智能的一个重要组成部分，借助 sigmoid 函数，可以预测和拟合大多数函数。

sigmoid 函数既可以放大也可以移位。通过改变隐藏层的增益可以实现函数的放大，而通过改变恒定的输入或偏差可以实现函数的移位。在多个 sigmoid 函数的帮助下，通过放大和移位，可以将它们加在一起，提供一个很好的近似函数，用于神经网络的估计和使用。此外，反向传播算法在计算权重导数方面是有效的。

通过应用前馈神经网络算法，信任管理系统可以成功地识别出哪些车辆是恶意的，并了解这些恶意车辆之间的潜在关联。在此过程之后，将计算报告车辆的本地信任等级(LTL)并与 RSU 共享。

3. 由本地 RSU 计算全局信任等级

每辆车的行为可能会随时间变化，尤其是在恶意车辆采用之字形攻击(Zigzag Attack，ZA)作为其攻击模式时，恶意车辆可以在不同时间以不同的时间间隔显示不同的恶意行为。在这种情况下，如果恶意车辆在不同时间仔细地将其活动分散到许多相邻车辆上，则即时的本地信任视图(Trust View)可能是不准确的并且具有误导性。

因此，将由 RSU 计算所有车辆的全局信任等级(GTL)。每个进入 RSU 的消息的信任也使用与车辆使用的本地信任评估相同的深度学习算法来计算。GTL 计算的结果是对每个单独车辆的初始本地信任等级进行了调整。通过此过程，可以更准确、更全面地了解每辆车的信任度，从而有助于更好地保护车载网络免遭这些恶意行为的侵害。假设 RSU_l 从报告车辆 v_j 接收到车辆 v_i 的本地信任等级(LTL)更新，则全局信任等级的评估过程如算法 6-1 所示。需要注意的是，信任等级 ΔT_i 的变化对应于前馈神经网络的输出。

算法 6-1：隐私保护认证

1　**if**　v 首次进入 LBS 网络　**then**

2　　　　$v \xrightarrow{\ v_{reg} = \langle \text{key}_{public}, \text{key}_{private}, v_{Inf} \rangle\ } \text{RA}$

3　　**if**　v_{reg} 是非法的　**then**

4　　　　　RA $\xrightarrow{\ \text{Certificate}_v\ } v$ 且 RA $\xrightarrow{\ \text{Certificate}_v\ } \text{CertBC}$

5　　**else**

6　　　　　RA $\xrightarrow{\ \text{Msg}_{error}\ } v$

7　　**end if**

8　**else**

9　　**if**　Certificate_v 即将过期，且 v_{update} 是非法的　**then**

10　　　　　$v \xrightarrow{\ v_{update} = \langle \text{key}_{newpublic}, \text{key}_{newprivate}, v_{Inf} \rangle\ } \text{RA}$

11　　　　　RA $\xrightarrow{\ \text{NewCertificate}_v\ } v$ 且 RA $\xrightarrow{\ \text{NewCertificate}_v\ } \text{CertBC}$

12　　**else**

13　　　　　　RA $\xrightarrow{\ \text{Msg}_{error}\ } v$

14　　**end if**

15　**end if**

16　当 RA 验证 v 的身份时

17　**if**　Certificate_v 在 CerBC 中　**then**

18　　　　Certificate_v 是非法的，且 v 是可信的

19　**else**

20　　　v' 认证失败

21　**end**

---

4. 由区块链进行信任验证和归档

一旦通过本地 RSU 计算了所有车辆的全局信任等级，首先将通过区块链技术验证每辆

车的身份，然后将 GTL 编码并作为新块添加到区块链中，这提供了一个不可中断的全局信任等级链。没有区块链，虚假的信任等级就可以由恶意 RSU 分发。

更具体地说，RSU 通过使用 Merkle 根哈希值来跟踪位于 RSU 直接通信范围内的所有车辆的所有事务历史。另外，每个 RSU 中维护的区块链都是通过遵循树结构来构建的。该树的根节点 r 代表 RSU，其直接子节点 $v_i(i = 0,1,2,\cdots,n)$ 代表位于该 RSU 直接通信范围内的车辆。因此，特定 RSU 的直接子节点数应等于其直接通信范围内的车辆数。每个 v_i 对应于对应车辆的区块链。图 6-4 演示了如何将区块链技术应用于维护 AIT 系统中的所有信任等级。

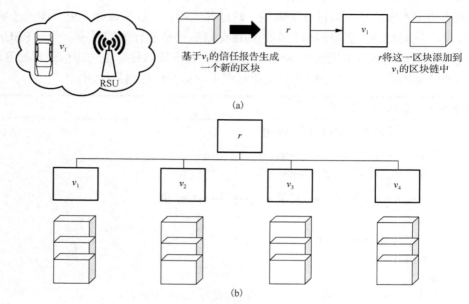

图 6-4　RSU 为邻近车辆管理区块链

在这一方案中，每个 RSU 都在其直接通信范围内为所有车辆管理区块链。根据需要向车辆提供信息，车辆只保留 Merkle 的根，而 RSU 保留所有的障碍物。通过这种方式，如块的创建和挖掘之类的资源密集型任务仅在 RSU 而不是车辆上执行，这可以改善车载网络的可扩展性。

此外，Merkle 根是哈希函数生成的哈希值，用作车辆和 RSU 之间的存根，以保护区块免受 RSU 本身和其他试图更改区块的恶意车辆的恶意攻击。车辆 v_i 生成新消息后，它将被发送到 RSU r 以生成一个块，然后将其附加到树结构中与 v_i 对应的区块链的末尾。每次使用新添加的块时，都会更新与该 RSU 树结构中的每个车辆相对应的 Merkle 根。随着交易的继续，哈希值将成为新的存根。最终，v_i 和 r 都包含最新的 Merkle 根。在未来每次执行事务之前，v_i 都会向 r 发送请求，请求其当前的 Merkle 根。如果哈希值匹配，那么事务将被验证并成功执行；否则，验证将失败，并且必须通过回溯先前的事务直到哈希值匹配来重新同步区块链，这通过 v_i 和 r 都可以实现。

如图 6-4 所示，每个 RSU 使用树结构来存储所有相邻车辆的区块链，其中树的每个分支对应于一个车辆的区块链。定位每辆车的区块链的计算复杂度将为 $O(1)$，因此，使用区块链验证哈希值的总体计算复杂度为 $O(n)$。

5. 由所有 RSU 进行全局信任等级的投票和决策

在 6.1.4 节中，每个 RSU 使用从其传输范围内所有其他车辆收集的信息来计算其传输范围内所有车辆的全局信任等级。通常，由于传输范围的限制，每个 RSU 的车辆组成都不同。因此，当由不同的 RSU 计算时，同一车辆的全局信任等级可能会有所不同。为了解决此问题，所有 RSU 将共享在预定的时间间隔内为其通信范围内的车辆所计算出的全局信任等级。然后计算每辆车的所有信任等级的平均值，并将其用作其全局信任等级。这个新的全局信任等级也将被编码并作为一个新块添加到区块链中。在实践中可以使用不同的评估持续时间，因为对于不太敏感的消息(如温度)来说，短期信任可能是可以的，但是对于更关键的消息(如交通拥堵或事故)，则需要较长的信任期。新的全局信任等级以链接到区块链的方式分发，因此，全局信任等级无法再被恶意 RSU 欺骗。

当车辆的信任等级降到 0.5 以下时，就被认为是不可信任的，并且其他车辆和 RSU 将忽略它发出的任何消息以进行转发。但是，即使车辆不可靠，仍会出于信任等级更新的目的评估其消息。如果其信任等级稍后上升到 0.5 以上，它将再次成为可信任的。相同的原则适用于 RSU，它们也会被动态评估信任等级。如果 RSU 的信任等级降到 0.5 以下，则它将被视为不可信的，并且其消息将被忽略；仅当其信任等级上升到 0.5 以上时才可以再次成为可信任的，这可以简单地由单个车辆或 RSU 确定。

与车辆不同，如果某个 RSU 被对手破坏并在经过车辆或其他 RSU 的信任评估后被认为是恶意的，则不可信的 RSU 将被报告给其他 RSU。其他 RSU 有权根据其先前的观察和对受感染 RSU 的了解，最终决定该 RSU 是否为恶意软件。一旦受感染的 RSU 被其他 RSU 确认为不可信的，其安全凭证将被吊销，并且将不能够再参与车载网络。所有 RSU 必须决定在其信任等级再次升至 0.5 以上之后是否允许 RSU 重新加入网络。通过这种方式，可以确保 RSU 与车辆相比始终保持更高的安全性要求。

6.1.4 实验分析

1. 实时虚拟地图模拟

本书使用 SUMO(城市交通仿真器)通过其 Web 向导实用程序下载并生成用于车载网络仿真的地图。SUMO 是一种广泛使用的道路交通模拟工具，旨在处理大型道路网络。SUMO 使用下载的道路信息生成在下载的地图上以不同的方向、速度和初始位置行驶的车辆。SUMO 生成的数据集提供了很好的模拟，可以模拟现实世界中发生的事情。

使用从 SUMO 生成的地图数据，可以执行实时车载网络仿真。SUMO 生成的数据持续 900s，其中包括有关车辆的位置、ID 和速度的信息。在 SUMO 的原始模拟数据中，由于车辆可以在模拟过程中进出模拟区域，这使得实验研究中的模拟参数更难定位那些只在模拟区域内短暂存在的恶意车辆。为解决此问题，实验调整了 SUMO 数据，以防止车辆离开模拟区域：如果车辆即将离开模拟区域，则其行驶方向会反转，并将返回到起点。通过模拟运行期间在模拟区域放置 50、100、200 辆车来建立网络模拟。原始的 SUMO 仿真使用 900 辆车来生成 20000 个输入/输出的训练集。然后，使用 SUMO 进行仿真，并将生成的所有数据输出到一个.xml 文件，该文件包含每辆车的信息，如实时位置和速度。使用的数据分为 60%训练、20%泛化和 20%验证。

实验使用 NS-2 作为网络仿真器，仿真参数如表 6-3 所示。

表 6-3　参数选择

参数名称	值	参数名称	值
模拟区域	602m×622m	恶意车辆数量	5、10、15、20、25、30、35、40
车辆数量	50、100、200	车辆速度	5m/s、10m/s、20m/s
通信距离	120m	模拟间隔	900s
初始车辆放置	SUMO 跟踪		

为了评估提议的 AIT 系统的性能，使用以下三个指标，即准确率(P)、召回率(R)和通信开销(CO)。准确率和召回率是广泛用于评估机器学习和分类准确性的性能指标。更具体地说，在本研究中，准确率和召回率定义如下：

$$P = \frac{检测到的真正恶意车辆的数量}{报告的恶意车辆总数} \tag{6-6}$$

$$R = \frac{检测到的真正恶意车辆的数量}{真正的恶意车辆总数} \tag{6-7}$$

实验将提议的 AIT 系统的性能与两种基准方法进行比较：①应用广泛的加权投票方法；②ART 方案。

2. 实验结果

共有三个实验系列，每个系列旨在从不同角度评估 AIT 系统。第一系列实验旨在评估不同对手模型下 AIT 系统的性能。正如 6.1.2 节所述，在此工作中考虑了三种类型的恶意攻击，即简单攻击(SA)、诋毁攻击(BMA)和之字形攻击(ZA)。第一系列实验的实验结果如图 6-5～图 6-7 所示。

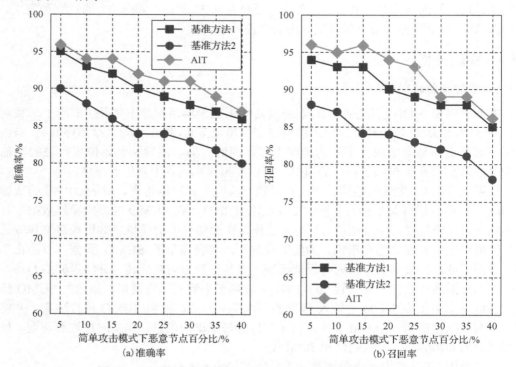

图 6-5　简单攻击模式下 AIT 与其他两种基准方法的性能比较

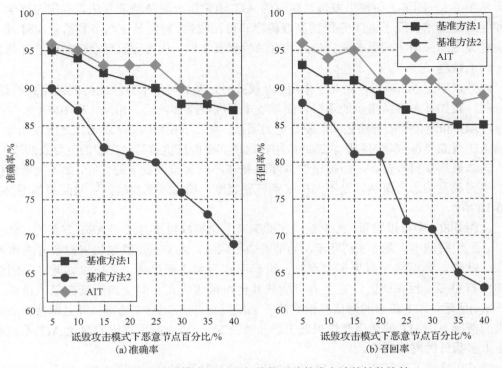

图 6-6　诋毁攻击模式下 AIT 与其他两种基准方法的性能比较

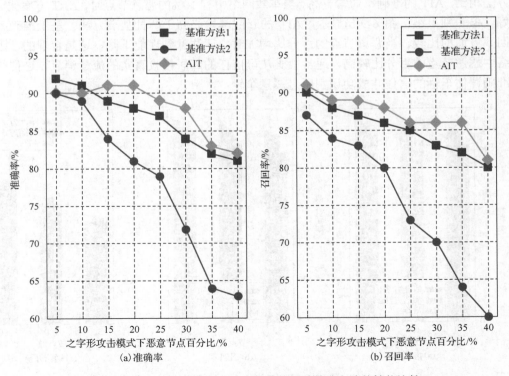

图 6-7　之字形攻击模式下 AIT 与其他两种基准方法的性能比较

从图 6-5～图 6-7 中可以发现，建议的 AIT 通常优于两种基准方法。利用深度学习技术和区块链技术实现了 AIT 系统的高准确率和可回收性，特别是在网络数据量大时。此外，区块链技术的应用将确保车辆和信息的有效性和真实性，从而导致更准确的信任评估和恶意车辆的检测。

此外，如图 6-5 所示，当对手采用 SA 模式时，AIT 与基准方法之间的差距并不显著，这表明，正如其名称所暗示的那样，简单攻击可能很难被发现。相反，在 BMA 和 ZA 模式下，AIT 和两种基准方法之间的差异更为明显，如图 6-6 和图 6-7 所示。之所以如此，是因为 AIT 受益于深度学习和区块链的应用，这使其更能抵抗这两种类型的更复杂的攻击。

第二系列实验旨在评估所提出的 AIT 系统在不同实验设置下的性能，如不同数量的车辆、不同数量的恶意车辆以及不同的车辆行驶速度。第二系列实验的实验结果如图 6-8～图 6-10 所示。

从图 6-8(a)中可以发现，AIT 系统在准确率上比加权投票方法和 ART 方案的总体效果更好。至于召回率，图 6-8(b)显示，当节点数不同时，AIT 总是胜过加权投票方法和 ART 方案。此外，当网络中有更多节点时，准确率和召回率都更高。之所以如此，是因为当网络中有更多良性车辆时，它更有可能从其他车辆接收真实的交通更新信息。最后，如图 6-8(c)所示，AIT 带来的通信开销略低于加权投票方法和 ART 方案，并且即使在 200 个节点的情况下，AIT 的通信开销也低于总开销的 8%，这表明所提出的建议 AIT 系统不会产生太多额外的网络流量。

图 6-9 显示了恶意节点对 AIT 的影响以及两种基准方法。如图 6-9(a)所示，与两种基准方法相比，AIT 的准确率通常更高。当车载网络中有 10% 的恶意节点时，ART 方案比 AIT 更好，但差别很小。图 6-9(b)显示，AIT 的召回率始终高于两种基准方法。基于准确率和召回率方面的比较，当恶意节点的百分比增加时，还注意到性能下降，这是合理的，因为网络中恶意节点的百分比较高，通常很难从可信任的邻居接收真实的流量消息，这使得更难准确评估车辆的信任并成功识别所有恶意车辆。

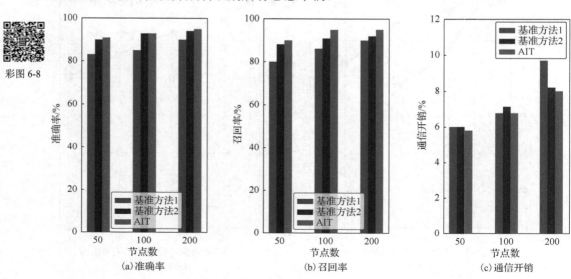

图 6-8　不同车辆数量情况下 AIT 与其他两种基准方法的性能比较

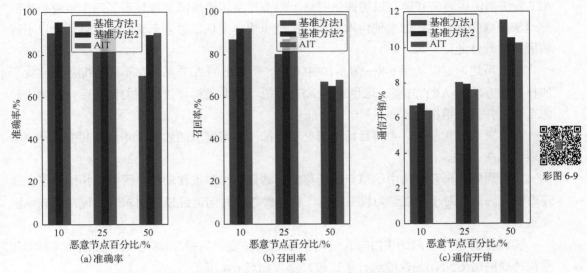

图 6-9　不同恶意车辆数量情况下 AIT 与其他两种基准方法的性能比较

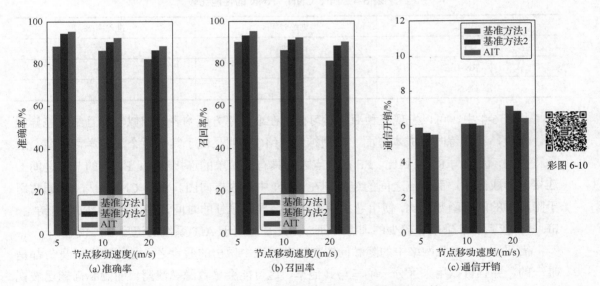

图 6-10　不同车速情况下 AIT 与其他两种基准方法的性能比较

图 6-10 展示了 AIT 的性能以及两种具有不同节点行驶速度的基准方法的性能。由于 SUMO 生成的地图代表了纽约市的部分道路网，因此可以充分意识到，由于交通情况以及指定的城市限速，现实中车辆的行驶速度可能不会达到 20m/s(相当于 72km/h)。但是，实验仍然希望在车辆以该速度行驶时观察这三种方法的性能，以便可以更全面地了解它们的性能，尤其是在行驶速度相对较高的情况下。如图 6-10(a)所示，AIT 在准确率方面总是优于两种基准方法，这清楚地表明，当车辆以不同速度行驶时，它可以很好地发挥作用。图 6-10(b)显示，在召回率方面，AIT 在车辆以较低速度行驶时效果更好，值得注意的是，当行驶速度为 10m/s 和 20m/s 时，AIT 和基准方法 2 的召回率相似。如图 6-10(c)所示，两种方法和

AIT 系统都使用通信开销，以便评估网络上的信任度。通信图表都显示了每个系统使用的总通信带宽的百分比。如果使用本地信任机制更快地发现了恶意车辆，则可以消除以后评估所需的额外通信。

综上所述，可以从图 6-8～图 6-10 中看出，所提出的 AIT 系统在不同情况下通常优于加权投票方法和 ART 方案，这也表明 AIT 系统可以准确地评估车辆的信任度并检测出恶意车辆，并且开销很小。

在第三系列实验中，实验目标是研究不同深度学习模型的效果，并检查其中哪种模型最适合 AIT 系统。

众所周知，车载网络中的节点不断移动，并且由于节点移动性，网络拓扑结构正在迅速改变。因此，对于深度学习模型而言，在花费较少时间训练模型的同时实现高准确率至关重要。

实验将前馈神经网络(FF)与其他两个知名的深度学习模型(即递归神经网络(RNN)和卷积神经网络(CNN))的性能进行了比较，结果如表 6-4 所示。

表 6-4　FF、CNN、RNN 的性能比较

模型	训练时间/s	准确率/%
FF	39	96.7
RNN	207	95.2
CNN	61	96.5

从表 6-4 中，可以发现三种深度学习模型在准确率方面均表现相似，并且结果差异很小。相反，在训练时间成本方面，前馈神经网络(FF)明显优于其他两个深度学习模型。这是正确的，因为与 RNN 相比，FF 在节点之间具有最简单的连接结构：FF 中的节点之间的连接不形成循环，而节点之间的连接则在 RNN 中形成有向图。对于 CNN，与 FF 通常用于隐藏层的阈值函数相比，使用卷积函数通常会导致额外的时间开销。因此可以得出结论，FF 具有较高的准确率和较少的训练时间，因此是适用于 AIT 系统的深度学习模型。

需要注意，车载网络中的隐私问题在这项研究中做出的假设之一是每辆车的身份都是唯一的，并且可以用来区分一辆车与其他车，这可能会导致隐私泄露。而隐私问题已被视为保护车载网络时的主要问题之一。

针对车载网络中的隐私问题，一种可能的解决方案是简单地使用每辆车的公钥作为其标识符。或者，更完善的解决方案是从精心设计的匿名方案中获取假名，并使用它来表示车辆。然而，值得注意的是，这两种解决方案都将招致大量的计算和通信开销，由于资源约束的性质，这对于车载网络也可能是一个有效的关注点。因此需要进一步探讨的开放研究问题是如何在保持车辆私密性的同时有效地评估车载网络中的信任度。

Zhang 等[17]综合运用了区块链技术和 AI 构建了适用于车载网络的信任管理系统，2020 年的这一工作是最近几年使用新技术为信任管理赋能的代表性工作之一。

6.2　基于区块链的 VANET 位置隐私保护信任管理模型

6.2.1　车联网中的隐私保护

VANET 是一个自组织、易于部署且低成本的车间通信网络。最近几年，随着车载计算和通信技术的发展，车联网进入了高速发展时期。在车联网中，交通基础设施和车辆形成车载网络，车辆上的车载设备通过无线通信技术获取其他车辆和基础设施释放的动态信息，如前方的路况、交通是否拥挤等。通过对信息的收集和分析，车辆可以判断路况并规划最佳行驶路线，从而提高运输安全性和行驶效率。

以基于位置的服务(LBS)为例，VANET 容易受到 LBS 中外部攻击者的攻击。尽管一些研究已经设计了安全的通信通道来防止外部攻击，但是内部车辆之间的信任安全性问题仍未解决。恶意车辆可能会利用 VANET 的高移动性来收集和调查有关车辆的敏感信息，从而推断出如驾驶习惯和活动范围之类的个人隐私。VANET 隐私保护模型应同时保护用户的数据安全和个人信息安全。

k-匿名算法是最流行的隐私保护技术之一，该技术通过在已发布的数据中添加 $k-1$ 个附加记录来保护个人隐私。因此，攻击者无法以超过 $1/k$ 的概率识别出隐私信息所属的特定个人。k-匿名算法分为两类：集中式和分布式。前者有一个受信任的匿名中央服务器，可以保护用户信息安全，但是存在单点故障和性能瓶颈。后者克服了性能瓶颈，但用户无法彼此信任。时空伪装是经典的集中式算法，但是它不能集中处理用户请求，并且无法根据当前情况动态更新 k 值。CliqueCloak 算法允许用户动态调整其 k 值，但是计算开销大大增加，无法解决集中式算法的瓶颈问题。因此，大量研究集中在分布式 k-匿名算法上。第一个分布式 k-匿名算法建议通过点对点通信来构造请求者与至少 $k-1$ 个附近用户的匿名隐身区域，但它要求请求车辆必须被动等待，直到至少收到 $k-1$ 个合作车辆位置信息为止。因此人们又提出了一种 P^4QSS(Peer-to-Peer Privacy Protection Query Service)对等隐私保护查询服务算法，该算法允许匿名代理生成虚假位置来代替合作车辆的位置，但是这些算法都没有考虑到车辆之间的相互信任问题，因此又引入了声誉系统，但对恶意评估的处理有限，无法实现车辆之间真正的互信，建立的匿名隐身区域不能有效保护车辆的隐私。

信任管理是隐私保护的有效补充。智能交通系统中的第一个信任管理系统是集中式信任管理系统。在集中式信任管理系统中，有一个中央服务器，其中信息的收集、分析和处理以及存储工作都需要中央服务器来完成。但是，集中式信息管理系统的缺点也很明显，即使单个中央服务器具有备用服务器，也无法解决单点故障和大量数据导致的延迟阻塞的问题。随着分布式信任管理系统的出现，集中式信任管理系统逐渐被放弃。分布式信任管理系统的想法与区块链的激励机制相吻合，该机制为当今的区块链与智能交通系统的集成提供了一个模型。第一个基于区块链的分布式信任管理系统在 2018 年被提出，但是该系统存在许多问题，例如，仅使用单个车辆与事件发生地的距离来衡量车辆上传信息的可信度，过于复杂的车载网络。

本章介绍的方案采用分布式 k-匿名算法，并引入信任管理来处理信任危机。车辆可以在很大的地理范围内以高机动性发起 LBS 查询。由于性能瓶颈，很难建立可信的中央服务器来及时保存和更新所有车辆的历史信任信息。因此，需要一个分散的信任管理系统来解决此问题，同时系统记录的信任信息应具有数据一致性和防窜改的特征。区块链就是这样一种去中心化的数据保存技术，区块链是一个不可改变的分类账本，在这里 LBS 查询和信任值信息可以被公开验证和追踪。区块链的共识机制也有助于车辆之间的信任。因此，该方案使用区块链来保护车辆的隐私。

6.2.2　系统架构和问题定义

本节首先介绍系统架构，然后介绍 VANET 的扩展区块链，再对信任管理模型中使用的 Dirichlet 分布进行简要介绍，最后给出一些必要的假设，以使系统正常工作。

1. 系统架构

系统架构如图 6-11 所示，主要由四部分组成：RA、RSU、LSP 和车辆。

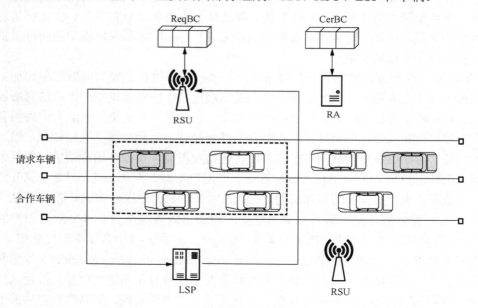

图 6-11　VANET 的典型架构

RA 负责管理车辆证书并维护相应的区块链(CerBC)，包括证书的注册、更新和吊销，提供证书存在的证明。当无法判断车辆的行为是否为恶意行为时，RA 可以启动争议仲裁并跟踪恶意车辆。

RSU 将接收车辆的查询请求，然后构造匿名隐身区域并将其发送给 LSP，最后将查询结果返回给请求工具。此外，RSU 还负责维护相应的区块链(ReqBC)。

LSP 使用匿名隐身区域的查询算法来处理查询请求，并将查询结果返回给 RSU。LSP 不会直接与车辆互动。

车辆之间没有直接通信，它们以请求车辆或合作车辆的形式参与匿名隐身区域的建设，车辆的所有行为都将反映在其信任值中。

2. 系统的区块链

系统维护两个区块链：用于证书的区块链(CerBC)和用于请求的区块链(ReqBC)。

CerBC 是证书的公共账本。所有证书的注册、更新和吊销交易都记录在 CerBC 中。当 RSU 想要知道车辆的身份是否合法时，将在 CerBC 中找到车辆的证书信息。因此，CerBC 用于验证车辆的身份。ReqBC 记录了每个 LBS 请求车辆和合作车辆的合作请求，当车辆对请求的评估提出异议时，RA 将根据 ReqBC 中的记录进行合理的仲裁。

CerBC 的结构如图 6-12 所示。Merkle 树的数据结构用在块内部，存储在块中的信息是数据的散列值。Merkle 树的根(哈希根)存储在块头中。使用哈希函数的不可逆性，即使仅保留 Merkle 树根的哈希值，也可以确保存储在块中的所有信息未被窜改。块标题中的前哈希(Prev Hash)记录了预定块的哈希值，而时间戳(Time Stamp)记录了块的生成时间。生成速率表示当前块的生成速率，可以根据证书交易的数量动态调整。可以根据时间戳和生成速率来计算记录时间。ReqBC 的结构与 CerBC 大致相同。

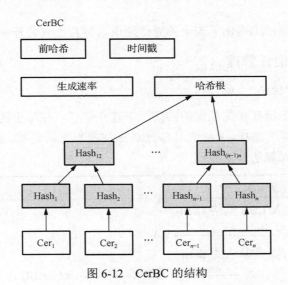

图 6-12　CerBC 的结构

3. Dirichlet 分布

信任模型通常描述单位时间(单位面积)内车辆不同行为的数量，因此可以使用泊松分布来预测车辆行为。在基于区块链的 VANET 位置隐私保护信任管理模型中，车辆的行为是连续变化的，而泊松分布是离散的，因此用描述连续变量的伽马分布替换泊松分布。此外，还希望先验和后验遵循相同的分布，因此考虑使用具有共轭特性的 Beta 分布。

Dirichlet 分布是一种常见的贝叶斯推断方法，它是高维中 Beta 分布的概括。与 Beta 分布信任计算方法相比，Dirichlet 分布可以进行更细粒度的计算，因此最终采用 Dirichlet 分布。给定一个独立且均匀分布的连续随机变量 $X \in \mathbb{R}$ 及其支持集 $X \in (0,1)$ 和 $\|X\|=1$。如果 X 服从 Dirichlet 分布，则其概率密度函数为

$$\mathrm{Dir}(X\,|\,\alpha)=\frac{\Gamma\left(\sum_{i=1}^{n}\alpha_i\right)}{\prod_{i=1}^{n}\Gamma(\alpha_i)}\prod_{i=1}^{n}X_i^{\alpha_i-1},\quad n\geqslant 3 \tag{6-8}$$

其中，$\Gamma(x)$ 是伽马函数，可以通过式(6-9)来计算：

$$\Gamma(x)=\int_0^{+\infty}t^{x-1}\mathrm{e}^{-t}\mathrm{d}t \tag{6-9}$$

Dirichlet 分布中先验分布和后验分布是共轭的，因此可以用于在信任模型中预测车辆的行为。

4. 假设

(1) RA 是公平和可信的，并且其所拥有的车辆信息是安全且不可链接的。

(2) RSU 具有比普通车辆更强的计算能力和通信能力，而且大多数 RSU 都部署在道路的两侧，因此车辆可以随时与 RSU 通信。RSU 可能遭受恶意攻击，但是正常 RSU 的数量要多于被劫持的 RSU。

(3) 公钥基础结构(PKI)提供了安全的通信通道，并且没有公开私钥。

6.2.3 隐私保护和信任管理

1. 隐私保护身份验证

隐私保护身份验证旨在在隐私保护的情况下建立信任。在基于区块链的 VANET 位置隐私保护信任管理模型方案中，RA 使用 CerBC 来注册和更新证书，而 RSU 使用证书来对车辆进行身份验证，如算法 6-2 所示。

算法 6-2：隐私保护认证

1	**if** v 首次进入 LBS 网格 **then**
2	$v\xrightarrow{v_{\mathrm{reg}}=\langle\mathrm{key_{public}},\mathrm{key_{private}},v_{\mathrm{lnf}}\rangle}\mathrm{RA}$
3	**if** v_{reg} 是非法的 **then**
4	$\mathrm{RA}\xrightarrow{\mathrm{Certificate}_v}v$ 且 $\mathrm{RA}\xrightarrow{\mathrm{Certificate}_v}\mathrm{CertBC}$
5	**else**
6	$\mathrm{RA}\xrightarrow{\mathrm{Msg_{error}}}v$
7	**end if**
8	**else**
9	**if** $\mathrm{Certificate}_v$ 即将过期，且 v_{update} 是非法的 **then**
10	$v\xrightarrow{v_{\mathrm{update}}=\langle\mathrm{key_{newpublic}},\mathrm{key_{newprivate}},v_{\mathrm{lnf}}\rangle}\mathrm{RA}$
11	$\mathrm{RA}\xrightarrow{\mathrm{NewCertificate}_v}v$ 且 $\mathrm{RA}\xrightarrow{\mathrm{NewCertificate}_v}\mathrm{CertBC}$
12	**else**
13	$\mathrm{RA}\xrightarrow{\mathrm{Msg_{error}}}v$
14	**end if**

15　**end if**

16　当 RA 验证 v 的身份时

17　**if** Certificate$_v$ 在 CerBC 中 **then**

18　　　Certificate$_v$ 是非法的，且 v 是可信的

19　**else**

20　　　v 认证失败

21　**end**

当车辆 v 进入 LBS 网络时，向 RA 要求提供注册证书。v 生成一对公钥-私钥对，然后向 RA 发送包含真实个人信息的应用程序。如果 RA 确定该身份合法，则 RA 将向 v 发送证书并将其添加到 CerBC。

在 LBS 网络中，v 将使用其证书作为笔名来保护其隐私。为了避免攻击者通过体验攻击破坏证书与 v 的真实身份之间的不可链接性，需要经常更新证书。证书将记录其有效性，并且在证书即将到期时，v 需要重新生成一对新的公钥-私钥对，并通过 RA 更新证书。RA 将基于 v 的信任值和证书的有效性来决定是否更新证书。如果证书更新，RA 将在 CerBC 中添加新的证书信息。

身份验证分为两个部分：第一部分是合法性的证明，验证者(可能是 RSU 或 RA)将验证有效性和公钥；第二部分是证书的证明。如果两个条件都满足，则验证者接下来检验证书的存在。Merkle 树为验证者提供了存在证明，如图 6-13 所示。可以使用记录在证书中的元组(Hash$_8$,Hash$_{56}$,Hash$_{14}$)来计算根哈希值。如果此值等于 CerBC 中记录的值，则证书有效。

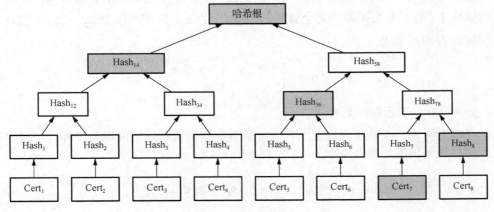

图 6-13　存在性证明

2. 车辆行为评估

在验证车辆证书后，RSU 需要根据车辆的行为对车辆信用进行评估。但是请求车辆的行为模式与合作车辆的行为模式不同。前者向 RSU 发送匿名查询请求以获取目标位置信息，因此恶意请求工具经常发送大量无效查询以浪费 RSU 和 LSP 的计算资源。后者在保护个人隐私的前提下为 RSU 提供了自己的位置信息，这将导致恶意合作车辆可能与 LSP 合作以降低匿名伪装区域的安全性。它们还可能提供错误的位置信息，以影响区域建设。

基于区块链的 VANET 位置隐私保护信任管理模型方案从两个方面来评估车辆 LBS 查询的合理性：查询空间合理性和查询频率合理性。由于 VANET 的高移动性和匿名隐身区域的随机性，LSP 很难与足够多的车辆协作以降低区域的安全性，因此只需要处理错误位置对匿名隐身区域构建的影响。从位置信息的合理性和真实性评估合作车辆的行为。

(1) 查询空间合理性：将 RSU 通信范围划分为大小相等的 $m = n \times n$ 个单元。根据先前的查询历史，每个单元都有一个被请求车辆 v_r 查询的概率。使用 p_s 来表示 v_r 在空间中的查询合理性。通过对 RSU 覆盖范围内发起的所有 LBS 查询的统计分析，可以得到查询总数，如果每个单元中的查询数为 s_i，则 $s = \sum_{i=1}^{m} s_i$。因此，查询概率 p_s^i 的值取为

$$p_s^i = \frac{1}{s+1}(s_i + 1), \quad s \geqslant 0 \tag{6-10}$$

合理性函数定义为 $f(p_s)$。根据概率 $\{p_s^1, p_s^2, \cdots, p_s^m\}$，将 $f(p_s)$ 分为 m 个增量级别 $\{f(p_s^1), f(p_s^2), \cdots, f(p_s^m)\}$，进一步可以得

$$f(p_s^i) = \frac{1}{m-1}(i-1), \quad 1 \leqslant i \leqslant m \tag{6-11}$$

因此，可以得出结论：

$$p_s = p_s^i \cdot f(p_s^i) = \frac{(s_i + 1)(i-1)}{(s+1)(m-1)} \tag{6-12}$$

(2) 查询频率合理性：为了避免恶意车辆在短时间内连续发送大量查询请求，每个查询都应设置时间衰减周期。使用 p_t 从频率上来指示 v_r 的查询合理性，并假设当两个查询的时间间隔大于 t 时，查询频率是完全合理的。将 t 分为 n 个时间间隔 $\{t_1, t_2, \cdots, t_n\}$。在第 k 个时间间隔的查询频率为

$$p_t = \begin{cases} 1 - \rho^{n-k}, & 1 \leqslant k \leqslant n \\ 1, & k \geqslant n \end{cases} \tag{6-13}$$

式中，$\rho \in (0,1)$，表示时间衰减率。

结合以上两点，能够在查询空间合理性和查询频率合理性之间取得平衡，可以得到以下用于 v_r 行为评估的结果：

$$p_r = \eta_r p_s + (1 - \eta_r) p_t, \quad \eta_r \in \left[0, \frac{1}{2}\right] \tag{6-14}$$

式中，η_r 为冷启动参数，当历史查询信息较少时，查询空间的合理性具有较小的参考值，此时，η_r 较小；当历史查询信息较多时，两者的权重趋于平衡。

(3) 位置信息的合理性：RSU 在通信范围内存储地图，RSU 收到合作车辆 v_c 提供的位置后，会将其与地图进行比较。如果该位置出现在车辆通常无法通行的地方，如建筑物中或绿化带中，v_c 的行为将被认为是恶意的。使用 q_r 表示位置信息的合理性，并将 q_r 分为三种情况：如果位置信息合理，$q_r = 1$；如果位置信息不合理，$q_r = -1$；如果位置信息被破坏，$q_r = 0$。

(4) 位置信息的真实性：RSU 将在短时间内连续两次接收 v_c 的位置信息，以判断 v_c 的行驶轨迹。$\boldsymbol{X} = (x_1, x_2, \cdots, x_i, \cdots)$ 是车辆位置的经度，$\boldsymbol{Y} = (y_1, y_2, \cdots, y_i, \cdots)$ 是车辆位置的纬度。因此，接收到的第一个位置可以表示为 $A(x_1, y_1)$，第二个位置可以表示为 $B(x_2, y_2)$。根据 RSU 拥有的道路信息可以判断，如果第一个位置为 A，则沿当前道路和正确方向的第二个位置应为 $C(x_3, y_3)$。通过计算实际和理论方向的方向角 $Q(A)$，可以间接获得位置信息的真实性。根据实际情况，最大角度为 180°。如果为方便起见，使 $x_1 = y_1 = 0$，可以得到

$$Q(A) = \angle A = \arccos\left(\frac{|x_2 x_3| + y_2 y_3}{\sqrt{x_2^2 + y_2^2} \cdot \sqrt{x_3^2 + y_3^2}} \right) \tag{6-15}$$

用 q_a 表示位置信息的真实性，可以得到

$$q_a = \frac{1 - Q(A)}{180°} \tag{6-16}$$

从上述公式可以看出，方向角越小，真实性越高。基于此，结合位置信息的合理性和真实性，对 v_c 的行为进行了以下评估：

$$q_c = \begin{cases} \eta_c q_r + (1 - \eta_c) q_a, & q_r = 1 \text{ 或 } q_r = 0 \\ 0, & q_r = -1 \end{cases} \tag{6-17}$$

式中，η_c 是均衡参数。

3. 车辆信任等级检查

在评估车辆的行为后，将根据评估结果做出相应的信任评级，并且可以根据实际场景确定具体的分类标准。为了测试信任等级是否可靠，使用 v 的历史信任等级进行比较。将车辆的行为分为 n 个等级，即 $l_i (i = 1, 2, \cdots, n)$，而信任值表示行为处于相应级别的概率。随着 i 的增加，l_i 的相应可靠性也提高。

$$p(l_i) \in \left(\frac{i-1}{n}, \frac{i}{n} \right], \quad 1 \leqslant i \leqslant n \tag{6-18}$$

这里令 $0 \in l_1$。为了方便评估车辆的行为，ReqBC 记录了所有车辆收到的不同评估的次数。以 v_c 为例，假设此查询是 v 参与的第 p 个查询，v 的区块链上记录的历史信任信息为 $A_v^{p-1} = (a_v^{1-p-1}, a_v^{2-p-1}, \cdots, a_v^{n-p-1})$。如果 v 从 RSU 收到 l_i 评级，则 $a_v^{i-p} = a_v^{i-p-1} + 1$。与其他级别相关的次数保持不变。

但是，为了防止 RSU 被劫持并给出不公平的评估，使用狄利克雷(Dirichlet)分布的概率密度函数进行计算。假设 $p(l_i)$ 是 v 获得 l_i 评级的先验概率，则有

$$p(l_i) = E\left(p_v(l_i) \mid A_v^{p-1} \right) \tag{6-19}$$

式中，$p_v(l_i)$ 是 v 接收 l_i 评级的概率分布，其值是指 l_i 在查询中的比例 $\boldsymbol{P_v} = [p_v(l_1), p_v(l_2), \cdots, p_v(l_n)]$。$v$ 的行为遵循 Dirichlet 概率密度函数分布，所以有

$$f\left(\boldsymbol{P}_v \mid \boldsymbol{A}_v^p\right) = \mathrm{Dir}\left(\boldsymbol{P}_v \mid \boldsymbol{A}_v^p\right) = \frac{\Gamma\left(\sum\limits_{i=1}^{n} a_v^{i-p}\right)}{\prod\limits_{i=1}^{n}\Gamma(a_v^{i-p})}\prod\limits_{i=1}^{n} p_v(l_i)^{a_v^{i-p}-1} \tag{6-20}$$

则 $E\left(p_v(l_i) \mid \boldsymbol{A}_v^p\right)$ 是

$$E\left(p_v(l_i) \mid \boldsymbol{A}_v^p\right) = \frac{a_v^{i-p}}{\sum\limits_{i=1}^{n} a_v^{i-p}} \tag{6-21}$$

所以可以得到

$$p(l_i) = E\left(p_v(l_i) \mid \boldsymbol{A}_v^p\right) = \frac{a_v^{i-p-1}}{\sum\limits_{i=1}^{n} a_v^{i-p-1}} \tag{6-22}$$

如果 $p(l_i) \geqslant p\_\mathrm{thre}$，则此等级为准确等级，RSU 会将其记录到区块链中。

4. 更新区块链上的信任信息

当信誉决定阈值(RSU)评估合作车辆时，它将通过生成包含信任信息的交易将评估结果广播到其他 RSU。当网络中的交易达到一定数量时，当前的领导者 RSU 会生成一个包含这些交易的新块。在所有 RSU 达成 HotStuff 共识后，领导者将更新 ReqBC 区块链。详细信息如下。

领导者 RSU 将对车辆收集相同的评估。假设 v 收到 l_i 评估 s_i，则 $a_v^{i-p} = a_v^{i-p-1} + s_i$。更新 v 的信任等级后，将重新计算 v 的信任值。假设 R_v 是 v 的信任值：

$$R_v = \frac{\sum\limits_{i=1}^{n}\left(a_v^{i-p}i\right)}{n} \tag{6-23}$$

如果 $R_v < \mathrm{Thr\_rpt}$，则 v 将被识别为恶意车辆，并且在更新证书时将其从系统中驱逐。

5. 匿名隐身区域建立

建立匿名隐身区域是保护车辆隐私免于泄露给 LSP 的重要方法。建立匿名隐身区域的步骤如算法 6-3 所示。

算法 6-3：匿名隐身区域建设

1	$\mathrm{Req} = <\mathrm{ID}_{C_{v_r}}, t_0, \mathrm{Sig}_{\mathrm{SK}-v_r}(C_{v_r} \parallel I_{\mathrm{req}})>$
2	v_r 向附近的RSU发送Req请求
3	**if** C_A 可以在 CerBC找到且 C_A 是有效的　**then**
4	评估Req 和 v_r 行为的合理性
5	**for** 附近的车辆 v_r **do**
6	**if** $R_{v_c} \geqslant \delta R_{v_r}$ **then**
7	选择 v_c 作为合作车辆

8		**end if**
9		**end for**
10		**if**　合作车辆的数量小于 $k=1$　**then**
11		完成 k-匿名隐身区域
12		RSU将Req和 k-匿名隐身区域发送给LSP
13		**end if**
14		$\mathrm{Res}=<\mathrm{ID}_{C_{v_r}},t_s,\mathrm{Sig}_{\mathrm{PU}-v_r}(C_{v_r}\|I_{\mathrm{res}})>$
15		RSU从LSP接收Res并将其发送给 v_r
16	**end if**	

步骤 1：请求车辆 v_r 将 LBS 查询请求发送到附近的 RSU，如下：

$$\mathrm{Req}=\left\langle \mathrm{ID}_{C_{v_r}},t_0,\mathrm{Sig}_{\mathrm{SK}-v_r}(C_{v_r}\|I_{\mathrm{req}})\right\rangle \tag{6-24}$$

式中，ID_{C_v} 是 v_r 证书 ID，RSU 可以根据它找到公钥；t_0 是请求的时间戳；$\mathrm{Sig}_{\mathrm{SK}-v_r}(C_{v_r}\|I_{\mathrm{req}})$ 是用 v_r 的私钥签名的信息；C_{v_r} 是 v_r 的证书；I_{req} 是由 v_r 发起的查询内容；‖ 是联合操作。

步骤 2：RSU 将检查签名，并首先查看公钥是否与证书一致。然后它将验证证书的有效性，其中包括 CerBC 中的证书存在证明。如果不满足上述任何条件，则将警告消息返回给 v_r。如果满足以上所有条件，RSU 将评估 v_r 查询请求的合理性。如果查询请求不合理，RSU 将错误消息返回给 v_r，如果请求合理，则转到下一步。

步骤 3：v_r 的信任值越高，RSU 在构建匿名隐身区域时选择的合作车辆的信任值就越高。这是因为具有较高信任值的车辆构造匿名隐身区域，从而提高隐私和信誉。在筛选合作车辆 v_c 时，v_c 的信任值 $R_{v_c}\geqslant\sigma R_{v_c}$。其中 σ 为预设比例系数。

如果 RSU 区域稀疏，并且满足条件的合作车辆数量小于 k，则筛选条件将不会放宽，而是将生成虚拟位置补全 k-匿名隐身区域。大量的虚拟位置生成通常意味着 LSP 将消耗大量计算资源来生成无用的位置信息。但在环境稀疏的情况下，可以仅生成少量虚拟位置，以确保匿名隐身区域的信誉和隐私，同时还可以激励车辆表现出诚实的行为。实验表明，生成少量虚拟位置的额外成本可以忽略不计。

步骤 4：RSU 将匿名隐藏区域和查询请求一起发送到 LSP，并将从 LSP 接收到的查询结果发送到 RSU，其响应格式最接近于请求车辆的当前位置，具体如下：

$$\mathrm{Res}=\left\langle \mathrm{ID}_{C_{v_r}},t_s,\mathrm{Sig}_{\mathrm{PU}-v_r}(C_{v_r}\|I_{\mathrm{res}})\right\rangle \tag{6-25}$$

式中，$\mathrm{ID}_{C_{v_r}}$ 是 v_r 证书 ID；t_s 是已发送回复的时间戳；$\mathrm{Sig}_{\mathrm{PU}-v_r}(C_{v_r}\|I_{\mathrm{res}})$ 是使用 v_r 公钥签名的信息；I_{res} 是查询结果集，用于答复 v_r。

在上述步骤中，车辆之间没有直接通信，这在一定程度上保护了双方的隐私。RSU 负责块的生成和维护，即使车辆由于高速运动而离开了发送查询请求的 RSU 的通信范围，它们也构成了一个大型的分散数据库，而且车辆可以与任何一个 RSU 通信以获得查询结果。此外，车辆仅需要在本地存储代表假名的证书，从而大大减少了其存储和计算负担。

6.2.4　系统分析

1. 安全性分析

(1) 权限的透明：RA 和受信任的匿名中央服务器在集中式隐私保护方案中的区别在于其透明性。RA 的活动记录在区块链中，由 RSU 共识验证并由其他实体监督。

(2) 有条件的匿名：匿名不应该是绝对的，因为它也为恶意车辆提供了保护，这使得难以清除恶意车辆。在这一方案中，RA 会保留所有车辆的真实信息，并为诚实车辆提供匿名服务。但是，如果车辆显示出恶意行为，则 RA 可以启动对恶意车辆的跟踪和调查。

(3) 抵御信任攻击的能力：信任攻击的常见方法是诋毁攻击、通断攻击、Sybil 攻击和好意攻击。方案中使用 RSU 来建立匿名隐身区域，从而避免了车辆之间的相互评估。RSU 共识使攻击者很难劫持大量 RSU。对于通断攻击，方案增加了恶意攻击的成本来进行抑制。针对后两种攻击，可以设定一个合法身份只能同时拥有一个证书，当车辆再次进入网络时，将保留信任值。在这种情况下，方案可以抵御 Sybil 和好意攻击。

2. 存储开销和时间开销

由于仅将哈希值存储在块头中，每个块的大小约为 80 字节，证书大小约为 100 字节。假设车辆数量为 n，那么证明存在证书的开销为 $30\log_2^n$。如果平均每 10min 生成一个块，则存储开销如表 6-5 所示，时间开销如表 6-6 所示。

表 6-5　存储开销

方案	1000	10000	100000	1000000
本方案	485	605	712	818
对比方案 1	851	1091	1330	1569
对比方案 2	873	1283	1670	2034

表 6-6　时间开销

方案	1000	10000	100000	1000000
本章方案	0.099	0.133	0.167	0.199
对比方案 1	0.174	0.245	0.313	0.378
对比方案 2	0.182	0.268	0.408	0.485

6.2.5　实验分析

1. 实验环境

实验在开源技术平台 Hyperledger 架构上部署。根据本文提出的基于区块链的 VANET 位置隐私保护信任管理模型，对每一层进行了必要的修改。在数据层中，修改了事务的数据结构。在共识层中，采用一种新颖的 PBFT 共识协议。与传统的 POX 共识协议相比，它效率更高，资源消耗更少。与普通的 PBFT 共识协议相比，它更简单、更安全。

椭圆曲线密码(ECC)算法是目前最流行的加密算法之一，其简单、安全性高。基于区

块链的 VANET 位置隐私保护信任管理模型使用 ECC-secp256k1 对信息进行签名，并使用
ECDSA-secp256k1 进行验证。程序中使用的参数及其值如表 6-7 所示。

表 6-7　参数选择

符号	定义	值
Thr_time	时间决定阈值	−60
Thr_rpt	信誉决定阈值	10
m	区域数量	$m=25, n=5$
ρ	时间延迟率	$\rho=0.8, n=10$
η_c	合理性决定阈值	0.2
p_thre	评级决定阈值	p_thre $=0.1, n=10$

2. 恶意车辆识别

分析恶意车辆的行为模式，并将其分为以下两种情况。

(1) 普通恶意车辆：行为方式相对简单。它们将始终显示恶意行为，系统可以迅速检
测到这种恶意车辆。当它们继续作恶时，很快就会从系统中被删除。

(2) 使用通断攻击的恶意车辆：不会继续显示恶意行为，而是交替显示诚实行为和恶
意行为。它们可能在某些回合中逃脱了检测，并且它们在系统中的保留时间比普通恶意车
辆更长。

在实验中，车辆总数为 4000，随机选择其中的 30%，并假设它们是恶意车辆。当前车
辆的信任值是不同的，将一个完整的查询过程定义为一个回合，一个回合中可能同时存在
多个查询过程。假设每一轮涉及的车辆数量至少为车辆总数的 10%。

在第一种情况下，图 6-14 中的圆点曲线所示的方法可快速检测到恶意行为，并大大减
少了系统中的恶意车辆。在第 17 轮中，系统中的恶意车辆所占比例不到 5%，在第 33 轮
之后，系统中基本上没有恶意车辆。在第二种情况下，如图 6-14 中的三角曲线所示，被删
除的恶意车辆的速度明显减慢，在第 35 轮中达到了恶意车辆相近的速度，但在 50 轮后，

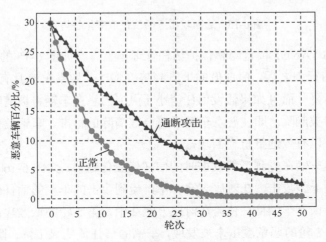

图 6-14　恶意车辆百分比

恶意车辆也已基本清除。如图 6-14 所示，无论恶意车辆采用何种方式，经过 35 轮后，恶意车辆的百分比将小于 5%，经过 50 轮，恶意车辆将基本被清除。因此，可以将第 35～50 轮作为系统的初始化过程，此后用于构建匿名隐身区域的系统的安全性将大大提高。

3. 信任值变化趋势

本方案与对比方案相比，车辆信任度的变化趋势有所不同。实验进行了 20 轮，在第一个 5 轮中，车辆将显示诚实的行为，接下来的 5 轮，车辆将显示恶意的行为，最后的 10 轮，车辆将再次显示诚实的行为。如图 6-15 所示对比方案 1，在车辆连续显示诚实行为之后，信任值的上升趋势仍然没有明显减缓。在显现出恶意行为之后，车辆没有受到严惩并且信任值几乎没有下降。当车辆再次显现出诚实的行为时，信任值很快就回到了之前的恶意状态下的值。因此，如果该方案受到通断攻击，则系统将无法有效识别恶意车辆。图 6-15 所示的对比方案 2，信任值(无论上升还是下降)的变化幅度都比其他两种方案小，尤其是在车辆持续表现出恶意行为之后，信任值的下降反而减慢了，这与预期不一致。

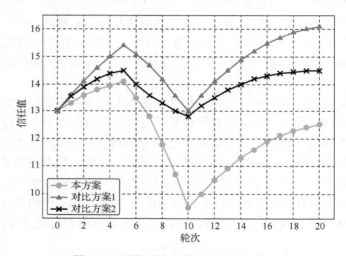

图 6-15　通断攻击下的信任值变化趋势

基于区块链的 VANET 位置隐私保护信任管理模型方案如图 6-15 的圆点曲线所示。在显示了几次诚实的行为之后，信任值的上升趋势变慢了。如果车辆具有持续的恶意行为，则信任值会迅速下降，而且如果假设信任值小于 10 的恶意车辆将被清除出网络，那么本方案的恶意车辆将被删除。即使恶意车辆不符合被清除的标准，车辆信任值的上升速度显然也会减慢，这可以有效地抵抗通断攻击。

然后讨论诚实车辆在受到诋毁攻击时的信任值变化趋势，如图 6-16 所示。诚实的车辆在第 5 和 8 轮遭到诋毁攻击。在对比方案 1 中，受到攻击的车辆的信任值会短暂降低，但随后的诚实行为会恢复车辆信任值。在对比方案 2 中，第 5 轮的诋毁攻击暴露了出来，所以攻击无效；而第 8 轮的恶意攻击未被发现，车辆的信任值明显下降。图 6-16 中的圆点曲线是基于区块链的 VANET 位置隐私保护信任管理模型。如果 RSU 被劫持进行诋毁攻击，则在阻塞之前将检测到 RSU 的异常状态，因此包含恶意攻击的事务是无效的，所以这一方案一般不受诋毁攻击的影响。

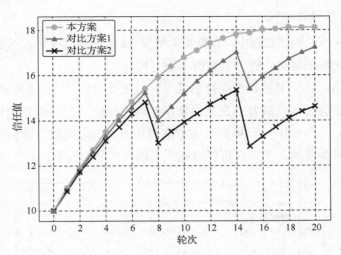

图 6-16　诋毁攻击下的信任值变化趋势

4. 位置隐私保护

这部分讨论位置隐私泄露的概率。假设在构造匿名隐身区域时，存在恶意车辆，则区域的安全性将降低。假设 30% 的恶意车辆中有一半是普通恶意车辆，另一半是受到通断攻击的恶意车辆。将结果与对比方案相比较，如图 6-17 所示。

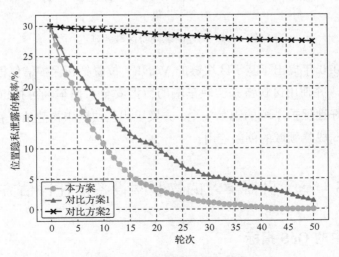

图 6-17　位置隐私泄露的概率

本方案的趋势与先前的实验基本吻合，可以保证 37 轮攻击后位置隐私的安全性。由于系统中的恶意车辆无法及时消除，因此该方案隐私泄露的概率下降得很慢，但经过 50 轮之后，基本上可以达到隐私保护的目的。对比方案 2 是传统的信任方案，它不使用区块链来分别维护每辆车的信任值。因此，难以防止恶意车辆参与匿名隐身区域的构建，并且请求车辆的位置隐私公开的概率仍然很高。

5. 匿名隐身区域的构建

在匿名隐身区域的构建过程中，根据实际情况，k 值会相应变化。下面展示在不同 k 值下构造匿名隐身区域的延迟，并与其他方案进行比较。

如图 6-18 所示，由于其旨在提高匿名隐身区域的安全性，当请求车辆的信任值较高且车辆稀疏时，RSU 会自行生成并补充某些合作车辆的位置。这比接收合作车辆的位置更耗时。但是可以看到，当 k 值小于 30 时，本方案与现有方案之间的差距保持在 100ms 左右。这样的差距是可以接受的，因为它可以提高匿名隐身区域的安全性。

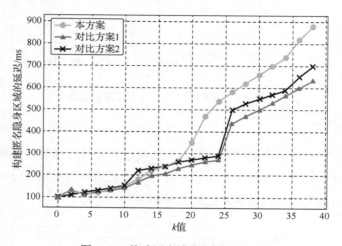

图 6-18　构建匿名隐身区域的延迟

Li 等[18]在 2020 年提出了基于区块链的 VANET 位置隐私保护信任管理模型来约束和规范车辆的行为，并使用区块链来实现车辆的数据安全，使车辆可抵抗各种信任模型攻击，从而可以更好地保护车辆的隐私安全。方案应用区块链来构建信任管理系统，是新技术在信任管理这一成熟领域的创新应用。

6.3　基于机器学习的物联网设备信任评估方法

6.3.1　物联网中的 QoS 指标

物联网作为一种新兴的网络类型，多年来一直在发展。传感器、监视器和移动设备等"物"通过各种网络技术连接。通过设备互连，物联网可以收集信息，为物理世界提供信息服务。许多行业都受益于物联网技术，如智能城市、智能电网和汽车互联网，并且利用物联网开发了价值超过 10 亿美元的市场。然而，安全问题阻碍了其应用的进一步发展。

缺乏安全考虑或具有安全漏洞的设备会对整个物联网环境带来巨大风险。2016 年,感染了 Mirai 的物联网设备发动了 DDoS 攻击,许多网络服务(如推特、Netflix 和纽约时报)都受到影响。据报道,目前僵尸网络中超过 25%的受感染设备是 IoT 设备,而不是传统计算机。

采用加密和身份认证等传统安全机制来解决 IoT 中的安全问题。但是,由于网络边界不清晰,物联网设备计算能力薄弱,传统机制不适用于所有的物联网。建立信任是解决安全问题的有效方法,可以识别网络上有问题、可疑或"不可信"的设备。信任机制已在许多领域得到研究和应用,如社交网络、电子商务和点对点网络。信任机制评估网络环境中每个实体的可信度,信任等级或量化的数字信任值可用于数据融合、决策和服务管理。对物联网的信任概念是特定实体行为的一种信念,基于物联网实体之间相互作用的经验或知识。在物联网环境中,信任机制可以应对受恶意软件影响的恶意节点或行为不端的节点。

但是,由于不同设备之间的体验、知识和关系的复杂性,为物联网建立信任并不容易,而且根据不同类型的信任属性计算信任也不容易,因此,物联网中存在两个信任评估的关键问题:信任指标和信任计算方法。信任指标为评估信任提供了标准,这意味着信任者(信任关系的主体)可以从受信者(信任关系的客体)获得信息,并用于评估受信者;信任计算方法使用特定的信任指标确定受信者的信任等级或数字信任值。

信任指标应基于能够描述相应实体状态的信任属性进行设计。有的信任指标基于社会属性,例如,从社交中获得的亲密性、彼此诚实和共同利益,也有从网络状态中获得的能源消耗和延迟等 QoS 属性。与社交属性相比,QoS 信息更加通用、更容易获得,这使得物联网建立信任更加方便,因此 QoS 属性在物联网信任研究中被广泛采用。然而,由于物联网设备的多样性,研究者只讨论了某些物联网所独有的部分 QoS 特性,如无线传感器网络(WSN)或移动自组织网络(MANET)。随着边缘计算概念的发展,边缘设备可以全面、通用地共同获取物联网设备的 QoS 信息。此外,信任计算方法是有关 IoT 中信任评估的另一个重要问题。信任计算计划涉及信任属性的聚合,并生成受信者的评估。某些方法侧重于区分不可信的设备和受信任的设备,而有些方法则侧重于计算每个设备的数字信任值。相比之下,数字信任值方法更灵活,可以在更多情况下应用。设备的信任评估不是静态二进制问题,最好用一组动态和连续的数字来描述信任状态。

6.3.2　基于学习的信任计算方法

1. 系统模型

凭借边缘计算的概念,本节为 IoT 形成了分层架构。如图 6-19 所示,该架构由 3 层组成:设备层、边缘和雾层以及云层。各种传感设备部署在设备层中,最后连接到云层,边缘和雾层由接入点和多个基站组成。

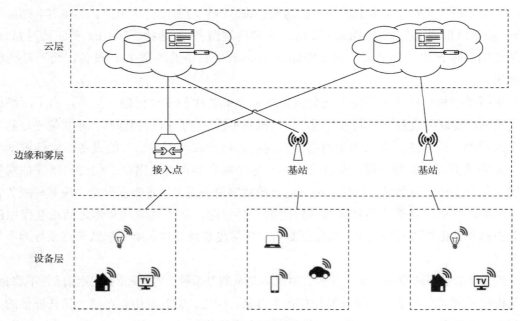

图 6-19　IoT 的 3 层架构

在此架构中，从设备层收集的感应数据将传输到边缘和雾层，并最终在云层中存储和处理。但是，随着计算资源的增加和能力的增强，当数据传输到边缘和雾层时，边缘和雾层中的设备可以初步处理传感数据。基站和接入点可以获取连接到真的 IoT 设备的全部网络连接信息。因此，在本节的方法中，边缘层和雾层在收集物联网设备的网络行为和部署学习算法方面起着重要的作用。

2.　攻击模型

由于本节的方法旨在根据网络行为的指标来评估物联网节点的可信度，因此本节假定的攻击模型具有以下能力。

攻击者能够达到的能力：

(1) 攻击者或恶意节点可以通过接入点或基站尝试使用硬编码网络地址和私人协议连接到僵尸网络的 C&C 服务器；

(2) 攻击者或恶意节点可以通过向接入点或基站发送攻击包来启动网络攻击。

攻击者无法达到的能力：

(1) 攻击者或恶意节点不能损害边缘设备，接入点或基站在攻击模型中是可信的；

(2) 攻击者或恶意节点不能绕过接入点或基站，即 IoT 节点的所有网络通信都必须通过边缘设备。

3.　方法的框架

由于物联网设备不断连接到网络，网络行为对于识别设备至关重要。本节的方法是根据历史经验预测特定设备的未来行为，其不仅用于捕获网络行为的特征，还用于捕获网络行为中隐含的时间依赖性特征。预测行为和实际后续行为之间的相似性将被计算并用于获得数字信任值。该方法分两个阶段：离线训练和在线计算。方法的框架如图 6-20 所示。

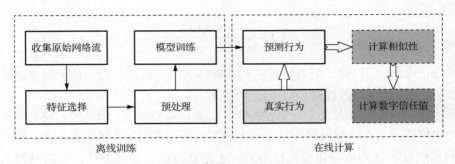

图 6-20 基于学习的信任计算方法框架

每个阶段有几个独立的步骤。在第一阶段，步骤包括收集原始网络流、特征选择、预处理和模型训练。在第二阶段，有预测行为、计算相似性和计算数字信任值的步骤。

4. 收集原始网络流并选择特征

利用嗅探技术，可以从边缘设备收集目标 IoT 设备的原始网络流。考虑到设备的网络活动级别，定义了一个时间阈值，该阈值描述了捕获单个网络流的时间间隔，符号 HT_{folw} 用于表示时间阈值。

网络行为根据来自网络流的统计信息进行分析。因此，必须选择能够描述设备行为模式的适当特征。考虑到不同特征的重要性，本节的方法选择了 14 个特征，如表 6-8 所示。

表 6-8 用于信任属性的选定功能

特征名字	描述	特征名字	描述
发送的数据包	设备发送的包数	平均接收尺寸	设备接收的数据包的平均大小
收到的数据包	设备收到的包数	平均发送时间	发送两个数据包之间的平均时间
最大发送尺寸	设备发送的最大数据包大小	平均接收时间	接收两个数据包之间的平均时间
最小发送尺寸	设备发送的最小数据包大小	平均发送字节	发送的数据包的平均字节
平均发送尺寸	设备发送的数据包的平均大小	平均接收字节	接收的数据包的平均字节
最大接收尺寸	设备接收的最大数据包大小	重新连接	重新连接的数量
最小接收尺寸	设备接收的最小数据包大小	发送接收比率	发送和接收的数据包之间的比例

一个网络流代表每 TH_{flow} 秒捕获的网络信息。使用 $x_i = [f_i^1, f_i^2, \cdots, f_i^{14}]^T$ 表示单个网络流，其中 i 表示它是第 i 个网络流，设备收集的网络流表示为 $X = \{x_1, x_2, \cdots, x_n\}$，其中 n 表示网络流总数。

5. 预处理

在预处理期间，执行两项任务：归一化和序列生成。

归一化：为消除原始网络流中不同数据尺度和维度的影响，本节方法将数据归一化。

归一化将不同尺度上测量的数字值调整为通用量纲，以减少计算开销并提高计算准确率。考虑到所选功能的特点，使用 min-max 归一化。对于收集的网络流 X，按照式(6-26)进行计算：

$$\overline{f}_i = \frac{f_i - \min(f_i)}{\max(f_i) - \min(f_i)} \tag{6-26}$$

随着 min-max 归一化，所有特征的值将转换为[0,1]的值。归一化的网络流将表示为 $\overline{X} = \{\overline{x}_1, \overline{x}_2, \cdots, \overline{x}_n\}$，学习过程将从归一化中受益。

序列生成：可以使用 $\overline{X}$ 为学习算法构建训练集。需要注意，网络流由设备按定时顺序执行。给定采样时间点的数据可能与上一个和下一个采样时间点的数据相关。因此，网络流的时间依赖性被认为是描述设备行为的一个隐藏特征。本节方法的目的是训练一个模型，根据收集的历史行为预测设备的未来行为，因此，这是一个典型的回归问题和监督学习。假设收集的网络流是 $\overline{X} = \{\overline{x}_1, \overline{x}_2, \cdots, \overline{x}_n\}$，使用滑动窗口生成训练集的序列，如图 6-21 所示。首先，设置了一个窗口大小 wn，在图 6-21 中，wn = 3。窗口从 $\overline{X}$ 开始滑动，步幅为 s，这里 $s = 2$。落在窗口中的网络流($\overline{x}_1, \overline{x}_2, \overline{x}_3$)成为训练集的序列，此序列之后的下一个流 $\overline{x}_4$ 被认为是此序列的"标签"。

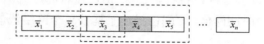

图 6-21　用于生成序列的滑动窗口

通过滑动窗口机制，将生成 $(n - \text{wn}) / s + 1$ 个带有标记记录的训练集，此训练集将用于训练模型。

6. 模型训练

为了应对显示时间依赖性的序列，本方法采用了 LSTM 神经网络。LSTM 可以有效地预测一系列输入的对象，并广泛应用于安全场景，如物联网中的威胁捕获和恶意软件检测。LSTM 的输入层与时间序列相关联，LSTM 可以评估不同时间步骤的影响并影响最终输出，在本方法中即输入序列之后的下一个网络流。本方法中使用的 LSTM 结构如图 6-22 所示。

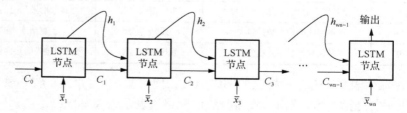

图 6-22　LSTM 结构

LSTM 的输入是 $14 \times \text{wn}$ 的矩阵，输出为 14 维向量。输出表示输入流后的下一个网络流。对于每个 LSTM 单元，当前输入 $\overline{x}_t (t \in [1, \text{wn}])$ 使用三个"门"(遗忘门、输入门和输出门)和一个单元状态进行计算，此过程如下。

首先，遗忘门采取 $\bar{x}_t$、h_{t-1} 和隐藏层的输出作为输入计算如下：

$$F_t = \sigma(W_f \cdot [h_{t-1}, \bar{x}_t] + b_f) \tag{6-27}$$

其中，σ 是 sigmoid 函数。获取一个数值，以确定保留多少单元 C_{t-1} 状态内的信息。

接着，输入门决定使用哪些信息更新 $\bar{x}_t$ 和 h_{t-1}，并将生成新的单元状态信息 $\tilde{C}_t$：

$$I_t = \sigma(W_i \cdot [h_{t-1}, \bar{x}_t] + b_i) \tag{6-28}$$

$$\tilde{C}_t = \tanh(W_C \cdot [h_{t-1}, \bar{x}_t] + b_C) \tag{6-29}$$

使用遗忘门和输入门，LSTM 单元会使用 C_{t-1} 和 $\tilde{C}_t$ 更新单元状态 C_t，具体如下：

$$C_t = F_t C_{t-1} + I_t \tilde{C}_t \tag{6-30}$$

然后，输出门将基于 x_t 和 h_{t-1} 做决定：

$$O_t = \sigma(W_o [h_{t-1} + b_o]) \tag{6-31}$$

作为隐藏层，输出如下：

$$h_t = O_t \tanh(C_t) \tag{6-32}$$

在这个过程中，W 和 b 是可学习的参数，这些参数是在训练期间确定的。滑动窗口的大小 wn 和步幅 s 是模型的超参数。

7. 预测相似性以及计算相似性和数字信任值

通过训练好的模型，可以预测设备将来可能执行的网络行为。如算法 6-4 所示，未来的 k 个网络行为将被预测并分析。

算法 6-4：预测网络行为

输入：当前网络行为队列 Current，要预测的行为数 k

输出：预测的网络行为 Predict

```
1    iter = 0
2    while TRUE do
3        if   iter ≤ k then
4            next = LSTM(Current
5            Currentdequeue
6            Currentenqueuenext
7        else
8            Predict = Current
9        return Predict
10       end if
11   end while
```

可以通过检查预测和收集的真实行为之间的相似性来检查设备的状态。预测行为和实际行为表示为两组 14 维数据点，本节的方法设计了一个方案来计算相似度。

假设预测的数据点集群 $P = \{p_1, p_2, \cdots, p_k\}$ 和实际数据点集群 $A = \{a_1, a_2, \cdots, a_k\}$。其中每个点都有 14 个维度。首先，必须根据这些点的平均值确定集群的中心点：

$$\begin{cases} \mathrm{Cen}_P = \dfrac{\sum\limits_{i=1}^{k} p_i}{k} \\ \mathrm{Cen}_A = \dfrac{\sum\limits_{i=1}^{k} a_i}{k} \end{cases} \tag{6-33}$$

集群中每两个点之间的平均距离以算法 6-5 计算。

算法 6-5：计算平均距离

输入：数据点簇 C
输出：簇 C 中的点的平均距离 AvgDistance

1　　$d = 0$
2　　**for** every Pair of Points $P(p1, p2)$ in C **do**
3　　　　$d = d + \text{EuclideanDistance}(p_1, p_2)$
4　　**end for**
5　　$\text{AvgDistance} = 2 \times \dfrac{d}{\text{Length}(C)}[\text{Length}(C) - 1]$
6　　**return** AvgDistance

通过集群中的中心点和平均距离，可以确定集群的规模。两个集群之间的相似性也可以用中心点和平均距离来确定。式(6-34)定义了 A 和 P 两个集群的平均距离、平均距离和中心点之间的差值：

$$\begin{cases} \text{Diff} = \text{AvgDistance}_A - \text{AvgDistance}_P \\ D_{PA} = \text{EuclideanDistance}(\mathrm{Cen}_P, \mathrm{Cen}_A) \end{cases} \tag{6-34}$$

两个集群的中心点之间的距离越远，它们就越不相似。当中心点之间的距离很近时，如果平均距离差异很大，则两个集群也不相似。使用此指标，信任计算方法使用以下公式进行递归计算：

$$T(x) = T(x-1) + \Delta T \tag{6-35}$$

式中，x 为取样点的数量；$T(0) = T_0$ 为分配给设备的初始信任值；ΔT 为信任值的变化量：

$$\Delta T = \begin{cases} 1, & \text{Diff} < 0 \wedge D_{PA} < \mathrm{AD}_A \\ -\tanh(|\text{Diff}| + D_{PA})t_0, & \text{其他} \end{cases} \tag{6-36}$$

式中，AD_A 为真实行为集群的平均距离；D_{PA} 为 Cen_P 与 Cen_A 之间的距离。在这个方案中，同时采用惩罚机制和奖励机制。惩罚机制表明，当预测行为和真实行为之间存在重大偏差时，基于两种行为集群的相似性，信任值就会衰减。方案使用双曲正切函数计算信任值的衰减。奖励机制表示，如果预测的行为与真实行为几乎相同，则信任值将作为设备的奖励略有增加。由于预测发生在行为的每 k 个步骤，信任值每隔 $k \times \mathrm{TH}_{\mathrm{flow}}$ 秒更新一次。因此，将生成一系列动态信任值来描绘被评估设备的状态。

6.3.3　评价和讨论

1. 数据收集

网络流是在实验环境中收集的，如图 6-23 所示。

在实验环境中，两个 IoT 设备(在此例中为两个智能家用摄像机)连接到网关，其中一个设备受到 Mirai 的影响，两个设备都向控制器发送数据包。网络流是通过部署在控制器上的嗅探器捕获的。为了了解处于正常状态的设备的行为模式，实验收集了两个设备的网络流，而没有激活 Mirai。收集的网络流用于离线训练。在实验中，$\mathrm{TH}_{\mathrm{flow}}$ 被设定为 180s，并从每个设备收集了 30000 个网络流，这些网络流被表示为 $\mathrm{Data}_{\mathrm{benign}}^{A}$ 和 $\mathrm{Data}_{\mathrm{benign}}^{N}$。

图 6-23　实验环境

在收集训练数据后，还收集了验证数据。在捕获训练数据捕获后立即激活 Mirai，手动将受影响的设备设置为异常状态，接下来的 100 个网络流被捕获为验证数据。相比之下，还收集了与正常设备相同的 100 个网络流。验证数据表示为 V_{Bot}^{A} 和 V_{Bot}^{N}。图 6-24 显示了训练数据和验证数据的组成。

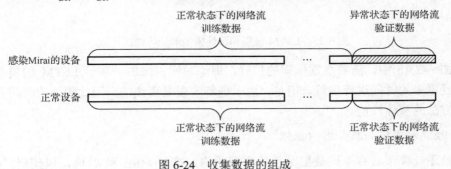

图 6-24　收集数据的组成

2. 性能和比较分析：训练性能

为了分析训练阶段的性能，实验对不同模型进行了独立训练以进行比较。实验以 20%、50%、80% 和 100% 的数据规模独立训练模型，结果如图 6-25 所示。

实验比较了不同模型的准确率和训练时间。如图 6-25(a)所示，线性模型的性能不如基于 LSTM 的模型。随着数据规模的增加，线性模型的准确率没有显著变化，而基于 LSTM 的模型的准确率则提高。由于所述问题不是二进制分类问题，应捕获时间依赖功能，因此，基于 LSTM 的模型显著优于线性模型(如 Logistic 回归(LR)和 SVM)。

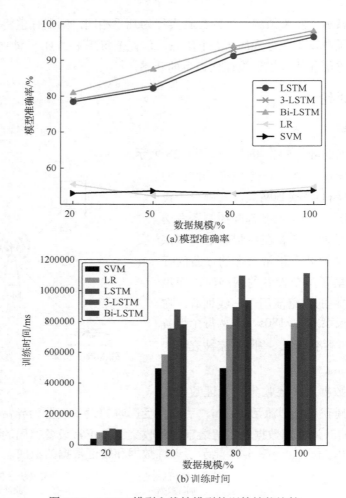

彩图 6-25

图 6-25　LSTM 模型和线性模型的训练性能比较

在图 6-25(b)中，随着数据规模的扩展，训练时间也增加。基于 LSTM 的模型比线性模型需要更多的时间进行训练。但是，由于训练阶段是离线的，因此额外的时间开销不会影响本方法的整体性能。

3. 性能和比较分析：回归性能

实验还计算了具有不同数据刻度的模型的均方误差(MSE)和 R^2 值，以使用式(6-37)和式(6-38)评估回归的性能：

$$MSE = \frac{1}{n}\sum_{i=1}^{n}(y_i - \hat{y}_i)^2 \tag{6-37}$$

$$R^2 = 1 - \frac{\sum_i (y_i - \hat{y}_i)^2}{\sum_i (y_i - \overline{y}_i)^2} \tag{6-38}$$

式中，y_i、$\hat{y}_i$、$\overline{y}_i$ 分别为实际值、预测值和平均值，结果总结在表(6-9)中。这些数字结果还表明，基于 LSTM 的模型的回归性能优于线性模型，如表 6-9 所示。

表 6-9　模型的回归性能

模型	数据规模/%	准确率/%	MSE	R^2	训练时间/ms
Logistic 回归	20	55.6	10.9	-0.66	81931
	50	52.4	11.2	-0.73	585327
	80	53.2	11.2	-0.73	778090
	100	55	10.7	-0.67	787439
SVM	20	53	11.21	-0.72	37968
	50	53.8	10.9	-0.72	494955
	80	53	11.2	-0.72	497781
	100	54	10.9	-0.71	673303
LSTM	20	78.5	0.022	0.51	92113
	50	82.1	0.018	0.59	752168
	80	91.2	0.014	0.69	893741
	100	96.4	0.008	0.81	920325
3-LSTM	20	79	0.019	0.52	106551
	50	82.8	0.018	0.59	875545
	80	92.9	0.008	0.82	1096818
	100	97.1	0.006	0.86	1112398
Bi-LSTM	20	81	0.018	0.56	99249
	50	87.6	0.016	0.62	780436
	80	93.8	0.008	0.84	937453
	100	98.3	0.005	0.88	949918

4. 基于 LSTM 的模型之间的高级性能比较

由于基于 LSTM 的模型的准确率相似，实验进一步比较了 LSTM、3-LSTM 和 Bi-LSTM 的性能。实验应用算法 6-1 和算法 6-2 的方法来计算，并预测接下来的 10 个网络流。数据由 14 维点组成，因此使用了 t-SNE 来减少维度以可视化，结果见图 6-26，结果表明，Bi-LSTM 模型取得了最佳性能。在 LSTM 模型下，良性集群、预测集群和恶意群集没有明显分离；在多层 LSTM 下，虽然三个集群的边缘是可区分的，但预测集群和良性集群之间的距离大于恶意集群和良性集群之间的距离，这表明预测有所偏移；只有 Bi-LSTM 表明它能够按照所学模式预测行为。因此，本方法使用 Bi-LSTM 计算数值化的信任值。

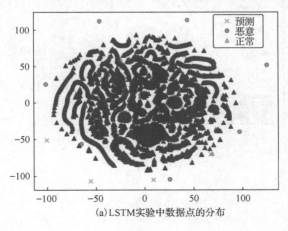

(a)LSTM实验中数据点的分布

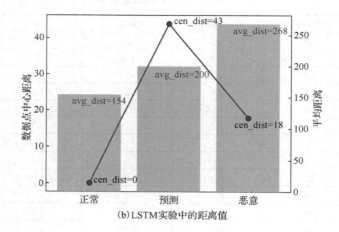

（b）LSTM实验中的距离值

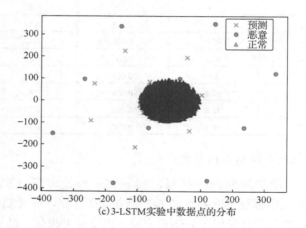

（c）3-LSTM实验中数据点的分布

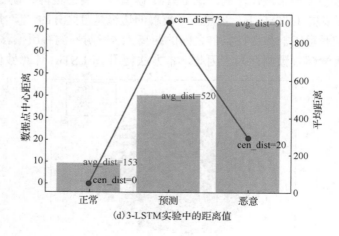

（d）3-LSTM实验中的距离值

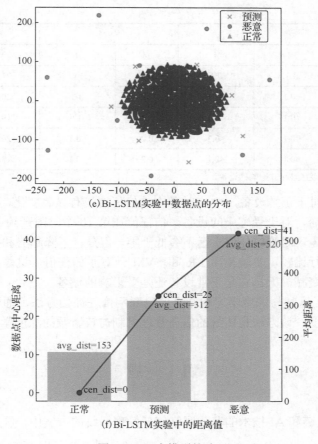

(e) Bi-LSTM实验中数据点的分布

(f) Bi-LSTM实验中的距离值

图 6-26　3 个模型的验证

5. 结果和比较分析: 信任值计算

实验用训练好的 Bi-LSTM 模型计算信任值。首先, 设置了一个时隙, 并在单个时隙内捕获了一定数量的网络流, 通过训练好的模型预测预定数量的网络流。其次, 计算捕获的网络流和预测流之间的相似性, 以确定设备的信任值。此过程被重复以评估设备并在每个时隙生成信任值, 从而使模型能够了解信任值的变化趋势。在每个时隙中, 用于预测的数据是实际捕获于上个时间段的网络流, 而不是预测流。作为对比, 实验是用两个设备(正常设备和感染 Mirai 的设备)进行的。实验中有 30 个时隙, 每个时隙捕获 10 个网络流, 在第 10 个时隙在被感染的设备上激活 Mirai。设备的初始信任值 T_0 设置为 20。不同采样点的信任值在表 6-10 中进行了总结。

表 6-10　不同采样点的信任值

采样点	LR		SVM		本方法	
	N	A	N	A	N	A
0	20	20	20	20	20	20
5	4.7	0.4	5.2	7.8	21.2	19.4

采样点	LR		SVM		本方法	
	N	A	N	A	N	A
10	0.3	0.1	0.3	3.2	21.1	17.2
15	<0.1	<0.1	1.0	0.3	20.8	3.5
20	<0.1	<0.1	0.1	0.1	19.5	0.8
25	<0.1	<0.1	0.2	<0.1	20.7	0.1
30	<0.1	<0.1	0.2	<0.1	18.6	<0.1

注：N 为正常设备，A 为受 Mirai 影响的设备。

　　在本方法中，对于正常设备，30 个时隙中的信任值没有显著变化，尽管偶有波动，但数值仍然接近。然而，对于受感染的设备，信任值在第 10 个时隙开始迅速下降，在第 20 个时隙中降至接近零。尽管信任值永远不会低于零，但是，下降趋势和接近零可以指示设备的状态。为了进行比较，实验使用 LR 和 SVM 计算了信任值，这些方法计算的信任值在实验开始时迅速衰减，无论它是正常设备还是受影响的设备。

　　Ma 等[19]提出了这种与深度学习相结合的物联网信任评估方法，通过评价目标节点的行为确定其信任程度，该方法是传统的信任管理机制与较新颖的深度学习方法的结合。

习　　题

　　1. 在基于区块链和 AI 技术的车载网络信任管理系统的方案中，区块链起到的关键作用是什么？

　　2. 在基于区块链和 AI 技术的车载网络信任管理系统的方案中，AI 起到的关键作用是什么？

　　3. 在基于区块链的 VANET 位置隐私保护信任管理模型的方案中，区块链在身份验证的过程中起到了什么作用？

　　4. 车辆行为一般从哪几个角度进行评估？分别有何意义？

　　5. 基于机器学习的物联网设备信任评估方法的方案中选用 LSTM 的意义何在？

　　6. 为何基于机器学习的物联网设备信任评估方法的方案中的信任值永远不会小于 0？

参 考 文 献

[1] 刘云浩. 物联网导论[M]. 3 版. 北京: 科学出版社, 2017.

[2] 孙玉. 物联网常识讨论[J]. 物联网学报, 2020, 4(4): 1-8.

[3] 刘文懋, 殷丽华, 方滨兴, 等. 物联网环境下的信任机制研究[J]. 计算机学报, 2012, 35(5): 846-855.

[4] NITTI M, GIRAU R, ATZORI L. Trustworthiness management in the social internet of things[J]. IEEE transactions on knowledge and data engineering, 2014, 26(5): 1253-1266.

[5] MENDOZA C V L, KLEINSCHMIDT J H. Mitigating on-off attacks in the internet of things using a distributed trust management scheme[J]. International journal of distributed sensor networks, 2015, 11(11): 859731.

[6] JOSANG A, ISMAIL R. The Beta reputation system[C]. Proceedings of the 15th bled electronic commerce conference. Slovenia, 2002.

[7] ZHAO H Y, LI X L. VectorTrust: trust vector aggregation scheme for trust management in peer-to-peer networks[J]. The journal of supercomputing, 2013, 64(3): 805-829.

[8] WANG Y T, LU Y C, CHEN I R, et al. LogitTrust: a logit regression-based trust model for mobile Ad hoc networks[C]. 6th ASE international conference on privacy, security, risk and trust. Boston, 2014.

[9] JAYASINGHE U, LEE G M, UM T W, et al. Machine learning based trust computational model for IoT services[J]. IEEE transactions on sustainable computing, 2018, 4(1): 39-52.

[10] SAIED Y B, OLIVEREAU A, ZEGHLACHE D, et al. Trust management system design for the internet of things: a context-aware and multi-service approach[J]. Computers & security, 2013, 39: 351-365.

[11] CHEN D, CHANG G R, SUN D W, et al. TRM-IoT: a trust management model based on fuzzy reputation for internet of things[J]. Computer science and information systems, 2011, 8(4): 1207-1228.

[12] BAO F Y, CHEN I R. Dynamic trust management for internet of things applications[C]. Proceedings of the 2012 international workshop on self-aware internet of things. San Jose, 2012.

[13] 王韬烨, 程亚歌, 贾志娟, 等. 基于安全多方的区块链可审计签名方案[J]. 计算机应用, 2020, 40(9): 2639-2645.

[14] MÁRMOL F G, PÉREZ G M. Security threats scenarios in trust and reputation models for distributed systems[J]. Computers & security, 2009, 28(7): 545-556.

[15] CHEN S L, ZHANG Y Q, LIU P, et al. Coping with traitor attacks in reputation models for wireless sensor networks[C]. 2010 IEEE global telecommunications conference GLOBECOM 2010. Miami, 2010.

[16] BANKOVIĆ Z, VALLEJO J C, FRAGA D, et al. Detecting bad-mouthing attacks on reputation systems using self-organizing maps[C]. Computational intelligence in security for information systems: 4th international conference. Berlin, 2011.

[17]　ZHANG C Y, LI W J, LUO Y S, et al. AIT: an AI-enabled trust management system for vehicular networks using blockchain technology[J]. IEEE internet of things journal, 2021, 8(5): 3157-3169.

[18]　LI B H, LIANG R C, ZHU D, et al. Blockchain-based trust management model for location privacy preserving in VANET[J]. IEEE transactions on intelligent transportation systems, 2020, 22(6): 3765-3775.

[19]　MA W, WANG X, HU M S, et al. Machine learning empowered trust evaluation method for IoT devices[J]. IEEE access, 2021, 9: 65066-65077.